Orange Can

项目各页面真机执行效果图

Hello, 橘子罐头

开启小程序之旅

■ welcome 欢迎页面真机效果图

●●○○○ 中国联通 16:12 36%

文字

丁酉年 初一

记忆中的春节

小楼昨夜又秋风

Jan 28 2017

小时候的冰棍儿与雪糕

文字　　　光影　　　设置

■ post文章页面真机效果图

WeChat
17:45
100%
从童年呼啸而过的火车
从童年呼啸而过的火车
林白衣
24小时前
小时候，家的后面有一条铁路。听说从南方北上的火车都必须经过这条铁路。火车大多在晚上经过，可呜呜的汽笛声，往往却被淹没在傍晚小院儿里散步的人群声中。只有在夜深人静的时候，火车的声音才能清晰的从远处飘过来。虽然日日听见火车的汽笛声，可说也奇怪，我竟从来不知道铁路在哪里。在每个夏日午后，我都会有一种去找寻找铁路的冲动，去看看这条铁路究竟是从哪里来，又将通向哪里去
4
7

▪ 文章详情页面真机效果图

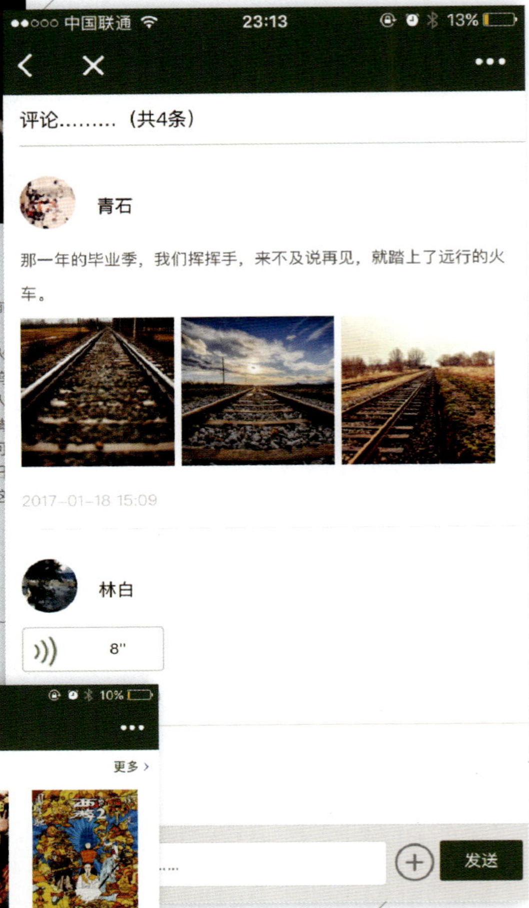
中国联通
23:13
13%
评论……… （共4条）
青石
那一年的毕业季，我们挥挥手，来不及说再见，就踏上了远行的火车。
2017-01-18 15:09
林白
8''
发送

▪ 评论页面真机效果图

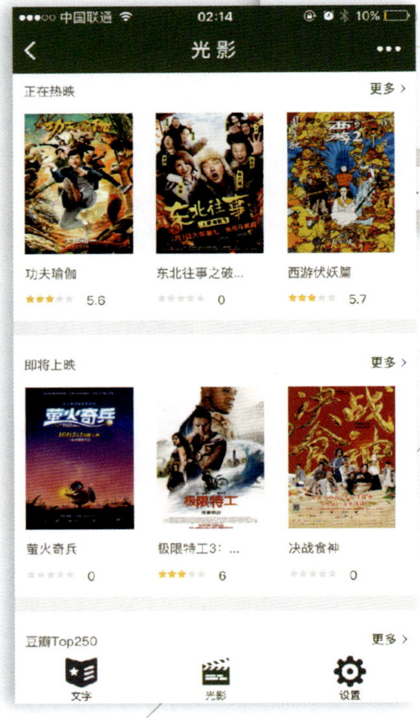
中国联通
02:14
10%
光影
正在热映
更多 ›
功夫瑜伽
5.6
东北往事之破...
0
西游伏妖篇
5.7
即将上映
更多 ›
萤火奇兵
0
极限特工3：...
6
决战食神
0
豆瓣Top250
更多 ›
文字
光影
设置

▪ 电影首页真机效果图

●●○○○ 中国联通 🛜　　02:15　　⚏ 🔋 🔷 ⚡ 10% 🔋

< ✕　　豆瓣Top250　　• • •

肖申克的救赎...　　这个杀手不太...　　霸王别姬
★★★★★ 9.6　　★★★★★ 9.4　　★★★★★ 9.5

阿甘正传　　美丽人生　　千与千寻
★★★★★ 9.4　　★★★★★ 9.5　　★★★★★ 9.2

辛德勒的名单...　　泰坦尼克号　　盗梦空间

更
多
页
面
真
机
效
果
图

●●○○○ 中国联通 🛜　　14:24

< 　　光 影

🔍　射雕英雄传

射雕英雄传　　射雕英雄传　　射雕英雄
★★★☆ 8.1　　★★☆ 6.5　　★★★☆

射雕英雄传　　射雕英雄传　　射雕英雄传之...
★★★★☆ 9.1　　★★★★☆ 8.6　　★★★★☆ 8.7

⭐ 文字　　🎬 光影　　⚙ 设置

电
影
搜
索
真
机
效
果
图

点我

🔷 Vant-Weapp   >

🧽 缓存清理   >

📱 系统信息   >

📶 网络状态   >

✈️ 当前位置   >

🔳 二维码   >

⚙️ 设置   >

文字   光影   设置

■ 设置页面真机效果图

乘风破浪

评分 ★★★☆☆   6.9
导演   韩寒
影人   邓超 / 彭于晏 / 赵丽颖 / 董子健
类型   剧情、喜剧

剧情简介

赛车手阿浪一直对父亲反对自己的赛车事业耿耿于怀，在向父亲证明自己的过程中，阿浪却意外的卷入了一场奇妙的冒险。他在这段经历中结识了一群兄弟好友，一同闯过许多奇幻的经历，也对自己的身世有了更多的了解。

影人

■ 电影详情页面真机效果图

循序渐进
微信小程序
全栈项目实践

陈伟华　雷磊／著

清华大学出版社

北京

内 容 简 介

本书以微信小程序全栈开发为核心，通过实战项目，循序渐进地系统讲解小程序从基础搭建到高级应用的全流程技术。内容涵盖环境配置、页面开发、数据绑定、组件化设计、云开发（数据库/存储/云函数）、Skyline渲染优化、多端编译等核心模块，并融入Vant组件库、新版API（扫码/定位/授权）等前沿技术。全书以微信小程序项目的"文章评论系统"和"电影详情页"两大模块为主线，结合业务场景拆解技术难点，如异步数据处理、权限管理、性能调优等，提供大厂开发经验与避坑指南。

本书注重"技术为业务服务"的实践理念，适合希望系统掌握微信小程序开发、提升工程化能力的初学者，欲突破"增删改查"阶段，学习性能优化、云开发等高阶技能的初级前端开发者，Web开发者或后端工程师可通过本书掌握小程序生态与跨端开发能力，本书还适用于培训机构和高校微信小程序课程的教学用书。

图书在版编目（CIP）数据

循序渐进微信小程序全栈项目实践 / 陈伟华，雷磊著.

北京 ： 清华大学出版社，2025. 8. -- ISBN 978-7-302-70085-2

Ⅰ. TN929. 53

中国国家版本馆 CIP 数据核字第 2025602YT2 号

责任编辑：王金柱　秦山玉
封面设计：王　翔
责任校对：冯秀娟
责任印制：沈　露

出版发行：清华大学出版社
　　　　网　　址：https://www.tup.com.cn，https://www.wqxuetang.com
　　　　地　　址：北京清华大学学研大厦 A 座　　　　　　邮　　编：100084
　　　　社 总 机：010-83470000　　　　　　　　　　　　邮　　购：010-62786544
　　　　投稿与读者服务：010-62776969，c-service@tup.tsinghua.edu.cn
　　　　质量反馈：010-62772015，zhiliang@tup.tsinghua.edu.cn
印 装 者：三河市天利华印刷装订有限公司
经　　销：全国新华书店
开　　本：190mm×260mm　　　　印　　张：19.25　　　彩　插：2　　字　　数：519 千字
版　　次：2025 年 9 月第 1 版　　　　　　　　　　　　印　　次：2025 年 9 月第 1 次印刷
定　　价：89.00 元

产品编号：111151-01

前　　言

　　微信小程序自2017年正式上线以来，凭借其轻量化、强触达、易传播的特性，迅速成为移动互联网领域的重要生态。随着技术的迭代，小程序从最初的简单页面开发，逐步演变为支持复杂业务、云开发、多端编译等能力的全栈平台。如今，微信生态不仅承载了商业创新，更成为前端开发者技术升级的重要战场。本书旨在帮助开发者快速掌握微信小程序的核心技术与实战能力，紧跟微信生态的最新技术趋势。

　　本书以"循序渐进"为核心理念，围绕完整的实战项目展开，从环境搭建、基础语法到云开发、多端编译等进阶技术，逐步深入讲解微信小程序开发的全流程。与传统教程不同，本书注重"技术为业务服务"的实践思维，结合作者十余年一线开发经验（曾任职京东），将复杂的技术难点拆解为可落地的解决方案，帮助读者建立系统性的知识体系。无论是初学者、在校学生，还是希望提升技能的初级开发者，均可通过本书快速上手并深入理解微信生态的开发精髓。

本书特色与技术亮点

紧贴微信最新技术栈

- Skyline 渲染引擎：深度解析小程序性能优化的核心机制，指导开发者利用新特性提升用户体验（第 19 章）。
- 云开发与 Serverless：通过实战案例展示如何用云函数、云数据库实现无服务器架构，降低运维成本（第 16～18 章）。
- 多端编译能力：从小程序一键生成 iOS/Android 应用，探索跨平台开发的高效路径（第 20 章）。
- 全组件化编程：一个好的程序不应该是"松散的"，而应该是可替换、可扩展的组件化程序（第 7～14 章）。

以项目驱动技术讲解

　　全书以微信小程序的"文章评论系统"和"电影详情页面"两大核心模块为主线，贯穿数据绑定、组件化开发、缓存管理、服务端交互、云函数调用等关键技术。通过真实的业务场景，让读者理解"何时用、为何用"某个技术，而非单纯罗列知识点。例如：

　　第5章通过文章详情页，详解数据绑定、列表渲染与事件冒泡机制。

　　第6章结合评论功能，剖析本地缓存与异步数据处理的协同。

　　第10章引入小程序的自定义组件机制，讨论如何用组件化的思维构建完整的项目。

　　第18章基于云开发重构收藏功能，展示云数据库增删改查的完整流程。

一线经验的直接沉淀

　　作者将大厂开发中积累的实战技巧融入书中，例如：

- 性能优化：如何通过 rpx 自适应单位、图片裁剪提升首屏速度（第 2 章）。

- 组件化编程：通过真实业务展示如何划分不同粒度组件、如何构建自定义组件库（第 12 章）。
- 使用第三方组件库：Vant-Weapp 组件库的定制与插槽使用（第 14 章）。
- 权限管理：微信授权流程的通用解决方案（第 15 章）。
- 异常处理：云函数本地调试与云端部署的避坑指南（第 18 章）。

本书结构与阅读路线

第1章　夯实基础，从小程序生态认知到开发工具实操，适合零基础入门。

第2～5章　聚焦页面开发核心，涵盖WXSS样式、数据绑定、路由跳转、核心配置等基础能力。

第6～9章　深入业务逻辑，通过评论、收藏、组件化编程等模块，提升复杂功能实现能力。

第10～15、19章　扩展技术边界，引入Vant组件库、组件化重构项目、Skyline渲染优化等进阶内容。

第16～20章　云开发与多端实战，从Serverless架构到App编译，覆盖全栈开发闭环。

本书适合的读者

- 初学者：无须深厚的前端基础，通过"手把手"教程快速上手小程序开发。
- 在校学生：可作为实训课程教材，结合书中源码与"知识点+实战"模式，边学边练。
- 初级开发者：若想突破"增删改查"的初级阶段，本书将助你掌握性能优化、云开发等高阶技能。
- 培训机构：案例丰富、结构清晰，可直接用于教学，帮助学员构建企业级开发思维。

配套资源

- 教学视频：本书配套教学视频，读者可以直接扫描书中的二维码在线观看。
- 源代码：提供完整的项目代码，方便读者上机演练，可扫描右侧二维码下载。
- PPT 课件：本书还提供了 PPT 教学课件，方便网课和在校老师用于教学，可扫描右侧二维码下载。

如果读者在学习本书的过程中遇到问题，可以发送邮件至booksaga@126.com，邮件主题为"循序渐进微信小程序项目实践"。

微信小程序不仅是前端开发者的技能延伸，更是连接用户与商业的核心桥梁。本书以"实战"为矛，以"渐进"为盾，力求让读者在完成项目的同时，真正理解技术的本质与价值。无论你是希望转型的Web开发者，还是寻求实战机会的学生，这本书都将是你踏入微信生态的最佳指南。

著　者

2025年6月

目　　录

小程序环境搭建与开发工具介绍

小程序开发几乎不需要配置任何开发环境，只需安装微信提供的一款名为"微信开发者工具"的软件即可。本章我们首先对小程序做一个简要的介绍，然后将使用小程序开发工具新建一个官方提供的示例项目，并介绍开发工具的相关界面、功能与使用技巧。

1.1 认识微信小程序

本节从小程序的本质出发，剖析其与原生App、Web应用的差异，探讨其技术特性与生态价值，并为开发者揭示其在跨平台开发、低成本运维及快速推广中的独特优势。

1.1.1 什么是微信小程序

什么是微信小程序？"微信之父"张小龙在2016年时用一段略带文艺气息的描述给小程序做了定义："小程序是一种不需要下载安装即可使用的应用，它实现了应用'触手可及'的梦想，用户扫一扫或者搜一下即可打开应用。也体现了'用完即走'的理念，用户不用关心是否安装太多应用的问题。应用将无处不在，随时可用，但又无须安装卸载。"

然而，这段描述仅仅表明了小程序诞生的初衷，却没有预测小程序高速发展的未来。时至今日，小程序早已不再局限于"用完即走"，各式各样的小程序呈现百花齐放的状态。

我们先来直观地感受一下小程序，如图1-1和图1-2所示。

有人会质疑，这和我们常用的App并没有什么区别。确实如此，小程序并没有摆脱App的范畴。事实上，小程序也只是App的一种。那小程序的优势在什么地方呢？

试想一下，如果上图中的这些应用并不是"寄生于"微信中，而是以原生App的形式存在于AppStore或其他的应用市场中，那么我们每次使用时都需要经历"打开 AppStore"→"搜索应用"→"单击下载应用"→"安装应用"→"使用应用"，这个过程是相当烦琐的。

先不谈现在的原生应用体积都比较大，下载它们会浪费流量、增加等待时间，只说很多应用我们并不会经常使用，可能一个月甚至一年才会使用1到2次，而这些"低频"的应用却要长期地"驻扎在"我们的手机中，占用手机的内存空间。小程序要的就是"随时可用，触手可及"，而现在的App太"重"了。

例如，现在流行的扫码打开共享单车，如果让你扫码后下载一个几百兆字节的App，你愿意吗？但有了小程序后就不一样了，直接使用微信扫码，"瞬间"打开一个类似App的小程序，然后就能进行解锁车辆的操作。

图1-1　服务型小程序（图片截取自猫眼电影小程序）　　图1-2　视频类小程序（图片截取自腾讯视频小程序）

再比如分享商品，过去好友在微信中分享给你一个链接，你需要打开这个链接后用网页查看，或者需要跳转到App中查看。有了小程序后，你可以直接在微信中打开好友分享的"小程序卡片"，就可以在一个类似App的应用中查看商品的详情。

这些只是小程序的部分使用场景，还有更多的场景读者可以在生活中留心观察一下。

小程序的出现就是希望用户不用安装那么多的App，因为小程序的体积非常小（目前限制在2MB以内），当你想使用某种服务时，只需用微信"扫一扫"或者"搜一下"，即可享受到"触手可及"的服务，无须下载安装（事实上还是有下载过程，但由于其体积很小，用户感受不到），用完后也不需要管理它，"即用即走"。

通过以上的介绍，读者应该可以对小程序的特点有一个初步的了解。然而，本书是一本专注小程序开发的书籍，并不会过多地探讨小程序的使用场景和商业模式。关于小程序的使用场景，以及是否适合你当前的项目，这需要读者通过别的途径来学习和了解。

但笔者认为，除了特别庞大复杂的项目，绝大多数的项目都可以做一个小程序，或者将部分功能提取出来做一个小程序。小程序借助微信生态，传播速度非常快，有助于项目的推广和运营，并且它的开发成本非常低，有经验的开发者利用微信提供的各种平台和工具在几个小时内就可以完成一个简单的小程序。

此外，现在的"小程序"已不单单只指"微信小程序"。现在除微信小程序外，还出现了支付宝小程序、抖音小程序、飞书小程序、钉钉小程序等，甚至腾讯自家，还有QQ小程序。未来，也许还有更多的小程序将涌现出来。

因此，小程序已经成为一种独立于网页和App的第三种应用形式，并且不仅仅局限于"微信"上的小程序。

1.1.2　小程序与原生 App（iOS、Android）的优劣对比

从技术上讲，目前App的主流开发方式有3种：Web App、Native App和Hybrid App。

- Web App其实就是我们经常在个人计算机上浏览的网页，只不过加入了响应式的设计让它适合在移动端显示和运行，所采用的技术依然是JavaScript、CSS和HTML。相对于其他两种App，Web App具有开发简单、更新灵活、跨平台等优势；缺点是其性能、体验较差，无法使用照相机、系统通知、本地缓存等原生特性。我们常说的"H5"页面其实就可以视为一种Web App。
- Native App即原生App。这种App不采用传统网页开发技术（JavaScript、CSS及HTML）开发，而是采用Objective-C、Swift语言（iOS）或者Java、Kotlin（Android）来开发。微信、支付宝等主流App都属于这类App，是目前主流的开发方式。在产品体验和性能上，Native App 具有绝对优势。但Native App最大的缺点在于不能跨平台，有多少个平台就要开发多少个版本，现在主要有iOS和Android两个主流平台；同时Native App的开发成本也是3种开发方式中最高的。
- Hybrid App也称为混合式App。Hybrid App看上去像一个Native App，但实质上Native技术在这里只是作为一个容器将Web App包裹了起来，在容器内部运行的还是网页。Hybrid App更像是 Web App与Native App的混合体。与纯粹的Web App 相比，Hybrid App会有一部分访问原生组件（相机、加速器）的能力。事实上，在目前主流的应用中，纯粹的原生App很少，绝大多数属于混合式App。比如，我们常见的京东、淘宝等电商类App，由于商品及业务变化非常频繁，需要经常调整，适当采用Web技术更有利于更新和维护，因此它们其实也是Hybrid App。

那么小程序属于以上3种的哪一种？严格意义上来说，它不属于以上3种中的任何一种，在实现技术上小程序同传统的Hybrid App有很大的不同。如果一定要将小程序归并到以上3类App中，可能Hybrid App更合适：非原生，但使用了Web技术（JavaScript和CSS）。相比于Native App，小程序具有Hybrid App的一些优势：

- 跨平台（对于iOS和Android 两个平台只需要开发一套程序）。
- 具备接近于Native App的体验（只是接近，相对于真正的Native App还有不小差距，最明显的感触就是在单击按钮后会有一定的延迟感）。Native App和小程序的体验差异很难具体描述，只能说小程序在体验上相比Native App还是缺少了"质感"，流畅度上也比Native App差了一些，但是相比于传统的Web App，其体验要好很多。
- 对原生组件有一定的访问能力，但相对于 Native App，其访问能力是受限的，需要通过微信这个宿主环境间接访问设备的原生组件。
- 上手容易，开发逻辑较为简单。
- 小程序最重要的优势还是在开发成本上，其成本比原生开发要低很多。这无疑是小程序最吸引人的地方。

在最新版本的小程序中，微信推出了一种全新的渲染机制：Skyline。这种渲染机制让小程序的体验又更近了一步，和Native App在体验上几乎没有差距了。关于Skyline机制，我们会在第19章进行详细讲解。

同时，小程序还具有一些独有的特点：

- 小程序在设计时就做了很多约定式的规范，比如简单的文件结构、默认的文件命名、内置好的Tab栏与导航栏等，这让小程序的初学者更容易上手和理解。
- 开发环境很干净，只需安装一个微信开发者工具，不需要进行任何额外的环境配置，就可以马上进行开发。相比于其他几类App的开发环境要求，小程序在这点上真的很棒，非常适合初学者快速上手。
- 发布和部署流程非常简单，几乎是"傻瓜式"，单击几下就可以将应用发布到腾讯云。
- 小程序现在之所以如此流行，原因并不在技术上，无数开发者、创业者看中的是微信天然的关系链和生态，小程序在微信体系下非常容易推广。
- 小程序具有极低的开发成本，远比H5、App要简单得多。

1.1.3　Web前端开发者与小程序

招聘网站上常见的技术类职位有iOS、Android、Java、.Net、Web前端、DBA、大数据等开发者工程师，未来会不会出现小程序开发者工程师这个职位？

笔者认为可能性不大。除了专业做微信开发的公司，小程序工程师这个职位在短期之内不会成为独立的一类职位，绝大多数的小程序将由Web前端工程师来开发。事实上，现在的小程序已经成为前端开发工程师必备的一项技能，地位等同于Vue/React/Angular JS，是前端开发非常重要的一个技术栈。

1.1.4　小程序是一个生态，而不只是一种技术

MINA是官方小程序的内部开发代号，也是小程序运行框架的别名。据说MINA有MINA Is Not App的意思。到目前为止，许多开发者并没有正确理解什么是微信小程序，以及它和我们在网页开发中常用的React和Vue之间的区别。MINA Is Not App很好地说明了微信小程序并不只是一个类似App的产物，在它背后，有着强大的微信生态来支撑整个小程序体系。

事实上，我们不能仅从技术的角度来分析微信小程序。微信小程序并不仅仅只是一项技术或者一个框架，还是一个生态。我们开发的小程序可以借助微信强大的生态进行快速传播和推广，同时微信还提供了海量的接口，让小程序可以直接使用微信的许多能力，比如微信支付、微信模板消息等。

因此，如果你只是一个开发者，可以只关注小程序开发技术，但如果你是一个创业者或者涉及项目的运营和推广，那就不能把小程序单单看作一项技术，更要理解和学习小程序的整个微信生态，以便更好地利用微信提供的接口来辅助业务的运营。

最近流行的微信小游戏就是一个很好的例子，很多小型游戏即使拥有iOS和Android版本，但依然会做一个微信小程序的版本。这是因为相对于需要用户去App中心下载游戏，小程序版本的游戏可以做到打开就玩，无须跳转下载，非常便于裂变和推广。

再比如，现在很多的电商平台都推出了购物小程序，当你的好友分享给你一件商品时，即使你没有下载这个电商App，也可以直接打开分享的小程序进行下单、购物。这无疑大大增加了用户的购买概率。如果你让用户打开链接后再下载一个庞大的App，再登录后购物，那用户可能会觉得很麻烦，从而放弃这次购买。

1.2　注册小程序账号

建议读者在准备开发或者学习小程序之前，前往微信公众平台注册一个小程序账号（个人/企业均可）。读者可移步微信公众平台https://mp.weixin.qq.com/，在页面中找到【账号分类】下的【小程序】，按照指引即可看到如图1-3所示的小程序注册页面。

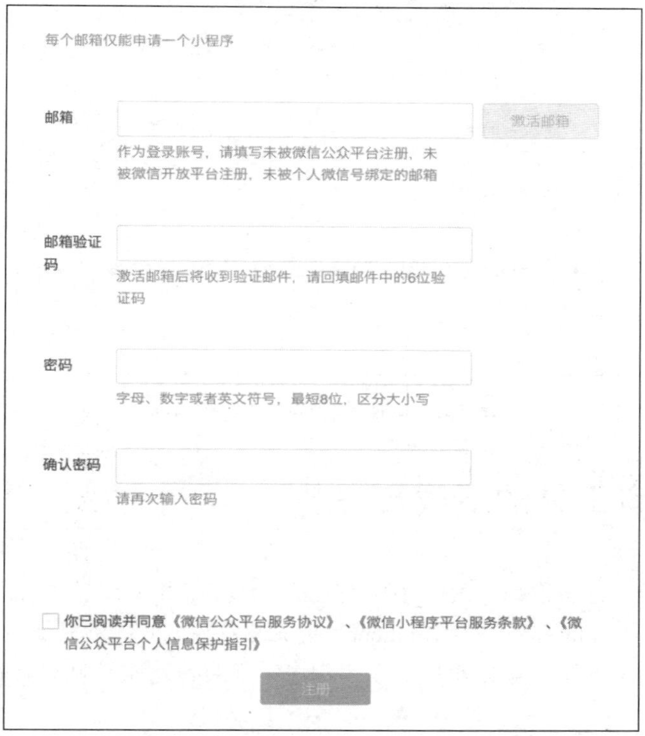

图 1-3　小程序注册页面

读者按照选项要求填写相应信息即可注册。在随后的注册流程中，读者可自行选择个人、企业、组织等不同类型的小程序账号。

这里需要注意的是，不同类型的小程序账号在小程序功能支持上是有一些差别的，其中个人类型的账号在功能上最受限制。比如个人类型的账号无法开通微信支付。但对于学习微信小程序开发来说，个人类型的账户已经足够了。

在成功注册账号后，需要在微信开发者平台使用账号和密码或者扫码进行登录，登录成功后将进入微信小程序的管理后台，如图1-4所示。在管理后台中有许多对小程序的配置项，比如设置小程序名称、选择小程序Logo、版本管理、提交审核小程序等。读者可根据自己的实际需求进行相应的配置。但在学习初期，我们无须过多关注这里的配置。这里更多的作用是在小程序开发完成后对上线相关的工作进行配置。

目前，我们只需要单击管理后台左侧的【开发】→【开发管理】，随后在右侧顶部单击【开发设置】，找到页面中的【AppID(小程序ID)】。AppID是非常重要的小程序标识，我们将在下一节中使用，请读者妥善保管。

图 1-4　微信小程序管理后台界面

1.3　微信开发者工具的下载及安装

　　小程序开发工具的官方名称为"微信开发者工具"，其中并不包含"小程序"3个字。看来微信的这个IDE（Integrated Development Environment，集成开发环境）并不只是用来开发小程序。事实上也确实如此，这款开发工具不仅可以用来开发小程序，还可以用来调试运行在微信上的网页以及开发微信小游戏。

　　微信小游戏是一种特殊的小程序。关于小游戏的制作和开发并不在本书的讨论范围内，有兴趣的读者可以移步微信小游戏开发文档进行学习。

　　微信开发者工具的官方下载地址为：https://mp.weixin.qq.com/debug/wxadoc/dev/devtools/download.html。

　　微信官方提供了3个不同用途的开发工具版本：

- 开发版（Nightly Build）。
- 预发布版（RC Build）。
- 稳定版（Stable Build）。

　　每个版本下又分别提供了Windows 64、Windows 32、MacOS 64和MacOS ARM64版本。请读者按照自己计算机的对应操作系统版本下载并安装。

　　从开发工具的稳定性上来说，稳定版 > 预发布版 > 开发版。从学习的角度来讲，建议读者使用稳定版。越稳定的版本，意味着出现Bug的概率越小。其实对普通开发者来说，这3个版本差距不大，因为普通开发者通常只使用常用的功能，并不会使用最新的功能，而常用的功能出现问题的概率很小。

　　本书中的项目开发环境为MacOS，所以这里选择MacOS　64稳定版本的MacOS安装包。虽然本书开发环境使用的是MacOS，但小程序是在微信开发者工具里开发，而无论是MacOS版本的开发工具，还是Windows版本的开发工具，在使用上并无区别，因此，计算机操作系统无论是Windows还是MacOS，本书中的内容都适用。

　　下载完成后，双击运行安装包，将出现如图1-5所示的界面。

图 1-5　MacOS 版安装向导首页

　　按照对应操作系统的默认安装方式完成安装即可。

1.4　新建第一个项目

　　开发工具安装完成后，我们来新建第一个小程序项目。双击打开微信开发者工具，如果是第一次打开或者长时间未打开微信开发者工具，那么开发工具会弹出一个二维码，请使用微信扫描该二维码，这样可以使用自己的微信账号进入小程序开发。

　　二维码下部有一个【游客模式】选项，读者也可以使用游客身份进入小程序，但游客身份有很多限制。这里建议使用自己的微信ID进入小程序开发。

　　事实上，微信开发的种类非常多，有公众号、服务号、移动应用、小程序、多端应用等。这些不同的开发项目都可以关联到一个个人微信号上。建议开发者使用同一个个人微信号来申请，这将为后续关联不同种类项目提供极大的便利。很多应用在关联时，如果发现是同一个个人账号，就能自动关联在一起。

　　微信现在还推出了开发者管理平台，也能将同一个开发者所有不同的微信应用集中在一起管理。

　　进入微信开发者工具后，将看到如图1-6所示的首选页面。

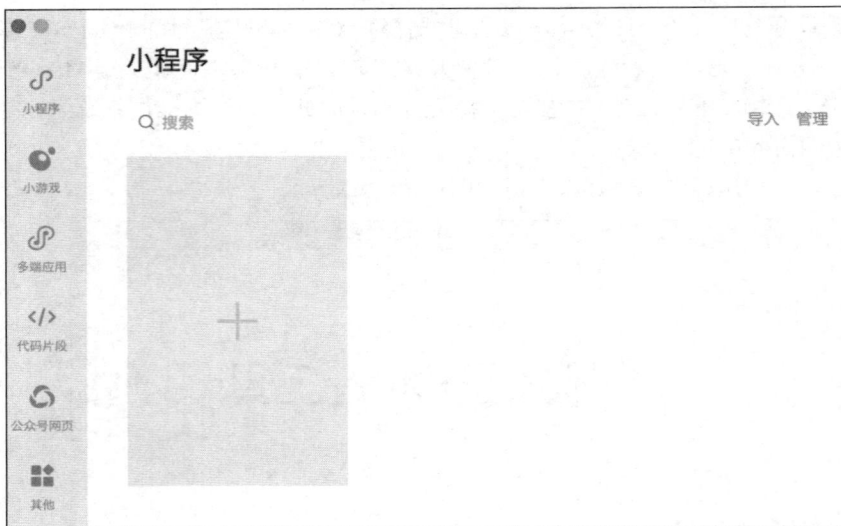

图 1-6　开发者工具首选页面

开发者工具左侧的菜单栏中共有6大类选项，分别为小程序、小游戏、多端应用、代码片段、公众号网页、其他。每个选项代表一种项目类型：

- 小程序：如果你要开发小程序，请选择这个选项。
- 小游戏：如果你要开发微信小游戏，请选择这个选项。
- 多端应用：多端应用指的是只需要编写一套代码，就可以在多个平台运行。比如，我们仅需要写一套代码就可以得到iOS App、Android App和小程序。这大大减少了开发者的开发成本。现在，小程序支持用小程序的规则语法来开发Android和iOS应用。本书将在第20章详细讲解多端应用的开发。
- 代码片段：代码片段是一种可分享的小项目，可用于分享小程序和小游戏的一小段代码。分享代码片段会得到一个链接，获得链接的人单击链接，就可以在本地直接拉起微信开发者工具打开这个代码片段。这对于开发者彼此间交流代码非常有用，因为分享的代码片段是一个完整的项目，对方直接打开就可以运行这个项目。
- 公众号网页：这种类型的项目是用来开发微信公众号里的H5网页的。
- 其他：早期的小程序开发工具仅可以用来开发小程序和公众号H5网页，也就是早期的小程序开发工具只能用来开发微信自家的产品。但是，随着这些年小程序开发工具的不断更新迭代，现在的开发工具的功能越来越完善，也可以用来开发其他的一些项目，比如Vue项目等。

小游戏、公众号网页和小程序分属不同的开发体系，它们有一定的联系，但它们开发的产品目标是不同的。小游戏和公众号均不在本书的研究范围内，所以我们只需关注小程序。在首页左侧选择小程序，然后单击右侧的"+"按钮，将打开一个新建小程序的面板，如图1-7所示。

面板中需要填入的选项有：

- 【项目名称】：必填。给你的项目起个名字。建议使用英文，如HelloWorld，使用中文可能会引起一些未知错误。
- 【目录】：必填。给项目找个家，选择一个空的文件夹用于存放小程序的项目文件。
- 【AppID】：必填。AppID已在1.2节中获取到，在此处填入AppID即可。

图 1-7　新建小程序的面板

如果你没有申请AppID，也可以选择【AppID】右侧的【测试号】。本书不建议使用测试的AppID，因为它也有诸多的限制，仅适用于快速查看/体验小程序。

- 【开发模式】：选择"小程序"。
- 【后端服务】：选择"不使用云服务"。"云服务"和"云开发"均是腾讯提供的一种快速服务端解决方案。在学习前期，我们还是专注于小程序开发，不考虑云开发，因为云开发是在开发"服务端"。在第16章，我们会讲解云开发，并将项目接入云开发。
- 【模板选择】：选择"JS基础模板"。如果你了解并决定使用TypeScript，此处可选择TypeScript。

下面对模板选择做一个简要说明。该说明的部分内容TypeScript、Sass、Less、Skyline等可能会超出初学者的知识范畴，但这并不影响我们学习小程序，因为这些知识并非开发小程序必需的知识，读者可以跳过这段说明或在未来知识丰富后，再回头看看这段说明。

- JS-基础模板：这是最常用也是最适合初学者的模板，事实上，这也是小程序从2016年9月内测开始就一直保留的基础开发模式。它仅需要最基础的JavaScript+HTML+CSS知识即可开发小程序，它足够简单。这也是本书选择的模式。
- TS-基础模板：可以使用TypeScript开发的模板。如果你熟悉TypeScript语言，可以选择此模板。

TypeScript是由Microsoft开发和维护的开源编程语言。它是JavaScript的一个超集，意味着任何有效的JavaScript代码也是有效的TypeScript代码（可以理解为JavaScript代码可以混在TypeScript里使用）。此外，TypeScript添加了静态类型、基于类的面向对象编程和泛型等特性，使得代码更易于阅读、维护和扩展。简而言之，TypeScript更接近于"现代"的编程语言，更适合开发大型的、复杂的前端项目。但同时，也意味着开发者需要学习一门新的语言。

- TS+Less-基础模板：可以使用TypeScript替代Javascript，同时也可以使用Less来编写CSS代码。
- TS+Sass-基础模板：可以使用TypeScript替代Javascript，同时也可以使用Sass来编写CSS代码。
- JS-Skyline基础模板：选择JavaScript作为开发语言，同时使用Skyline引擎。
- TS-Skyline基础模板：选择TypeScript作为开发语言，同时选择Skyline引擎作为开发模板。
- 其他应用型模板：还有若干应用型模板可以选择，比如电商模板、路线规划模板等。这些模板可以帮助我们快速开发某个具体类型的应用。

　　这里简单对Skyline引擎作一个说明。小程序原本以WebView作为渲染引擎，而WebView是基于JavaScript的，由于JavaScript的单线程特性，会导致复杂页面在执行过多JavaScript逻辑时出现"卡顿""不流畅"的情况。这也是为什么基于Web的应用在体验上无论如何也比不上原生应用的一个原因。为解决这个问题，微信引入了Skyline引擎，让小程序的体验进一步接近原生应用。Skyline创建了一条单独的渲染线程来负责处理布局、渲染方面的逻辑。

　　当然，我们更关心的是Skyline引擎和普通WebView引擎对于开发者的具体影响。换句话说，Skyline和WebView在开发方式上有什么区别？这里先给出一个建议，如果是初学者，建议还是先使用WebView，在完全掌握小程序开发后，再学习Skyline。事实上，Skyline并不是完全与WebView对立的。Skyline只是一个引擎，只是在底层渲染逻辑上与WebView有较大的区别，但是对于开发者而言，开发者更关注的是开发接口，而Skyline的开发接口对于开发者来说并没有太大的变化。Skyline只是新增了部分特有的接口，其基础接口和常规的小程序开发模式几乎一样。

　　最后，对所有的"模板"做一个总体说明。所谓模板，并不是说选择了A模板，就无法实现B模板的功能，比如选择了JS模板就不能使用TypeScript来开发。并不是这样，模板只是一个快速生成基础配置的方式，选择了JS模板，通过更改/增加配置项，依然可以使用TypeScript来开发。

　　那么选择对应模板的好处是什么？答案是可以让开发工具帮助我们自动生成一些配置项，否则我们可能需要手动配置一些选项。如果我们很熟悉小程序开发，那么对于选择什么模板都无所谓。

　　此外，还可以通过单击面板顶部的【导入】选项将已经存在的小程序项目导入微信开发者工具中；单击【管理】选项可以从开发工具中删除已经存在的小程序项目，如图1-8所示。

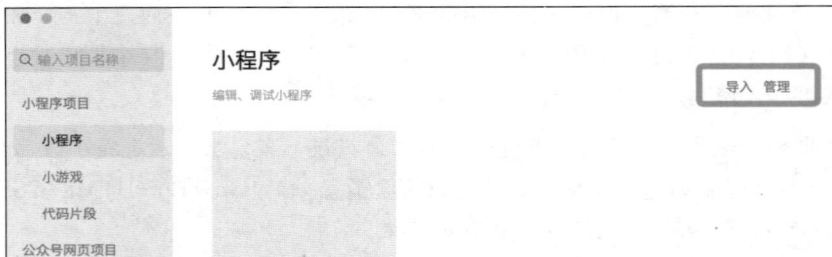

图 1-8　管理小程序项目页面

一个可能的新建小程序面板输入项目如图1-9所示。

开发者填好项目信息后，单击右下角的【确定】按钮即可创建一个官方默认的示例项目。

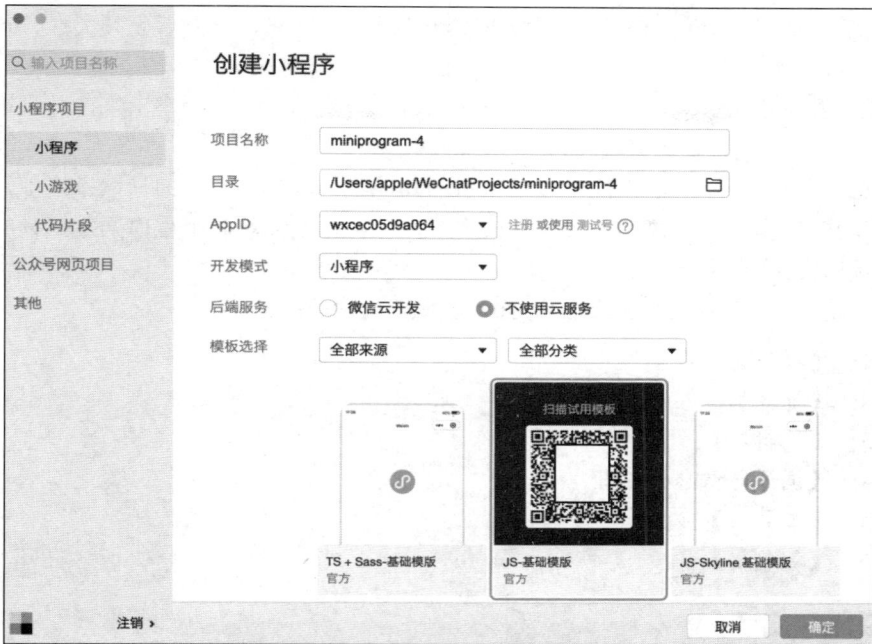

图 1-9　小程序新建面板

1.5　微信开发者工具界面功能介绍

成功创建项目后，将进入如图1-10所示的开发者工具主界面中。

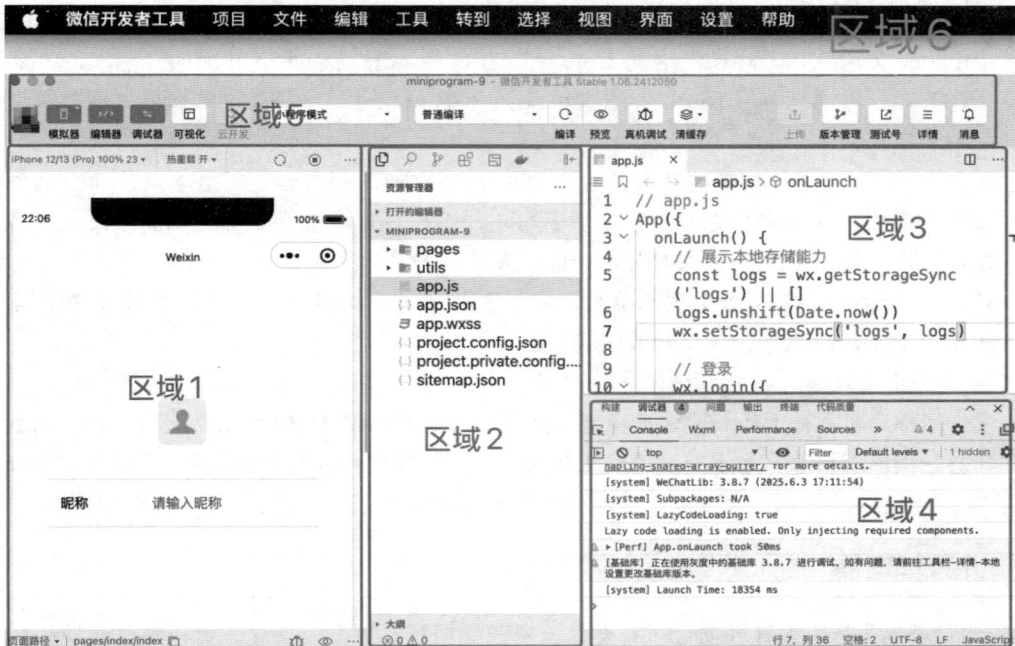

图 1-10　微信开发者工具小程序示例项目主界面

新建项目后，如果右下角调试信息区域出现红色的错误信息，开发者无须关注，这是正常的。当我们编写代码后，错误信息会逐步消失。

新版的微信开发者工具功能相当多，这里无法将所有的功能一一列举出来，并且很多功能对于还没有小程序基本概念的开发者来说并不是很好理解。

本节只重点列出一些常用的功能，一些生僻的功能我们穿插到本书的后续章节中，这样更利于读者理解这些功能的作用。建议读者快速阅读本节内容，在大概熟悉小程序开发工具的常用操作后即可开始阅读和实践后续章节内容。

从图1-8中可以看到，我们将主界面分为6个区域，分别是：

- 区域1：【模拟器】。
- 区域2：【资源】。
- 区域3：【编辑器】。
- 区域4：【调试与信息面板】。
- 区域5：【工具栏】。
- 区域6：【菜单栏】。

1.5.1　模拟器

【模拟器】主要用来模拟小程序在真机上的显示效果与运行状态。我们可以在这里预览小程序在真机上的运行表现。在模拟器的顶部有如图1-11所示的一条工具栏。

图1-11　模拟器中的工具栏

各工具的功能说明如下：

- "iPhone 6/7/8 100% 16"这一栏显示了当前模拟器的型号（iPhone 6/7/8）、缩放比例（100%）、字号大小（16）。单击其右侧的▼按钮，通过下拉菜单可以依次调整机型、缩放比例和字号。
- "热重载 开"这一栏通过单击其右侧的▼按钮，可以开启和关闭热重载。开启热重载可以让我们每次修改代码后无须手动编译小程序，小程序可以自动监听代码的修改，并自动重新编译应用，从而让我们可以即时看到修改效果。如果开发机器性能较好，建议开启热重载。
- 🔄：刷新按钮，单击后会重启应用程序。如果没有开启热重载，可以在修改代码后单击该按钮，重启应用程序，预览修改效果。
- ⏹：停止正在运行的应用程序。
- 📱：模拟真实手机上的一些常见功能和操作，比如模拟Wi-Fi环境、2G、3G、4G、离线等网络状态，模拟Home键，模拟真机系统上的深/浅色等。还有许多其他模拟操作，读者可自行查看。
- 🖥：将模拟器悬浮出来，悬浮后的模拟器可以拖动到任意位置。

1.5.2　资源管理器

【资源管理器】是用来管理项目所有文件、资源的树状管理器，在这里可以整体预览代码文件与资源的组织关系。资源管理器的顶部是一组资源管理工具，如图1-12所示。

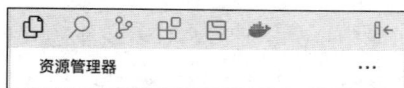

图 1-12　资源管理器

各个按钮的功能描述如下：

- 　：打开资源管理器。
- 　：搜索。此搜索为全局搜索，既可以按文件名搜索文件，也可以搜索文件内的文本。此处除了搜索，还可以进行文本的替换操作。
- 　：源码管理。主要是Git源码管理，如果此项目被Git托管，则可以在这里进行可视化的源码管理操作（拉取、提交等）。
- 　：扩展管理。这里实际是一个应用商店，可以在这里搜索、安装一些插件来提高开发效率。比如，可以在这里搜索和安装Vim、Eslint和一些主题。
- 　：代码依赖分析。在这里可以分析和展示本项目里所有文件的大小、文件夹与文件之间的组织关系，如图1-13所示。

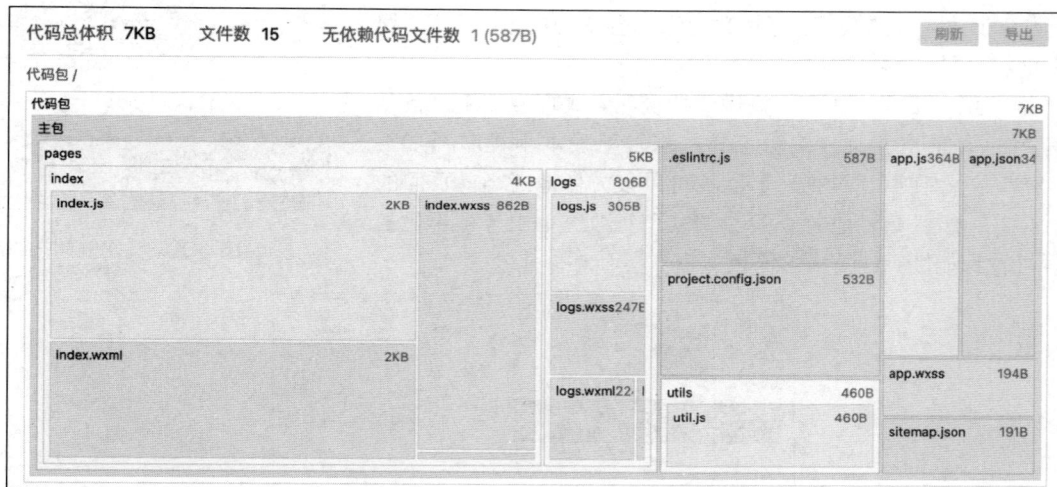

图 1-13　代码依赖分析

- 　：Docker管理。小程序现在也支持Docker（容器）开发。

Docker超出了小程序开发的范畴，但Docker是一个非常棒的开发方式，可以更方便地部署、迁移、管理应用程序。有兴趣的读者可以自行了解和学习。

- 　：将资源管理器面板折叠起来，留出更多的空间给其他面板。

在资源管理器选项内，还有一排功能按钮（需要鼠标悬停在上方才会出现），如图1-14所示。

- 　：可以用来添加文件。
- 　：可以用来添加文件夹。
- 　：刷新资源管理器。

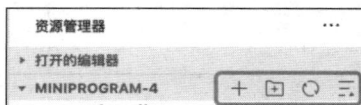

图 1-14　鼠标悬停后出现的按钮

此外，在资源管理器的树状目录中（见图1-15）右击文件夹或文件，也会弹出快捷菜单，通过该菜单可以进行文件的新增、删除、修改等操作。

1.5.3　编辑器与调试面板

【编辑器】就是写代码的地方，这里没有太多需要介绍的。【调试面板】是非常重要的获取运行信息的地方，主要用来查看和分析项目的运行状态。我们会在后续的章节中专门讲解。

1.5.4　工具栏

【工具栏】中的功能较多，大多数工具按钮通过文字描述即可明白其作用。这里着重介绍一些常用的功能。

首先介绍工具栏左侧的5个按钮，如图1-16所示。这5个按钮如果显示为绿色，表示对应的面板处于打开状态；如果显示为白色，则表示对应的面板为关闭状态。单击按钮后会关闭/打开相应的面板，比如单击【模拟器】按钮，绿色会变为白色，并且【模拟器】面板会被关闭。

下面着重对【可视化】面板做一个说明。【可视化】面板是非常有用的页面UI调试、编辑工具，这是新版本小程序开发工具的新增功能。使用【可视化】面板可以很方便地对当前页面的组件、样式、组件事件进行观察、调试和修改。单击【可视化】按钮后可看到如图1-17所示的面板。

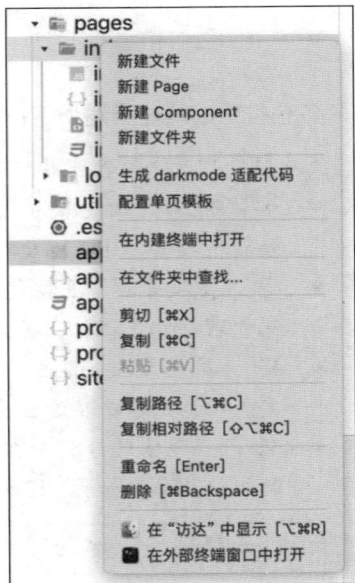

图 1-15　树状目录

图 1-16　工具栏左侧的按钮

图 1-17　【可视化】面板

这里我们需要了解一个基本概念，小程序的页面元素是由一个个被称为"组件"的元素构成的，比如，一个button（按钮）组件、一个image（图片）组件等。

在早期的微信开发工具里，如果我们需要新增一个组件，只能通过手敲代码的方式在编辑器里新增一个组件。比如，要新增一个image组件，需要在代码编辑器里加上<image/>这样的代码标签，这样在模拟器里才会出现一个image组件。而通过可视化面板，我们可以直接把image组件拖入其中。

图1-18展示了可以被拖动的组件。

每拖动一个组件到画布中，开发工具就会同步地在编辑器里生成一段代码（比如拖动image，就会生成<image />代码段），这样就避免了我们手动编写组件代码。

此外，当我们单击【可视化】面板上的某个组件时，面板右侧也会同步显示这个组件的属性、样式和事件。如图1-19所示，显示了一个image组件的样式。

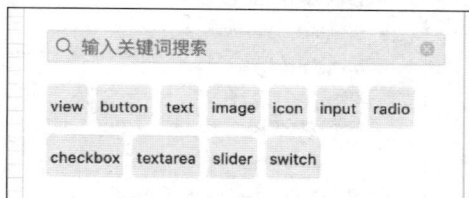

图1-18　可以被拖动的组件

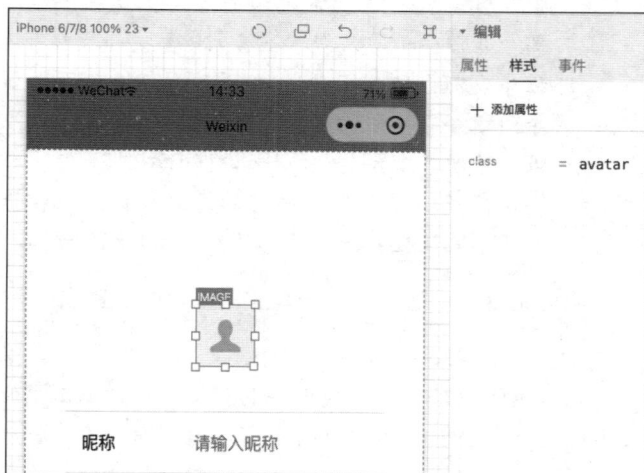

图1-19　显示image组件的样式

我们也可以通过【可视化】面板来快速修改组件的属性、样式、事件，这比在代码编辑器里手动修改代码要快很多。

【云开发】面板可以打开小程序的云开发控制台。云开发是一个全新的知识领域，主要可以为小程序提供一系列的服务端能力，这里先暂且放一下，我们会在后续章节详细讲解。

再看工具栏中部的几个选项，如图1-20所示。

图 1-20　工具栏中部的选项

- 【小程序模式】按钮：通常为固定选项，如果要开发多端模式，可以在这里选择【多端模式】。
- 【普通编译】选项比较重要，小程序可以选择从默认页面启动，也可以选择从特定页面启动，且可以携带参数进行编译。具体在后续用到时，我们再进行讲解。
- 【编译】按钮：如果之前没有选择"热启动"，那么每次修改代码后，就需要手动单击【编译】按钮，才会让新代码生效。

- 【预览】按钮：单击该按钮后会生成一张二维码，使用手机微信扫描此二维码，可以在真机上预览当前小程序。
- 【清缓存】按钮：小程序有不少缓存，主要包括数据缓存（localstorage）、文件缓存、授权缓存等。如果需要清除这些缓存，可以在这里操作。

最后，看工具栏右侧的几个选项，如图1-21所示。

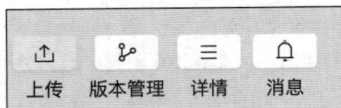

图1-21　工具栏右侧的选项

- 上传：小程序编写完成后，需要发布到腾讯云上，以提供给用户使用。在传统的App开发或者网页开发中，部署是一件非常麻烦的事。但是在小程序中，部署非常简单，只需单击【上传】按钮，就可以将小程序发布到腾讯云上，无须考虑环境、服务器配置等问题。
- 版本管理：主要是对源码进行Git管理。
- 详情：可以预览当前项目的详细属性。比较重要的是【本地设置】这个子选项，如图1-22所示。

配置比较多，这里介绍一些非常重要的配置项：

1）调试基础库

调试基础库是一个比较重要的概念。所谓调试基础库，其实就是一个小程序运行时所必需的函数库。但小程序作为一项高速发展的技术，会不断地新增功能和特性，不可能永远都使用一个固定的、老旧的函数库。每当一些新的功能被增加时，调试基础库就会增加一个新的版本。因此，我们在开发小程序时，务必要清楚当前使用的调试基础库是否支持小程序中所使用的功能。我们用selection组件来做说明，如图1-23所示。

selection组件明确说明了只有当基础库版本≥3.6.4时，才能使用，在低于此版本的调试基础库中是不能使用的。

> 其实小程序上线后，它运行所必需的函数库并不会打包在小程序里。因为小程序本身最大只有2MB，很难附带庞大的函数库。那这些函数库都在哪里呢？
>
> 其实这些函数库都包含在微信本体里，随用户安装微信时一起安装。每当增加新功能时，都需要用户更新他们的微信客户端才能升级新的函数库。

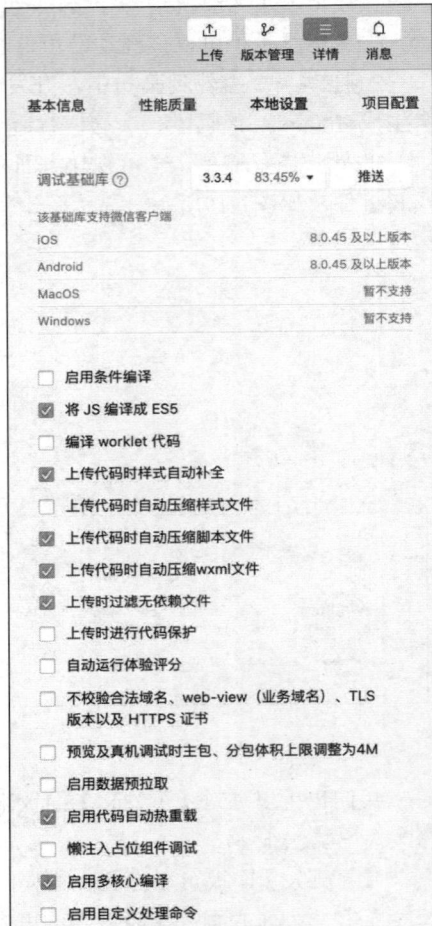

图1-22　【本地设置】选项

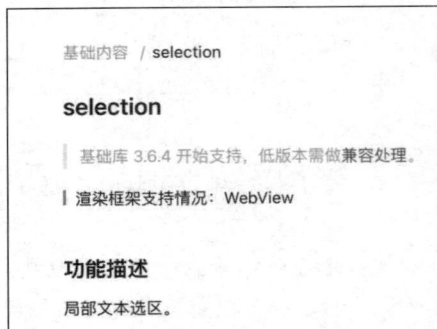

图1-23　selection 组件的版本说明

但是，并不是每个用户都会随时更新他们的微信，而如果一个小程序的新功能没有配套的新版微信支持，那么这个新功能就无法运行。因此开发者不能只考虑最新版的调试基础库，还需要向下兼容一些老旧的微信客户端。调试基础库可以模拟多个不同版本微信客户端的环境，从而让开发者了解当前小程序在不同版本微信客户端下的表现情况，以防止小程序在旧版本微信上出现意外的情况。这里建议开发者选择当前使用率较高的版本（可查看版本号后面的百分比，百分比较高的即为使用率较高的版本）。

2）将 JS 编译成 ES5

现在的JavaScript发展比较快速，比如早已出现了ES6、ES7等更高级的ES标准。但并不是所有的微信客户端都支持更高级的ES语法标准。因此，为了保证兼容性，如果我们要使用更高级的ES语法，最好勾选此选项，这样小程序可以自动将较新的JS语法自动编译成传统的ES5，以增强兼容性。

3）不校验合法域名、web-view……

小程序是一个前端应用，通常前端应用需要和服务端应用通信，以获取服务端的数据。默认情况下，想让小程序和服务端通信获取数据，微信有两个强制要求：

（1）小程序只能通过HTTPS协议同服务端通信，而不能访问HTTP协议的API。

（2）我们必须有一个域名，且域名需要备案。

但在开发阶段，服务端一般不会配置HTTPS，甚至也没有购买和备案域名。如果我们想在开发阶段访问没有域名的HTTP服务，可以勾选此选项。但要注意，这个选项仅在开发阶段有效，正式发布的小程序即使勾选了此选项也是无效的。

4）启用代码自动热重载

勾选此选项，可以在改动代码后，让小程序自动重新编译代码，并重启应用，无须我们每次都手动单击【运行】按钮。

1.5.5　菜单栏

【菜单栏】上的选项是我们经常用到的一些功能的集合。菜单栏中有多个菜单及其子菜单，其选项非常多，如图1-24所示。

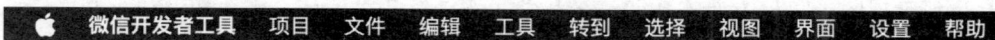

图 1-24　菜单栏

展开菜单后可以看到每个子菜单的对应快捷键，如图1-25所示。

熟悉常用功能的快捷键，对于提高开发效率来说非常重要。建议经常开发小程序的读者尽可能使用快捷键，而不是用鼠标去单击。当然，默认的快捷键也可以修改，这在后面章节会有描述。

菜单栏几乎是小程序所有功能的合集，这里包括了项目的打开、关闭、新建；文件的新建、编辑；常见工具及项目设置；小程序发布、管理；等等。我们不会在这里逐一介绍每个功能选项，因为没有意义，当需要某个功能时，再来寻找对应的功能菜单是更好的做法。

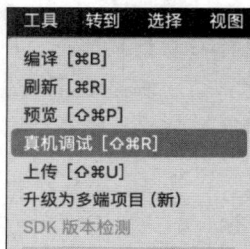

图 1-25　子菜单

1.5.6　调试小程序

毫无疑问，调试对于开发任何类型的程序都是非常重要的。熟悉小程序的调试也是每个小程序开发者的必修课。下面将讲解小程序的调试面板和调试技巧。

默认情况下，调试面板处于隐藏的状态，开发者需要单击【工具栏】中的【调试器】按钮才能打开调试面板。但默认调试面板的可视区域非常小，不便于开发者调试。此时，我们可以单击调试面板顶部最右侧的层叠方形图标 ▢，这将打开一个独立于现在的开发工具的全新调试面板。

我们首先需要关注的是调试面板顶部从左向右的13个视图菜单，如图1-26所示。下面重点介绍其中的6个。

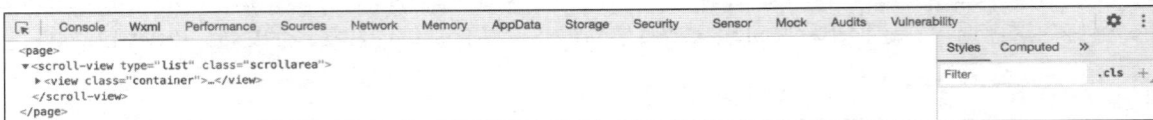

图 1-26　13 个视图菜单

1. Console

Console是调试面板的默认视图，主要用于输出项目中的运行信息，我们在JavaScript代码中使用console.log(message)所输出的messag也会显示在这个视图中，如图1-27所示。同时，Console面板也可以被当作一个即时代码运行器，开发者可以在这里输入并执行JavaScript代码。

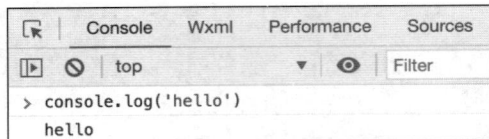

图 1-27　在 Console 模块中运行 JavaScript 代码

Console面板非常重要，我们调试小程序、获取小程序异常信息等工作都是在这里进行的。

2. Sources

Sources视图用于显示当前项目运行状态下的JavaScript文件以及文件树结构。注意，Sources里面的文件比较多，因为它不仅是源文件，还含有项目运行时小程序编译的相关文件和所需要的环境文件。

对于Sources视图，它最主要的功能就是帮助我们进行断点调试。那么如何在小程序中进行断点调试呢？首先需要打开Sources视图，如图1-28所示。

在Sources视图最左侧的树状文件管理器中找到要打断点的文件，比如在图1-28中我们就选中了index.js?[sm]文件。打开这个文件后，在中间区域会显示这个文件的详细代码（源码），我们只需要把鼠标移动到某一行，单击该行代码前的行号即可设置断点。当代码运行到断点处时，将停止继续执行。常用快捷键有F10键单步执行，F11键进入方法，F8键继续运行到下一个断点。Sources视图最右侧区域将显示断点调试状态下变量的状态与快捷按钮。

> 虽然在小程序开发工具里可以进行断点调试，但大多数情况下，我们不会在小程序里使用断点调试。这主要是因为小程序的调试工具是基于Chrome的Web调试工具，它的调试体验并不是很好。因此，是使用断点调试还是使用传统的console.log打印信息的方式，读者可自行决定。

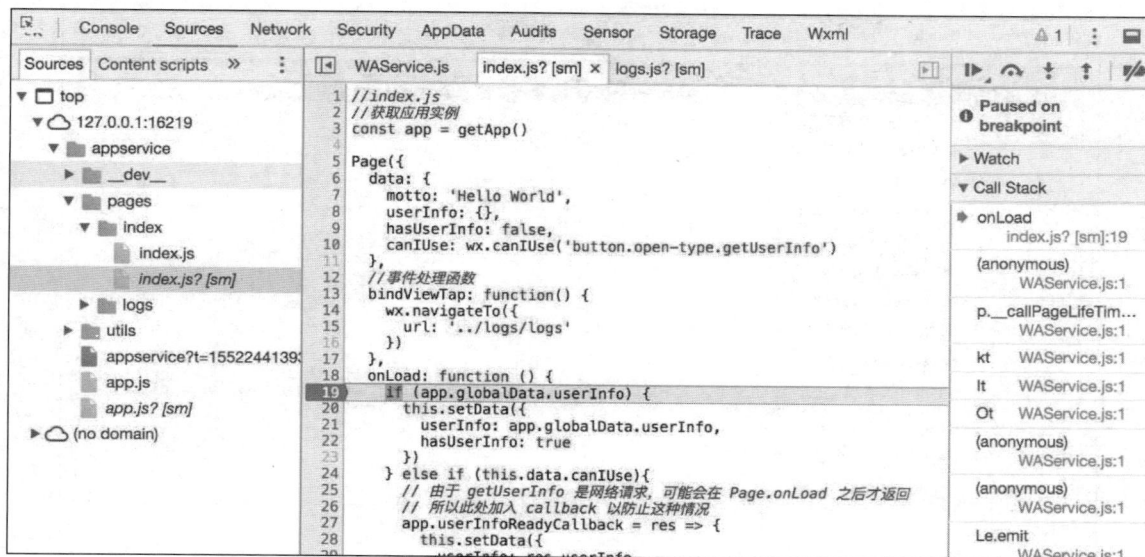

图 1-28　断点调试中的 Sources 视图

3. Network

Network视图主要用于显示和观察小程序网络连接的相关情况，它同样是一个非常好用的调试网络请求的工具。这里的Network视图和Chrome浏览器里的Network视图几乎一样，如图1-29所示。

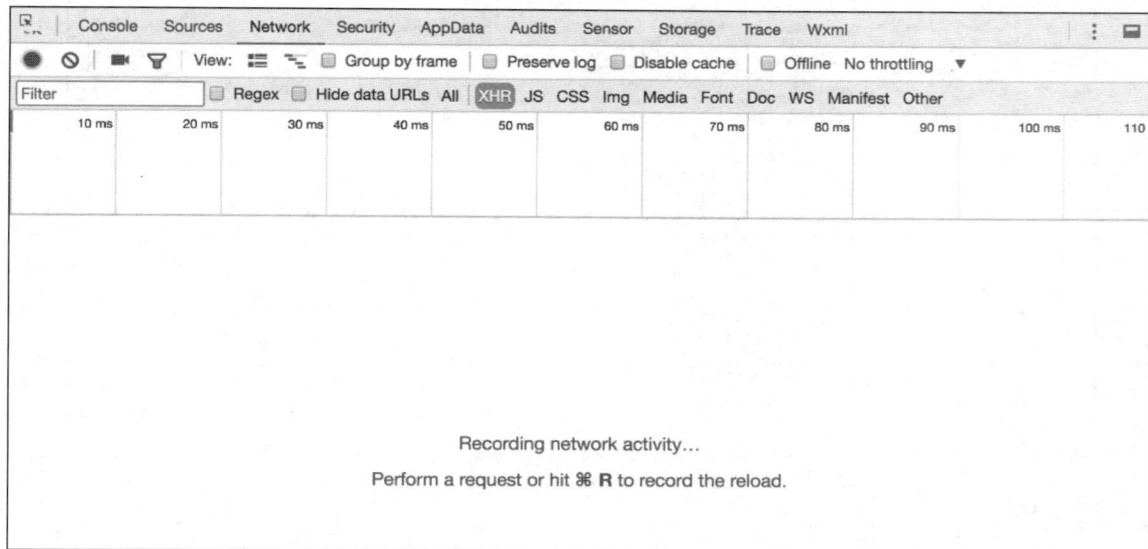

图 1-29　Network 视图

4. AppData

AppData视图（见图1-30）用于显示项目中当前页面的数据绑定情况。关于数据绑定我们同样放在后续项目开发中具体讲解。它非常重要，是现代Web开发"数据驱动"模式的重要概念。

在AppData视图中不仅可以查看数据情况，还可以更改数据，小程序框架会实时地将数据的变更情况反馈到UI界面上。这是一个非常重要的视图，我们常用它来观察页面的数据。

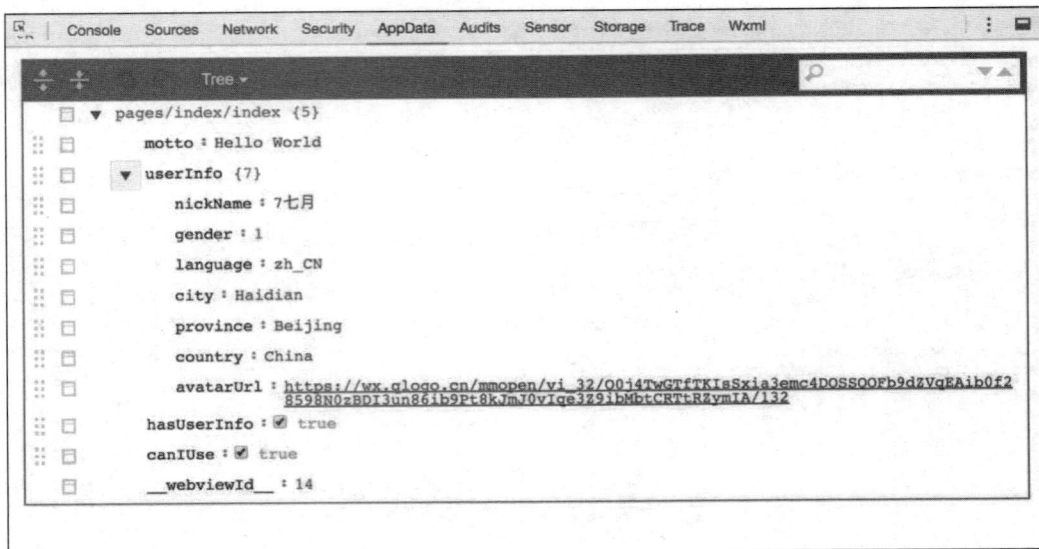

图 1-30　AppData 视图

5. Storage

Storage视图（见图1-31）用于显示当前项目的数据缓存情况。所谓缓存，就是项目临时存储数据的地方（永久性的数据通常存储在服务端数据库中）。关于数据缓存同样放在项目中讲解。

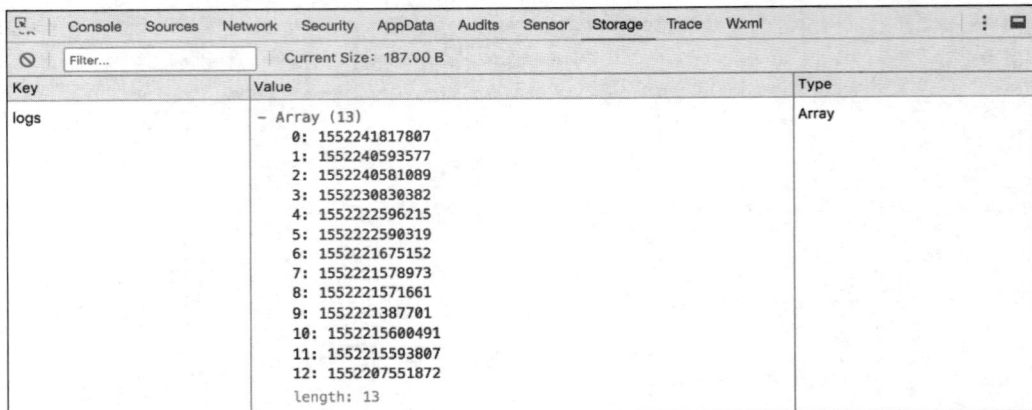

图 1-31　Storage 视图

6. Wxml

Wxml视图（见图1-32）是非常重要的一个功能视图，类似于Chrome调试工具下的Elements模块，主要用于调试Wxml标签和CSS样式，调试方法同Chrome一样。如果读者是一个前端初学者，那么建议认真摸索一下这个视图功能。绝大多数和样式、标签相关的问题，都需要依靠这个视图来调试。

在Wxml视图下可以同时查看UI、组件和CSS样式的相关数据及关联关系。比如用鼠标单击左侧的UI视图中的某个组件，右侧就会显示这个组件对应的wxml代码，非常好用。

以上6个视图模块对小程序开发非常有帮助。如果在开发中遇到一些稀奇古怪的问题，那么最好使用这6个视图来解决。我们在后面的章节中也会经常讲解这些视图的使用技巧，并使用这些视图中的功能解决问题。

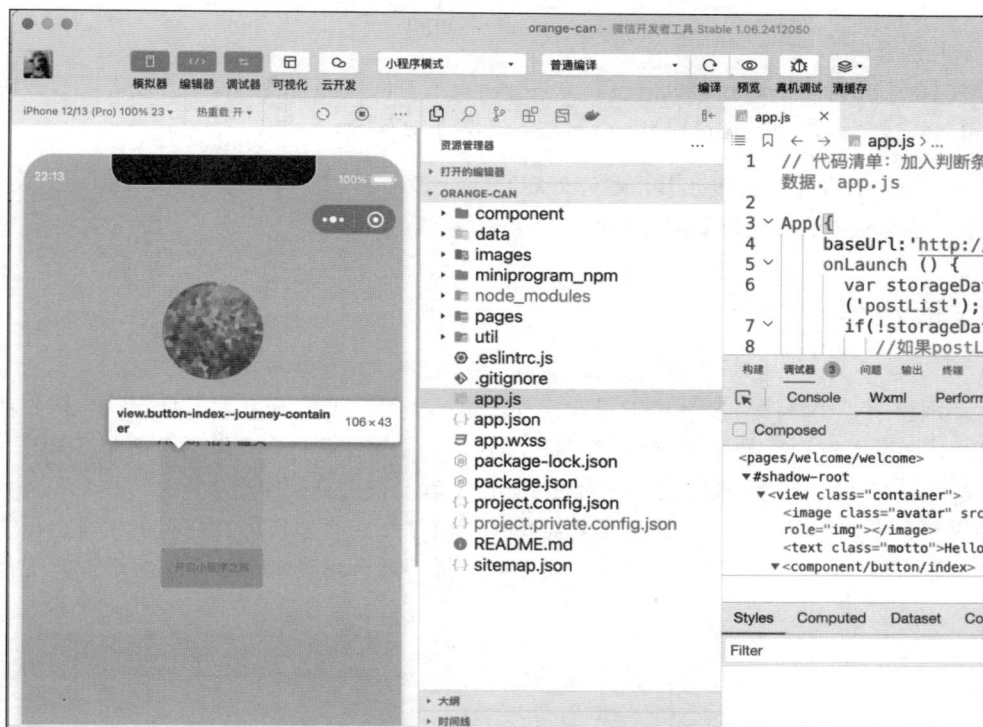

图 1-32　Wxml 结构视图

1.5.7　快速打开官方开发文档

作为一个开发者，需要经常查阅官方的开发文档。小程序提供了一个快速打开文档的方法，即单击开发工具顶部菜单栏中的【帮助】→【开发者文档】，即可马上打开系统浏览器进入文档。

这里还有一个快速打开特定文档的小技巧：将鼠标悬停在某个组件上，比如悬停在<View>上（不需要选中标签），此时会悬浮出一个提示框，选择下面的"微信开放文档"（蓝色），即可直接打开浏览器跳转到对应的标签文档中。这样可以直接查看和view组件相关的文档，比我们去文档中搜索<View>标签要更方便快捷。

1.5.8　微信开发者工具常见操作问题

Q：如何在开发工具中切换不同的微信账号？

A：在菜单栏中依次选择【微信开发者工具】→【切换账号】即可。

Q：如何更新开发工具版本？

A：通常情况下，微信开发者工具将在每次启动时自动检查新版本并提示下载，但也可能由于某些未知原因不会提示更新。此时我们可以通过菜单栏中的【微信开发者工具】→【检查更新】来手动更新。

Q：如何快速打开小程序开发文档？

A：通过菜单栏中的【帮助】→【开发者文档】来打开。

Q：如何查看/修改快捷键？

A：按F1键会出现一个命令菜单，该菜单下会出现所有快捷键列表。如果开发者要修改快捷键，可以通过菜单栏中的【设置】→【快捷键设置】来修改。

Q：如何修改字体大小/开发工具皮肤等外观？

A：通过菜单栏中的【设置】→【外观设置】来修改。

1.6　本章小结

本章详细讲解了小程序开发环境的搭建流程，包括账号注册、开发者工具安装与核心功能使用（如模拟器、调试面板、资源管理）。通过新建项目与界面操作解析，帮助读者熟悉工具的基本操作逻辑，并掌握官方文档的快速查阅方法，为后续编码实践提供工具支撑。

我们需要强调，不要在学习初期过于纠结每个工具按钮的具体作用，这对于学习小程序几乎没有意义，反而事倍功半。本书会将重要的工具放在实战中融合场景来讲解，这对于理解工具的用法更有帮助。

第 2 章

从一个简单的页面开始
小程序之旅

2

本章我们将正式开始案例项目的编码工作。项目从编写一个最简单的welcome页面开始，并在编写页面的过程中逐步介绍小程序的基本文件结构、CSS在小程序中的使用、Flex布局、自适应单位rpx、全局样式以及app.json配置文件等小程序开发的必备基础知识。

2.1 小程序的基本文件结构

我们还是以第1章中新建的官方示例项目作为参考，来看一下构成一个小程序的基本文件结构，如图2-1所示。

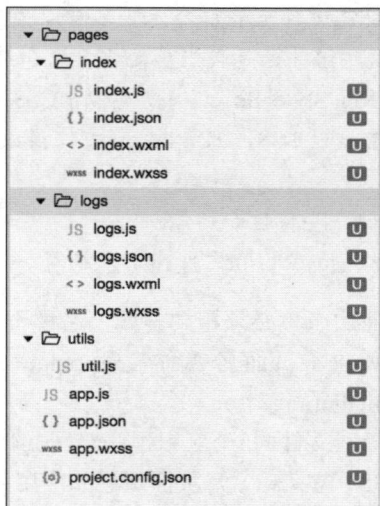

图 2-1　官方示例项目的文件及文件结构

不同于其他开发框架，小程序的目录结构非常简单，也非常易于理解。

首先，可以看到根目录下面的3个文件：app.js、app.json和app.wxss。一个小程序项目通常有这3个文件，它们必须放在应用程序的根目录下，否则小程序会提示找不到app.json文件。表2-1描述了这3个文件的意义。

表2-1   一个小程序项目通常包含的3个文件

文　　件	是否必须存在	作　　用
app.js	是	全局逻辑文件
app.json	是	全局配置文件
app.wxss	否	全局公共样式文件

> 以上3个以app开头的文件属于应用程序级别的文件（也可以理解为全局文件）。相对于全局文件，还有局部文件，比如页面相关文件。全局文件影响所有页面文件，而页面文件只影响本页面。

接下来介绍根目录下的pages目录。一个小程序通常由若干个页面构成，pages目录用于存放小程序的页面文件。比如图2-1中的pages目录下就有两个页面，分别是index页面和logs页面。每个页面由4个文件构成，分别是JS、WXML、WXSS和JSON文件。表2-2描述了这4个文件的作用。

表2-2   页面构成文件的作用

文件类型	必　　填	作　　用
.JS	是	页面逻辑
.WXML	是	页面结构
.WXSS	否	页面样式表
.JSON	否	页面配置

相信这4个文件读者并不陌生。我们可以和熟悉的Web前端开发技术做一个对比：

- WXML文件：全名为"WeiXin Markup Language"，类似于HTML文件，用来编写页面的骨架以及布局，不同的是WXML文件里的标签元素不可以使用HTML标签，只能使用小程序自己封装的一些组件标签。这些组件也是我们后面要重点介绍的知识。
- WXSS文件：全名为"WeiXin Style Sheets"，类似于CSS文件，用于编写小程序的样式。实际上小程序的样式编写语言就是CSS，只是把.css文件换成了.wxss文件，同时扩展了少部分的功能。
- JSON文件：用来配置页面的一些特性和功能。
- JS文件：类似于前端编程中的JavaScript文件，用来编写小程序的页面逻辑。

注意，以上4种类型的页面文件的名称必须相同。如果名称不同，小程序无法将这4个文件视作同一个页面的一组文件。比如，如果将页面名字命名为orange，那么4个页面文件的名称必须为orange.js、orange.wxss、orange.wxml和orange.json。

可以看到，小程序的4种页面级别文件同3个应用程序级别文件相比，多出了一个WXML文件；对于其他3种类型的文件（JSON、JS、WXSS），页面级别和应用程序级别的作用基本相似，只不过页面文件仅作用于页面本身，而应用程序文件则作用于应用程序整体（影响所有页面）。

除了pages目录外，官方的示例项目中还有一个utils目录，用来存放一些公共的JS文件，比如utils下面的util.js。我们可以任意定义类似于utils的目录，并放在小程序的任意位置，小程序对此没有任何限制。

关于小程序目录的命名规则

对于示例项目中的pages目录，很多开发者认为这个命名是不能更改的。其实小程序对于目录和文件的命名并没有任何强制的约束，小程序并不是一个"约定大于配置"类型的框架（通常"约定大于配置"意味着框架有很多强制性的约束）。

实际上，pages、utils以及index和logs目录的名字都可以随意更改，甚至logs目录下的4个文件名字也不必一定是log.xxxx，更改为log1、log2都是可以的，但这4个页面文件的文件名必须保持一致。

2.2　编写第一个小程序页面

在掌握以上的少量知识后，我们就可以开始编写小程序了。下面我们从零开始新建一个项目。每个项目都有自己的名字，这样可以方便我们讨论。下面的项目就叫"Orange-Can"吧，读者可以随意来给项目命名。

我们按照在1.2节中所讲的方式，再次新建一个全新的项目，项目名称设置为"Orange-Can"，记得填入申请的小程序的AppID。

因为我们要从零开始编写一个项目，所以想创建一个没有任何文件的空白小程序项目。但可惜的是，开发工具并没有提供创建"空白项目"的功能，我们只能创建官方的示例项目。现在，我们将Orange-Can项目下的文件全部删除，一个不留。在后面的开发过程中，我们将手动新建项目的所有文件，这样的方式可以帮助读者更好地理解每个小程序文件的意义。

删除所有文件后，重新编译项目，小程序将会出现如图2-2所示的错误提示。

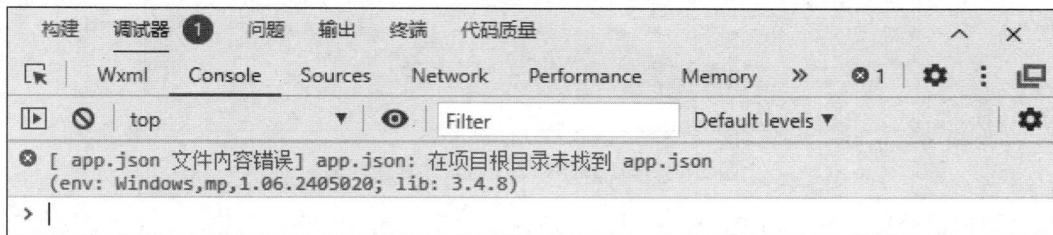

图 2-2　删除所有项目文件后，小程序会提示错误

这是因为现在的项目里没有任何文件，所以小程序会报错。错误信息是非常重要的错误排查手段，开发者必须重视。

错误信息提示我们缺少app.json文件。我们首先把3个应用程序文件app.json、app.js和app.wxss文件新建在项目的根目录下（单击文件管理器上方的【+】按钮创建）。添加文件后的项目情况如图2-3所示。

这时，小程序依然提示错误信息。仔细看图2-3，错误信息里提示了app.json有问题，且明确告知我们app.json是空白文件，而空白的文件不是一个合法的JSON文件。我们打开app.json文件，会发现里面是空白的。

小程序对于JSON文件的处理比较严格，比如，不能是空白的文件，即使什么内容也没有，也至少需要一对花括号（{ }）；再比如，JSON文件中不能有注释的代码，否则也会出现错误；还有，JSON文件中不能使用单引号，字符串必须使用双引号（其实，这不是小程序的规定，而是标准的JSON格式文件规范中规定引号必须是双引号）。简单来说，一个.JSON文件必须严格遵守JSON规范，否则无法通过开发工具检测。这里特别提出这一点，希望开发者注意。

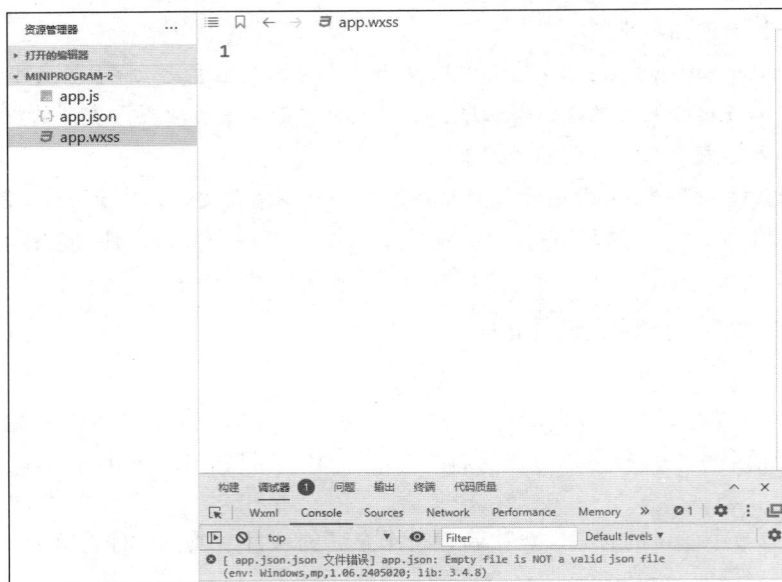

图 2-3　新建 3 个应用程序文件后的小程序项目情况

我们在app.json文件中加入一对空的花括号"{ }"。在成功修复app.json文件后，会发现小程序依然提示有错误，但是错误信息变了，如图2-4所示。

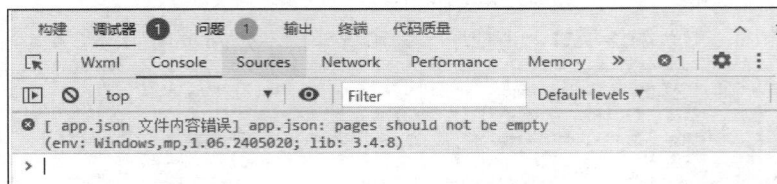

图 2-4　修复 JSON 文件后依然存在问题

通过阅读错误提示可以知道：pages目录不应该是"空"的。一个小程序项目必须至少有1个页面，而当前项目下并没有任何的页面。小程序默认所有的页面都存放在pages目录下，所以它提示pages目录不应该是"空"的。

在项目根目录下新建一个pages目录，并在pages目录下新建一个名为welcome的目录；接着在welcome目录下新建4个页面文件：welcome.js、welcome.wxml、welcome.wxss和welcome.json。完成以上操作后，第一个页面"welcome"所需要的全部文件就新建完毕了，文件结构如图2-5所示。

在新建4个页面文件时，我们不需要逐一新建。右击welcome目录，在弹出的快捷菜单中选择【新建Page】选项，接着输入"welcome"，小程序会自动在welcome目录下生成4个页面文件。这很方便，建议开发者统一使用这种方式创建页面文件。

此时，小程序中的错误信息消失了。这是怎么回事儿呢？我们打开app.json文件，会发现一个有趣的现象：小程序自动地在app.json中添加了一段代码：

```
{
  "pages": [
    "pages/welcome/welcome"
  ]
}
```

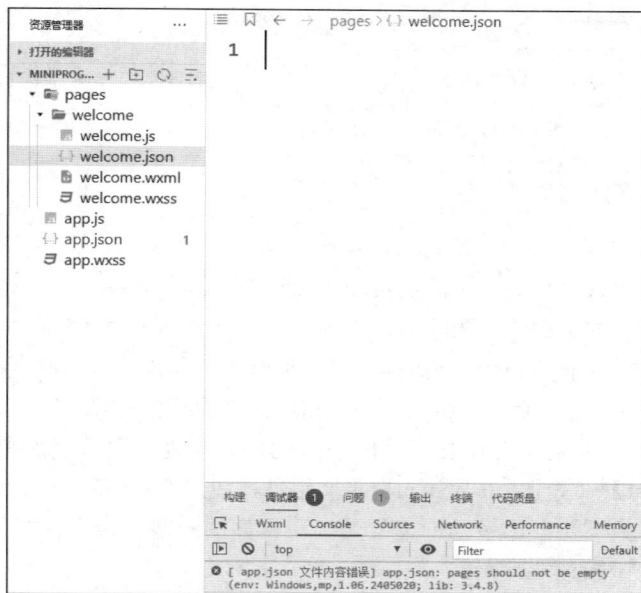

图 2-5　新建页面的 4 个基本文件

　　要理解这段代码，我们需要知道一个关于小程序页面的重要机制：所有小程序的页面都需要在app.json中注册。注册的方式非常简单，就是在app.json文件的pages数组下加入页面的路径，比如上面的代码中就加入了"pages/welcome/welcome"，这就是welcome页面的路径，它由"路径+名称"构成。"pages/welcome"代表页面的路径，而第二个"/welcome"代表页面名称。所有小程序页面路径都遵循这样的规则，当我们在后面的章节中遇到页面路径时，请记得这种路径模式。

　　这也非常好理解，如果我们只是新建了页面而没有注册，小程序就不知道我们新建的到底是页面还是普通文件，只有在小程序的app.json中明确页面的路径，小程序才会将这4个文件视为一个页面。

　　这里要强调的是，如果小程序的页面是通过【新建Page】菜单生成的，那么小程序会自动把页面的路径注册到app.json中；如果不是通过这种方式新建的，而是开发者自己手动新建了4个页面文件，那么小程序是不会帮你自动注册的。这时需要开发者手动在app.json中加入以上页面的路径。

　　关于页面的路径还有几点需要说明：

- 页面路径最前面不要加"/"，形如"/pages/welcome/welcome"这样的路径是错误的。如果在路径开头加入了"/"，小程序会提示错误：路径不能以"/"开头。
- 路径中最后一个welcome，不需要指定具体的文件扩展名，无须写成"pages/welcome/welcome.wxml"，小程序会自动按照页面路径的指向寻找页面（实际上这4个文件被视为页面的整体）。

　　如果项目中有多个页面，则需要将每个页面的路径都加入pages数组下。虽然我们现在只有一个welcome页面，但随着Orange-Can项目的不断开发，我们将在pages下面加入越来越多的页面路径。下面代码是Orange-Can项目开发完成后的pages注册情况。

```
{
  "pages":[
    "pages/welcome/welcome",
```

```
    "pages/posts/posts",
    "pages/movies/more-movie/more-movie",
    "pages/movies/movies",
    "pages/movies/movie-detail/movie-detail",
    "pages/posts/post-detail/post-detail",
    "pages/posts/post-item/post-item",
    "pages/posts/post-comment/post-comment"
  ]
}
```

还需要提醒开发者注意的是，不仅添加页面时需要在app.json中注册页面路径，当我们删除一个页面时，也需要将pages下的页面路径删除掉，否则开发工具会提示找不到页面。

【新建Page】会自动在app.json中添加页面路径，但开发工具没有提供【删除Page】的功能。因此，当我们将页面文件删除后，请务必手动将app.json中对应的页面路径删除掉。

再次提醒开发者，请尽量使用开发工具所提供的创建功能来创建各种文件，比如使用【新建Page】【新建Component】（关于Component自定义组件，我们在第9章中会详细讲解）等功能来创建页面和自定义组件，尽量不要自己手动创建文件。小程序的一些特定文件必须有特定的初始代码，不允许为空文件，否则小程序就会报错。

当我们按照以上步骤新建完所有目录和文件后，文件管理器中的文件结构应该如图2-6所示（务必确保调试器中没有出现错误）。

同时，左侧的小程序模拟器将显示出我们新建的welcome页面，如图2-7所示。它显示了一行文本"pages/welcome/welcome.wxml"。这段文本并不是我们自己编写的，而是开发工具在新建页面时自动添加的，位于welcome.wxml文件中。

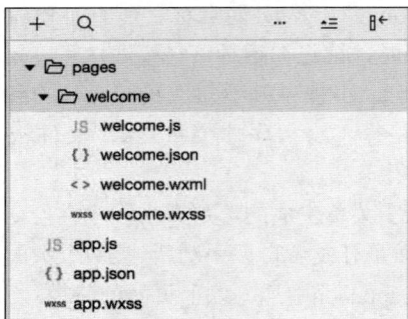

图2-6　项目文件结构

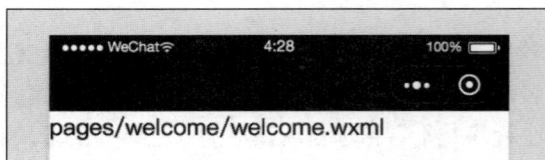

图2-7　完成新建welcome页面后的模拟器运行情况

下一节我们来编写welcome页面。

2.3　构建页面的元素和样式

在上一节中，我们仅正确地加载和显示了welcome页面，还没有编写任何页面代码。在本节中，我们将尝试为welcome页面添加一些组件。

可以在本书的彩页中查看welcome页面的最终设计图。这个设计图的设计元素非常简单，仅由一张圆形图片、一段文本和一个按钮构成。下面我们一起来完成第一个小程序页面吧。

首先，打开welcome.wxml文件，删除开发工具自动创建的默认代码，并输入以下代码：

```
<!-- @welcome.wxml -->
<view>
    <image></image>
    <text>Hello , 花</text>
    <view>
        <text>开启小程序之旅</text>
    </view>
</view>
```

这段代码总共使用了3个微信小程序的组件，分别是view、text和image组件。view组件通常作为容器来使用，类似于HTML中的<div>标签；text组件用来显示一段文本，类似于HTML中的<p>标签，本例中第一个text组件被用来显示一段文本"Hello，花"；image组件用来显示一张图片，类似于HTML中的<img>标签。

读者应该注意到了笔者在描述这些元素时的用词区别。描述WXML元素使用的是"组件"，而描述HTML元素使用的是"标签"，这是符合规范的称呼。HTML是标记语言，它的标签主要用来标记页面骨架，标签的属性也比较少。但组件不同，组件除了标记的作用之外，它的属性一般非常丰富，有的组件的属性甚至能达到几十个之多。小程序官方文档中也将view、text、image称为组件，而并没有称为标签。

读者可以不用那么在意"标签"和"组件"的称谓区别，名称只是人为赋予的符号，没有太大的意义。

同HTML中的<img>标签一样，image组件需要设置一个src属性，该属性用路径来指向一幅图片。我们在项目的根目录下新建一个名为images的目录，用来存放项目的所有图片。在images目录下新建avatar目录，然后将一些适合作头像的图片复制到avatar目录中。

如何将图片放入小程序的目录中？微信开发者工具目前无法通过Ctrl+C、Ctrl+V的快捷功能直接将图片复制到项目中。我们需要在操作系统中打开项目的目录，并将图片复制到对应的avatar目录中，这样小程序就会自动刷新目录，并在开发工具中显示这些图片。

> 这里有个小技巧，我们可以直接通过开发工具快速打开项目的目录，而不需要从操作系统中一层层地单击进入项目目录。具体的方法是，右击文件树中的对应目录，在弹出快捷菜单中选择【在资源管理器中显示】，这样就可以直接打开当前目录。

相关图片读者可在项目源码中找到，也可以自己寻找图片。以上操作完成后，我们的工程目录将变成如图2-8所示的结构。

在项目中加入图片后，我们可以尝试在image组件中加入一个属性src，并赋值为以下代码：

```
<!-- 给image组件增加一个src属性 -->
<image src="/images/avatar/avatar-1.png"></image>
```

保存项目后，模拟器中立刻会出现这张图片（见图2-9），但图片显示的高宽并不是图片本身的高宽，它被小程序设置成了宽度为320px，高度为240px。这也是小程序默认的图片高宽（不同小程序版本默认的高宽略有差异）。如果我们不显式指定图片高宽，所有图片都将保持这个默认值。

下面我们来谈谈"路径"问题。和计算机编程中通用的"路径"概念类似，小程序中也有"相对路径"和"绝对路径"的区别。上面在设置image组件的src属性时，使用的是绝对路径，它以"/"开头。"/"代表"根目录"。我们也可以使用相对路径来为image指定图片路径，比如，将代码中<image>组件的src属性改写为相对路径：

图2-8　加入图片后的目录结构

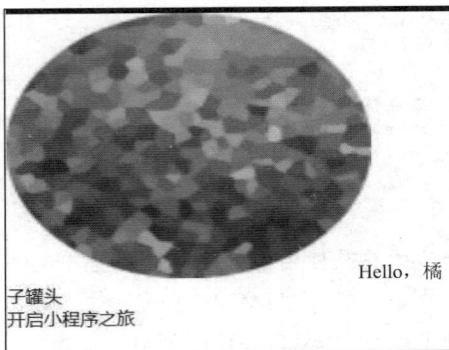

图2-9　还没有加入样式代码的图片效果

```
<!-- 路径中的".."表示向上一级-->
<image src="../../images/avatar/avatar-1.png"></image>
```

welcome.wxml文件中代码下部使用一个view组件包裹一个"开启小程序之旅"的text组件来实现一个"按钮"。由于还没有编写样式，所以它暂时还不能呈现为一个按钮的形状。

现在来编写welcome页面的样式。小程序编写样式的语言就是CSS，我们应该将CSS代码写在页面的WXSS文件中。在编写welcome.wxss文件之前，首先在welcome.wxml文件中给每个需要样式的组件加入样式名称。

```
<!-- welcome.wxml -->
<view class="container">
    <image class="avatar" src="/images/avatar/avatar-1.png"></image>
    <text class="motto">Hello, 橘子罐头</text>
    <view class="journey-container">
        <text class="journey">开启小程序之旅</text>
    </view>
</view>
```

代码中"class="就是给每个样式的名称。这和我们在HTML中编写CSS类名完全一样。

接着为每一个组件编写具体的样式。将这段CSS代码加入welcome.wxss文件中。

```
/** @welcome.wxss **/
.container{
    display: flex;
    flex-direction:column;
    align-items: center;
}

.avatar{
    width:200rpx;
    height:200rpx;
    margin-top:160rpx;
}

.motto{
    margin-top:100rpx;
    font-size:32rpx;
    font-weight: bold;
    color: #9F4311;
}

.journey-container{
    margin-top: 200rpx;
```

```
        border: 1px solid #EA5A3C;
        width: 200rpx;
        height: 80rpx;
        border-radius: 5px;
        text-align:center;
    }

    .journey{
        font-size:22rpx;
        font-weight: bold;
        line-height:80rpx;
        color: #EA5A3C;
    }
```

让我们保存文件，看看页面发生了什么变化，结果如图 2-10 所示。如保存后页面没有刷新，请单击开发工具的【编译】进行手动编译。

下面简单介绍一下这些 CSS 代码的作用。

- .container 是所有组件元素的容器样式。这里使用 Flex 布局的方式来控制容器下子元素的排布。关于 Flex 将在 2.6 节具体讲解。
- .avatar 用于控制头像图片的大小和位置。
- .motto 用于设置 "Hello,橘子罐头" 这段文本的样式
- .journey-container 用于设置 "开启小程序之旅" 的外边框，使它们看起来更像一个按钮。其中，border-radius 让这个按钮的外边框变成 "圆角"。
- .journey 用于设置按钮内部的文本样式。

图 2-10　添加样式后的 welcome 页面

本书的主要目的是讲解小程序的核心知识，并不是一本 CSS 和 JavaScript 的基础语法书，因此只对 CSS 样式中的核心内容进行较为深入的讲解。

此外，在真实项目中，不要像 Orange-Can 一样，把图片资源存储在小程序的目录中，因为小程序的大小不能超过 2MB，超过这个限制则无法发布小程序。应该将图片存放在服务器上，让小程序通过网络来加载图片资源。读者可以在学完云开发的云存储后，将图片放置到云存储中，这是比较流行的做法。

如果小程序的包大小确实需要超过 2MB，可以使用一种被称为 "分包加载" 的机制，详情可参考官方文档。但分包加载在小程序中使用得并不多，超过 2MB 的分包加载将给用户带来一些不好的体验，分包加载大多数用在小游戏开发里。

在上述代码中，在编写 "按钮" 时，并未使用小程序提供的 button 组件，而是用 view 组件模仿了一个按钮。既然小程序提供了 button 组件，那我们为什么没有使用呢？

小程序确实提供了 button 组件，但是 button 组件在自定义样式上并不是很方便。比如，如果我们要实现一个比较 "奇怪" 的按钮样式（事实上，在真实的项目里，按钮大多数不是我们常见的矩形样式，而是会添加一些特别的样式，使其醒目），那么使用默认的 button 组件是非常不方便的。

这里建议读者记住这个规律：如无特殊原因，均优先使用最简单的 view 组件来实现 button 的效果。但是小程序提供的 button 组件并不是毫无用处。微信中有一些特殊的 API，比如微信消息、获取用户头像等微信特殊能力只能通过 button 组件实现。因此，如果需要连接微信的这些特殊 API，可以

选择button组件。但是，如果只是想单纯实现一个可以单击的按钮，那么使用view组件来实现一个按钮更为方便。

> 这里可以简单说明一下原因，有兴趣的读者可以了解一下。为什么默认的button组件难以实现特定的样式。
>
> 其实，"组件"和"标签"还是有一些区别的。组件可以是一个标签，但也可以是多个标签的组合（因为组件的功能往往比标签复杂）。我们可以很方便地对一个"标签"使用CSS样式，但是对于一组标签（它们往往有嵌套关系），当我们设置CSS时，往往只是设置了最外层标签的CSS，而内部的标签是无法应用这些样式的。这主要是涉及CSS层级穿透的问题。
>
> 而button组件就是一个较为复杂的组件，如果想对button组件直接设置CSS样式，结果就是设置的CSS样式并不会生效，因为button组件内部的样式会覆盖我们从外部设置的样式。

2.4 小程序所支持的 CSS 选择器

小程序文档中明确指出，在小程序中，CSS只支持表2-3所示的6种CSS选择器。

表2-3 小程序支持的6种CSS选择器

选 择 器	样 例	样例描述
.class	.intro	选择所有拥有class="intro"的组件
#id	#firstname	选择拥有id="firstname"的组件
element	view	选择所有view 组件
element, element	view, checkbox	选择所有文档的view组件和所有的checkbox组件
::after	view::after	在view组件后边插入内容
::before	view::before	在view组件前边插入内容

但实际上，笔者在这几年的小程序开发过程中几乎没有遇到不能在小程序中使用的CSS选择器。也就是说，小程序所支持的CSS选择器种类远远超过表2-3所列举的6种。比如"子元素选择器 ＞"就可以在小程序中使用。

CSS1、CSS2和CSS3的选择器种类加起来有几十种，笔者无法保证全部的CSS选择器都可以在小程序中使用，但希望开发者不要拘泥于表2-3所描述的6种。

2.5 在 WXSS 文件中使用图片时的注意事项

在WXSS文件中使用图片需要特别注意：本地资源是无法在WXSS文件中使用的。比如background-image这个CSS属性，如果将背景图片设置为一张本地图片，则小程序无法显示这张图片。网络图片可以在WXSS文件中使用。

如果我们的确需要在WXSS文件中加载本地资源，那么可以将本地资源（比如图片）转换成base64格式。WXSS文件是可以加载本地的base64资源的。

注意，本地资源只是无法在WXSS文件中使用，但是WXML文件中的图片可以使用本地资源。比如，2.3节中的image组件就使用的是一张本地图片。

所谓本地图片是指图片位于项目目录下，而网络图片往往位于一台远程服务器上，它们通过 HTTP/HTTPS协议来访问，形如使用http://qq.com/images/test.jpg这样的地址来加载图片。

2.6 Flex 布局

在2.3节中，welcome.wxss文件中的.container使用了一个display:flex样式，那么什么是flex？

Flex布局是W3C（World Wide Web Consortium，万维网联盟）组织在2009年提出的一个新的布局方案，其宗旨是让页面的样式布局更加简单，并且可以很好地支持响应式布局。这并不是小程序所独有的技术，它本身是CSS语法的一部分。只不过早期时候，主流的浏览器对Flex布局的支持并不完善，造成了很多开发者不知道有这种布局的存在或者使用非常少，还是习惯使用传统的table表格或者position和float属性来布局。但传统的布局方式有它的缺陷，比如像垂直居中就不那么容易实现，而Flex可以很好地解决这些问题。小程序能够非常好地支持Flex布局，并且这也是官方推荐的布局方式。

Flex也称为"弹性布局"，主要作用在容器上，比如welcome页面中.container的view组件，就是一个容器，它将页面中的所有元素都包裹起来。我们先使用display:flex将view变成了一个弹性盒子。设置display:flex是应用一切弹性布局属性的先决条件，如果不设置display:flex，那么后续的其他相关弹性布局属性都将无效。

接着使用flex-direction属性指定view内（弹性盒子内）元素的排列方向。这个属性可能的值有以下4个：

- row。
- column。
- row-reverse。
- column-reverse。

要理解这4个属性值，首先要了解Flex布局的一个非常重要的概念：轴。我们知道，在一个平面直角坐标系里，轴有两个方向，分别是水平方向（X方向）和垂直方向（Y方向）。一个弹性盒子需要确定一个主轴，这个主轴到底是水平方向还是垂直方向，就由flex-direction这个属性的值来确定。

如果flex-direction的值为row或者row-reverse，那么主轴的方向为水平方向；如果flex-direction的值为column或者column-reverse，那么主轴的方向为垂直方向。选定主轴的方向后，另外一个方向的轴即为"交叉轴"。也就是说，主轴并不一定就是水平方向，交叉轴也并不一定就是垂直方向，主轴的方向由flex-direction的取值来决定。理解这一点尤其重要。图2-11～图2-14非常形象地解释了"主轴"和"交叉轴"的概念。

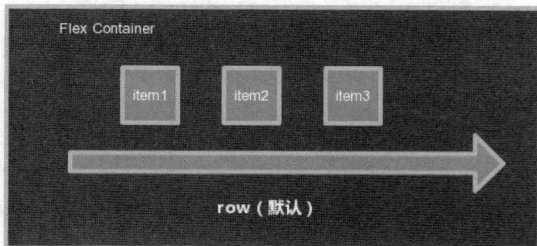

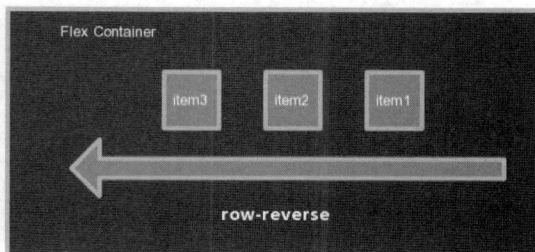

图2-11　flex-direction:row时的主轴方向

图2-12　flex-direction:row-reverse时的主轴方向及子元素排列

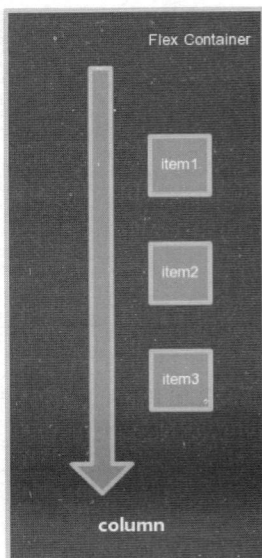

图2-13　flex-direction:column时的主轴方向及
子元素排列

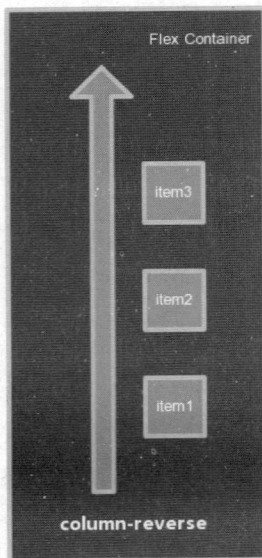

图2-14　flex-direction:column-reverse时的主轴方向及
子元素排列

图2-11～图2-14显示了当flex-direction取不同值时，主轴方向及子元素排布的情况。注意观察每张图里3个item的排布顺序，主轴方向不同，子元素排布的方向也不同。

- flex-direction:row时，主轴水平，方向为自左向右。
- flex-direction:row-reverse时，主轴水平，但方向为自右向左。
- flex-direction:column时，主轴垂直，方向自上而下。
- flex-direction:column-reverse时，主轴垂直，方向自下而上。

我们修改一下welcome.wxss中的CSS代码，来看一下这4种属性的效果。将welcome.wxss中的.container样式里的flex-direction的值分别替换为row、column、row-reverse、column-reverse。为了排除其他属性的干扰，我们将.container样式中的align-items:center也先注释掉。注释代码的快捷键为【Ctrl+/】。得到的效果分别如图2-15～图2-18所示。

图2-15　flex-direction值为row时三元素自左向右

图2-16　flex-direction值为row-reverse时三元素自右向左

图2-17　flex-direction值为column时
　　　　三元素自上而下

图2-15　flex-direction值为column-reverse时
　　　　三元素自下而上

是不是非常清楚？至于row和row-reverse这两张图中的"Hello，橘子罐头"往上偏移了一些，是因为受到welcome.wxss样式表中其他CSS属性的影响。但3个元素的主要排布方向特征正如我们预期的那样。根据设计图的样式，我们应该选择flex-direction：column作为主轴。

虽然welcome页面的3个元素已经呈现出了垂直排列，但它们还没有居中显示。.container样式中的属性align-items: center，可以让3个元素水平居中。align-items属性定义子元素在交叉轴上如何对齐。

这里要注意，align-items定义的是"交叉轴"上子元素的对齐方式。由于我们在.container样式中设置了垂直方向为主轴，那么交叉轴就是水平方向，所以align-items：center将设置3个元素在水平方向上居中。

当然，align-items属性值不是只有center这一种，还有其他若干种取值。限于篇幅这里就不再展开介绍CSS的相关知识。由于Flex布局在小程序里的地位相当高，本节抛砖引玉，各位读者可以自行查找资料，更详细深入地学习Flex布局。

> 对于Flex布局的学习，我们首先应当大致浏览一下整个Flex的知识树，知道Flex解决了什么问题，有什么特点，大致有几类属性就够了。当我们做项目遇到布局问题时，脑海里就能意识到Flex可能可以解决这个问题。接着我们抱着试试看的心态，带着目的去查找Flex布局的相关资料，既解决了问题，又能在实践中加深对Flex布局的理解，这比单纯死记硬背的效果要好很多。人脑总是对形象化的东西记忆特别深刻，所以我们应当尽量在实践中学习知识。当然，也有可能Flex不能解决问题，但查找和尝试解决问题的这个过程本身就是很好的学习手段。

2.7　小程序自适应单位 rpx 简介

不知道读者是否注意到，在welcome.wxss样式表中，绝大多数的长度单位都设置的是rpx，比如margin-top:100rpx。在小程序里，长度单位既可以使用rpx，也可以使用px。

使用rpx可以使组件自适应屏幕的高度和宽度，但px不会。要透彻地理解rpx，需要对移动端分辨率有一定的了解，比如物理分辨率px、逻辑分辨率pt等。

这里只需要记住以下的结论即可：建议以iPhone 6的屏幕宽度即750个物理像素为标准来做设计

图。在此宽度下，设计图里每个元素的尺寸在转换到小程序样式时，转换比例为1物理像素 = 1rpx = 0.5px。rpx和px就是小程序样式里可以使用的两种长度单位。

举个例子，我们的welcome页面设计图的宽度总长是750像素，它是以iPhone 6的屏幕尺寸来设计的，而其中的头像图片高宽为200像素×200像素。如果想在iPhone 6里正确地显示这张200像素×200像素的图片，那么相应地image组件的高宽应该设置为多少呢？

答案是要不就设置为高200rpx、宽200rpx，要不就设置为高100px、宽100px。这两个单位在iPhone 6下的显示效果一样，但如果我们将模拟器切换到其他机型，这两种不同的单位就会出现差异。rpx将随着屏幕尺寸的变化而变化，但px不会。

那么到底是选择rpx还是选择px呢？这取决于是需要元素随着移动设备尺寸的变化而变化，还是让元素始终保持不变，需要具体问题具体分析。

对于margin-top或者是image组件的高宽，很多时候，需要它们随着设备尺寸的变化来动态地变化，以保证页面元素之间的分布可以保持"一定的比例关系"，在这种情况下应该使用rpx。来看下面这个例子。

请开发者不断地切换模拟器机型（iPhone 5、iPhone 12、iPad等），会发现虽然机型不同，但页面如果设置的是rpx，那么3个元素之间、元素与页边距之间的比例还是非常和谐与美观的，整体上页面的布局没有不成比例。也就是说由于rpx的作用，每个元素的大小以及间距会随着机型的不同自适应变化或者让间距保持某个固定的比例关系。接着我们将image组件的样式.avatar更改为以下代码：

```
/* 修改welecome.wxss中.avatar样式 */
.avatar{
    width:200px;
    height:200px;
    margin-top:160rpx;
}
```

在将image组件的高宽单位由rpx更改为px后，再重复进行不同机型的切换，会发现avatar图像并不会随着机型的不同而做出"自适应"的缩放，比例变得不那么协调了。这是因为px单位是不会根据不同机型的屏幕尺寸做自适应调整的。

读者可以自己将welcome.wxss里的rpx和px相互替换一下，或者多调整一下模拟器的机型，来感受一下rpx和px的不同。

为什么要强调最好是在iPhone 6的屏幕尺寸下做设计图呢？因为只有在iPhone 6的屏幕尺寸下，设计图里的1个像素才满足下面的转换关系：

1物理像素 = 1rpx = 0.5px

不以iPhone 6的标准来做设计图并不是不可以，但非iPhone 6的屏幕尺寸下，物理像素与rpx、px的转换关系就不是整数倍的，计算起来比较麻烦。因此，建议设计图最好以iPhone 6的屏幕尺寸标准来设计，这样换算起来很方便。这也是官方建议的一个设计标准。

如果读者足够细心，可以看到小程序的模拟器选择项下给出了每种机型的分辨率。要强调的是，这里的分辨率指的是逻辑分辨率pt，而非物理分辨率。

以iPhone 6为例，模拟器里给出的分辨率是375×667、Dpr：2。它的意思是：iPhone 6的水平方向有375个逻辑像素点，而竖直方向有667个逻辑像素点，每个逻辑像素点包含2个物理像素点。读者一定要注意逻辑像素和物理像素的区别。

我们通常在PhotoShop里做设计图，它的像素可以简单理解为物理像素。再次提醒读者，1物理像素不等于1px。假设一张图片在操作系统下的显示宽度为750个像素，我们现在想让这张图片在水平方向充满整个页面。如果直接在页面里（iPhone 6模拟机型下）将图片宽度设置为750px，这是不对的。正确地设置为750rpx或者375px，才能让图片水平填满小程序。

2.8 全局样式文件 app.wxss

有的读者可能不太喜欢welcome页面中所使用的字体。默认情况下，小程序将使用操作系统的默认字体，但开发者可能想更改为任意自己喜欢的字体。最简单的更改字体的方法是在welcome.wxss中加入如下代码：

```
/** 改变页面text组件字体 welcome.wxss **/
text{
    font-family: "PingFangSC-Thin";
}
```

上述代码会将welcome页面中的所有text组件的字体更改为苹方细体。这里我们需要说明一下，苹方细体只在苹果的设备上才被支持。如果使用的是Windows操作系统，可以换用任意Windows支持的字体，比如微软雅黑。在设置完上面的代码后，小程序所显示的字体可能并没有变化。这是因为在welcome.wxss中，有几处代码里设置了font-weight: bold，加粗的字体会和苹方细体相冲突，导致我们看不出来字体的改变。暂时注释掉font-weight:bold的代码段，即可预览到字体的变化，如图2-19和图2-20所示。

图2-19 默认的字体UI   图2-20 苹方细体UI

现在思考一个问题，假如有100个页面，这100个页面里几乎所有的字体都需要使用苹方字体。在100个页面的WXSS文件中重复设置字体并不是一个很好的解决方案。

因此，需要有一个全局样式表，可以为"所有"页面设置"默认"样式。小程序为我们提供了一个这样的样式表文件，就是前面提到过的app.wxss文件。

将下面的代码复制到项目根目录下的app.wxss文件中。

```
/** 改变页面text组件字体 welcome.wxss **/
text{
    font-family: "PingFangSC-Thin";
}
```

虽然这段代码不在welcome.wxss页面样式表中，但依然可以使welcome页面的text组件字体更改为苹方字体。还可以在这里设置一些其他的公共样式，比如字体大小font-size、字体颜色color等。

如果不想在某个页面中使用全局默认样式，那么只需要在相应页面的WXSS文件中重新定义这个样式即可。小程序遵循"就近原则"，会优先选择页面WXSS文件中的样式，而不是app.wxss中的样式。也就是说页面的WXSS文件将会覆盖app.wxss中的样式。

2.9　小程序字体设置与动态加载字体

小程序官方文档中目前没有明确指明字体设置的一些规则。因此，在这里做一些补充说明。

小程序默认情况下将使用操作系统的默认字体，比如Windows下的微软雅黑。MacOS下的默认字体比较多变，不同的MacOS文件版本的默认字体也有所不同。

考虑到小程序目前总共有3个运行环境：本地操作系统（开发时）、iOS真机、Android真机。如果不指定任何字体，那么小程序将显示这些环境中的默认字体。如果我们要指定小程序的字体，就需要当前环境支持这种字体。因此，在设置字体时，可以设置多种字体，而不要只设置一种字体。当然，大多数情况下，对于小程序来说，系统的默认字体已经足够了。只有当我们需要去做一些个性化的小程序时，才会去设置一些特别的字体。例如：

```
/** 多种字体的设置方式 **/
text {
font-family:'Times New Roman', 'Times', 'serif';
}
```

上述代码将默认显示"Times New Roman"字体，如果没有这个字体，则顺序显示后续字体。

有时，小程序可能非常有个性，需要的字体可能在iOS和Android上都不支持，那么我们可以使用wx.loadFontFace这个小程序提供的函数动态地加载并设置字体。这样可以保证所有机型上小程序的字体一致，从而增强用户体验。但大多数情况下，我们不需要动态加载字体，使用系统默认字体就好。关于wx.loadFontFace()函数，读者可参考相关文档。

2.10　页面的根元素 page

到目前为止，我们的welcome页面已经像那么回事儿了。但页面的样式和设计图还不太一样，设计图中整个页面的底色呈现的是橘红色，而现在的页面还是白色。那么，来修改一下页面的背景颜色吧。

要实现这个效果，一种可行的思路是，寻找一个包裹当前页面所有元素的容器，并设置这个容器的背景色。那么，首先尝试给页面最外层class名称为conatainer的view设置一个背景色。在welcome.wxss文件中的.container样式里新增属性background-color。

```
/** 向.container中新增背景色 welcome.WXSS**/

.container{
    display: flex;
    flex-direction:column;
    align-items: center;
    background-color:#ECC0A8;
```

```
    }
```

/** 第9行为新增代码 **/

接着保存并预览一下增加样式后的页面，它将呈现如图2-21所示的效果。

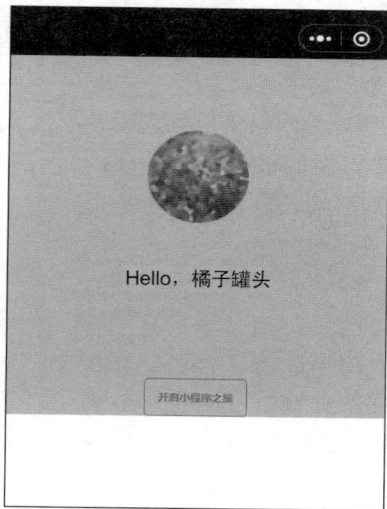

图 2-21　设置容器 view 的背景色后的页面效果

可以看到，并不是整个页面都呈现出橘红色，只是有元素占据的地方才呈现出橘红色。是不是应该给这个view加上一个height: 100%的高度呢？我们可以尝试加上，但依然没有效果。原因在于最外层的view的高度由其内部子元素总体高度决定，所以橘红色部分的下边刚好和按钮的下边重合。如何解决这个问题呢？

是否可以通过给view一个固定的高度来解决这个问题？固定的高度只能在特定机型上有效，因此这不是最好的办法。因为用户的机型是不确定的，所以屏幕的尺寸也是不一样的，固定的高度无法去适配不同的机型。设置固定的高度可能会使页面出现滚动条，也可能橘红色依然无法覆盖整个页面。

当然，用rpx是可以解决这个问题的，将view的高度单位设置为rpx，就可以让它随着不同的机型进行自适应调整。但这依然不是一个很好的解决方案，因为高度具体设置多少，还需要我们了解iPhone6的屏幕分辨率。

其实，在view的外边，小程序还有一个默认的容器元素：page。我们可以在开发工具中的【Wxml】面板中看一下welcome的页面结构，如图2-22所示。

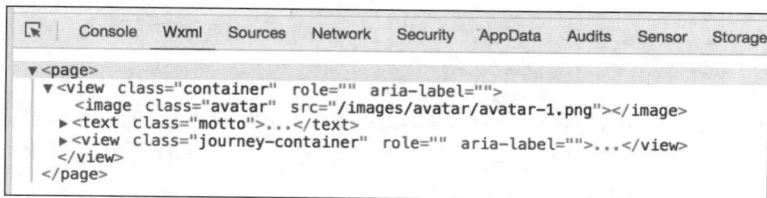

图 2-22　用 Wxml 工具查看页面架构

在容器view的外边还有一个容器元素：page。这是小程序默认添加的，并不是我们自己添加的。每个小程序页面的最外层都有page元素。page元素代表着页面这个整体，所以只需要对page设置背景色，即可实现设计图里的效果。在welcome.wxss文件的尾部追加以下样式：

```
/** welcome.wxss **/

page{
    background-color:#ECC0A8;
}
```

图 2-23　对 page 设置背景色后的页面效果

保存后，页面将呈现如图2-23所示的效果。

page是整个页面的容器，如果想对页面整体做样式或者属性设置，那么应该考虑page这个页面的根元素。现在，welcome页面的顶部还有一块儿黑黢黢的长条，这实在是太难看了。我们将在后续的小节中解决这个问题。

很多读者看到"调整页面整体背景色"的需求，想到的可能是测量当前机型的高度，然后设置一个让容器的高度等于当前机型的高度。这个方法不可行，因为不同的机型其高度是不同的，也许在iPhone 6上这个高度可以覆盖整个页面，但切换到其他机型下，要不就是容器高度不够，导致颜色无法覆盖整个页面；要不就是容器太大了，页面出现滚动条。我们希望达到的效果是，无论在何种机型上，当前页面的颜色都是一个整体，且不出现页面滚动条。

2.11　app.json 中的 window 配置项

还记不记得在之前的小节中，我们使用了app.json的一个配置项pages来注册小程序页面文件？本节介绍app.json的另外一个配置项window。

window配置项可以用来设置小程序的状态栏、导航栏、标题和窗口等部分的特征。它的配置子项非常多，下面列举出window下面的一些常用子项：

- navigationBarTextStyle：配置导航栏文字颜色，只支持 black/white两种取值。
- navigationBarTitleText：配置导航栏文字内容。
- backgroundColor：配置窗口颜色。
- backgroundTextStyle：下拉背景字体，仅支持dark/light。
- enablePullDownRefresh：是否开启下拉刷新。

把官方文档中全部window子项（早期版本只有6个子项，新版本已有16个子项）的详细说明列举在书中并没有意义，书中的内容应该是作者的感悟与经验，而不应该是官方文档的纸质版。

本书采取的做法是，将这些配置子项尽可能多地编排和融合在Orange-Can项目中，在案例实践中演示这些组件、属性以及配置项的具体作用。对于官方文档讲得不清楚、不明白的地方，本书也会做出补充和修正。如果想详细了解每个配置项的意义，应当移步到官方文档中查看，文档中的API说明永远是最新的。

但是，笔者并不建议读者在这些配置项上花时间去浏览官方文档。对于每个小程序的知识点，我们在学习阶段最需要关心的只有两点——有什么用和怎么用。比如window这个配置项，我们只需要关心以下两点：

- window配置项是做什么的？
- 怎么使用window配置项？

至于window下面的属性值，建议具体问题具体对待，不需要现在就搞明白。把这些属性值放到实际的工作项目中学习，不仅节约时间而且印象更加深刻。比如，下一节将解决目前welcome页面顶部导航栏的问题，我们就可以查阅官方文档，并在window配置项中寻找能够解决这个问题的方案。

在Orange-Can项目的后期代码里，还会使用很多window的其他配置项，让我们继续项目，逐步学习。

这里分享一个学习API的方法，就是"试"。对于window配置项，只需要将你有兴趣或者不理解的某个属性加入window中，再更改几个可能的属性值，就可以即时地预览到属性值的效果。如果属性值的效果不符合预期，就具体去分析为什么会出现这种情况。不知不觉中，你对整个API就会越来越熟悉。

当然，还是我们之前提到过的，不需要把整个API文档都提前"学习"一遍，当需要解决问题时，结合具体的案例再来尝试使用这些API。

2.12　取消默认顶部导航栏

当前Welcome页面顶部的黑色长条是小程序默认的导航栏。我们需要更改这个导航栏的颜色，让整个Welcome页面都呈现出统一的橘红色。有两种方法可以实现这个目标：

（1）把导航栏的颜色由默认的黑色更改为橘红色。

（2）直接去掉导航栏。

在早期版本的小程序中，顶部导航栏是无法取消的，但在新版本中，我们可以采用方案2，因为新版本的小程序允许我们取消导航栏。

通过查阅官方文档，可以很轻易地找到一个名为navigationStyle的window配置项。配置这个选项，可以取消掉小程序默认的导航栏。

```
{
  "pages": [
   "pages/welcome/welcome"
  ],
  "window": {
   "navigationStyle":"custom"
  }
}
```

navitaionStyle有两个取值：

（1）default：默认样式。

（2）custom：自定义导航栏，只保留右上角的胶囊按钮。

什么是"胶囊按钮"？小程序的胶囊按钮如图2-24所示。

图 2-24　小程序的胶囊按钮

当我们把navigationStyle配置成custom后，顶部黑色区域的导航栏消失，整个页面都呈现出橘红色，但是小程序右上角默认的胶囊按钮并不会被取消掉。很多开发者都会询问是否有方法可以取消掉小程序默认的胶囊按钮，目前版本是不可以的。

之所以将导航栏设置为custom后，整个页面就呈现出橘红色，是因为custom是自定义的意思，实际就是小程序将顶部导航栏的开发权移交给开发者，小程序不再管理顶部导航栏，所以导航栏部分就不存在了。这样整个页面就覆盖了原来被导航栏占据的区域，从而呈现出一个整体的颜色。

取消导航栏这个配置项对于小程序的UI设计来说，非常重要。早期的小程序由于强制保留导航栏，导致小程序无法设计出更加个性化的UI。现在的小程序越来越完善，可以支持自由定制页面。比如图2-25是瑞幸咖啡的小程序，它的顶部是没有导航栏的。这是很常见的浸入式UI，一个页面是一个整体，顶部完全交给开发者自由定制，并无系统导航栏强制占据顶部。

这里要注意的是，取消导航栏后，页面整体的元素将向上偏移一定的高度，因为导航栏没有了。

如果想还原为原来的高度，可以增加welcome.wxss中avatar这个CSS的margin-top属性值。原来设置的是160rpx，现在可以额外增加导航栏的高度100rpx，（160+100）rpx = 260rpx。最终，avatar的margin-top需要设置成260rpx。

如果想使用方案1，通过更改导航栏颜色来达到目的，应该怎么做呢？或是查阅文档，会发现navigationBarBackgroundColor这个配置项可以修改导航栏的颜色。可以通过配置这个选项更改导航栏颜色来达到和方案2同样的效果。

图 2-25　Luckin Coffee 小程序，
页面顶部的浸入式设

2.13　页面的配置文件

在上一节，我们通过设置app.json中的navigationStyle配置项，将welcome页面的顶部导航栏取消了。之前曾提到过，app.json是全局配置文件，在这个配置文件中所配置的属性，大多数情况下都是全局的。这也意味着，不仅是welcome页面中的导航栏被取消，以后我们新建的所有页面的顶部导航栏都将被取消。

这看起来不太合理，因为我们可能只想让Welcome这个首屏页面是没有导航栏的"全屏"模式，其他的页面依然需要系统的导航栏。那如何解决这个冲突呢？很显然，我们不应当在app.json中配置navigationStyle，而应当在welcome.json中配置这个选项，因为页面的JSON文件只会对当前页面起作用，并不会影响其他页面。下面我们来试一试，在welcome.json中添加以下代码：

```
{
  "usingComponents": {},
  "navigationStyle": "custom"
}
```

usingComponents这个配置项是小程序工具为每个页面JSON文件默认生成的，用于引用自定义组件，我们将在第10章中深入讲解小程序的自定义组件。这里，暂时忽略这个配置项。

可以看到，我们只在welcome.json中增加了一段navigationStyle的配置，它其实同之前我们在app.json的window中配置的选项一模一样。为了测试准确，请读者将app.json中的navigationStyle给删除掉。保存后，会发现在welcome.json中配置navigationStyle依然是有效果的，它同样可以取消掉系统的导航栏。这里要强调的是，在welcome.json中配置的navigationStyle只对Welcome页面有效果，并不会影响其他页面。

2.14　小程序的可配置性

相比于其他框架或者开发平台，小程序有一大特点：它提供了非常多的配置项。这点是不常见的。这里谈一谈"可配置"的优点和缺点。

"可配置"往往意味着开发者可以省去很多烦琐的开发工作，提高开发效率。比如，App里常见的选项卡，如果由开发者自行实现，虽然不难，但非常烦琐，提高了开发成本；但如果小程序可以让我们通过一个简单的配置项就实现包括选中、切换、高亮、单击事件响应等选项卡常见操作，是不是非常省时省力？

除了选项卡，小程序还提供了非常多的可配置选项。"可配置"实实在在地加速了开发速度，提高了开发效率，降低了开发成本。但"可配置"的反面，意味着降低了"自定义"的特性。比如，要实现一个个性化的"选项卡"或者"导航栏"，在这些区域增加个性化的图片、文本，那么通过配置就很难实现，因为配置的东西都是固定的，要遵守配置的规则。

早期的小程序定位就是"快速开发，节约成本"，所以对于配置有一些强制性的味道，不提供自定义选项。因此在UI上，很多小程序都非常类似（长得一样）。但是，随着小程序的发展，微信开放了越来越多的可自定义的选项，因此，越来越多个性化的小程序出现在了人们的视野中。

2.15　本章小结

本章从零开始构建首个小程序页面，深入剖析了小程序的文件类型（.wxml、.wxss、.js、.json）与页面生命周期。重点讲解了样式处理（rpx自适应单位、Flex布局）、全局配置（app.json）、组件基础（page根元素）及样式细节（图片路径、字体加载）。通过简单的静态页面，帮助读者建立对小程序开发框架的初步认知。

第 3 章

数据绑定与文章列表

3

在编写完"welcome"页面后，本章将编写文章列表部分。文章列表部分包括一个轮播图与一组文章列表。在编写此部分功能时，将介绍如何使用swiper组件构建轮播图；详细介绍image组件的4种缩放模式与9种裁剪模式，全面梳理官方文档中没有详细说明的一些知识点。除此之外，小程序中最重要的数据绑定的概念将在本章出现。

数据绑定是小程序中最重要的概念，它和传统的Web网页编程相比在思路上完全不一样。在小程序中，几乎所有和数据相关的操作都只能使用数据绑定来完成。本章还会介绍在传统网页中经常用到的"事件机制"，来看看小程序中的事件机制和传统网页中的事件机制有什么异同。

3.1 文章列表页面结构分析及准备工作

上一章完成了Orange-Can的第一个页面：welcome欢迎页。虽然简单，但它基本描述了小程序的开发模式。本章我们来构建第二个页面：文章页面。该页面的设计图可参考本书彩页中的相关图片。文章页面主体由两部分构成，上半部分是一个轮播图，下半部分是文章列表。轮播图目前已经成为各大电商网站首页的标配元素，如图3-1所示。

图 3-1　京东首页的 banner 轮播图

轮播图每隔几秒钟会自动更换一张图片。在小程序中,我们不需要自己编写代码来实现这样的轮播图效果,小程序已经提供了一个现成的组件——swiper。

文章页面下半部分是多篇文章概要构成的文章列表。每篇文章包含文章标题、文章头图、文章概要、评论数和阅读数。我们依然只需要使用在上一章中介绍的3个组件——view、image和text,即可实现文章列表。先来创建文章页面的相关文件。

在pages目录下新建一个名为post的目录,然后在post目录下新建文章页面:post.wxml、post.wxss、post.json和post.wxss。在images目录下新建一个子目录post,并将文章页面所需的图片素材复制到该目录下,最终的目标结构如图3-2所示。

读者可以使用本书项目源码中提供的素材,也可以搜集一些自己喜欢的图片,但图片的像素要大于或者等于750px(宽)和600px(高),过小的图片会出现"留白"的情况。建议读者自行将项目源码中的所有图片都复制到images目录下,后续章节将假设读者已复制了本书全部的图片资源。如果开发小程序的过程中出现"找不到图片资源"的错误,请检查images目录下是否有程序所需的图片资源。

现在有一个问题:我们要编写阅读页面,但启动页面已经设置成了welcome页面,在不编写"开启小程序之旅"这个button跳转页面功能之前,我们没办法看到文章页面。实现button跳转页面的功能,需要用到小程序事件和JavaScript代码,我们先尽可能地熟悉小程序页面骨架的编写,稍微复杂一些的事件和JavaScript代码留在后面的章节讲解。

图 3-2 加入文章页面后的目录结构

先做一个调整。小程序启动后显示的首页,是由app.json文件里pages数组的第一个元素决定的。知道这个原理后,我们就可以先将首页调整成post页面。打开app.json,将post页面的路径放到pages数组的第一位。

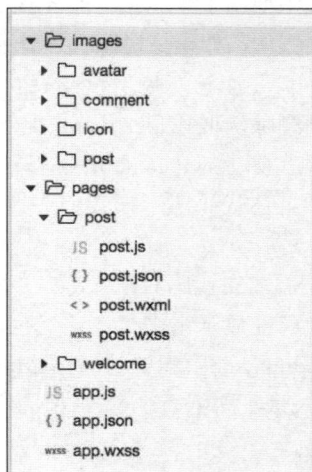

```
{
    "pages": [
        "pages/post/post",
        "pages/welcome/welcome"
    ]
}
```

更改完成后,启动页面将不再是welcome页面,而变成了post页面。完成以上准备工作后,就可以开始编写文章页面了。

3.2 swiper 组件

本节将介绍小程序提供的滑动视图容器——swiper组件。在post.wxml中加入以下代码:

```
<!-- @post.wxml -->
<view>
    <swiper>
        <swiper-item>
            <image src="/images/post/post-1@text.jpg" />
        </swiper-item>
```

```
        <swiper-item>
            <image src="/images/post/post-2@text.jpg" />
        </swiper-item>
        <swiper-item>
            <image src="/images/post/post-3@text.jpg" />
        </swiper-item>
    </swiper>
</view>
```

最外层的\<view>\</view>将作为整个页面的容器；在view的内部，加入了一个swiper组件。swiper组件主要由多个swiper-item子组件构成，可以定义任意多个swiper-item。一个swiper-item代表一张轮播图。例如，如果轮播图有5个轮播项目，那么应当加入5个swiper-item组件。

需要注意的是，swiper组件的直接子元素只可以是swiper-item，如果放置其他组件，则会被系统自动删除，但swiper-item下是可以放置其他组件或者元素的。

实际上swiper-item只是一个容器，如果要显示内容，需要在swiper-item容器下再添加元素内容。正如上述代码所示，我们在每个swiper-item内都加入了一个image组件，用来显示UI效果图中的轮播图片。

添加完代码后，保存一下项目看看程序效果，如图3-3所示。swiper组件的第一个swiper-item元素图片已经显示出来了。这里也可以看到，post页面的顶部还是有一个黑色的导航栏，说明之前我们在welcome.json中配置的navigationStyle并没有影响post页面。

在动手编写swiper组件的样式前，先在post.wxss文件内将swiper的宽度和高度设置好。

```
/** 设置swiper组件的样式 post.wxss **/
swiper{
    width:100%;
    height:600rpx;
}
```

添加完代码后，保存预览，发现图片的显示尺寸依然不正确。宽度没有呈现为100%，高度也不是期望的600rpx。我们还需要在post.wxss中添加image组件的样式，添加完成后的页面代码如下：

```
/** 添加image组件的样式 post.wxss **/
swiper{
    width:100%;
    height:600rpx;
}

swiper image{
    width:100%;
    height:600rpx;
}
```

此时再次预览小程序，发现样式已经符合预期的效果了，如图3-4所示。

图3-3   添加swiper组件后的UI效果

图3-4   同时设置swiper和image组件样式后的效果

这里需要同时设置swiper组件和image组件的高宽，才能达到预期的效果，只设置swiper组件或image组件的高度是不可以的。

要实现轮播效果，还要为swiper组件添加一些属性，分别是indicator-dots、autoplay、interval，代码如下：

```
<!-- 向swiper中添加一些属性  post.wxml  -->
<view>
    <swiper indicator-dots="true" autoplay="true" interval="5000">
        <swiper-item>
           <image src="/images/post/post-1@text.jpg" />
        </swiper-item>
        <swiper-item>
           <image src="/images/post/post-2@text.jpg" />
        </swiper-item>
        <swiper-item>
           <image src="/images/post/post-3@text.jpg" />
        </swiper-item>
    </swiper>
</view>
```

保存后预览一下效果，图片开始了轮播，每隔5秒更换一张图片。同时swiper组件上出现了3个小圆点，用来指示当前图片。对于写在组件标签括号内的这些字段，我们通常称之为组件的"属性"。属性都可以被赋值，比如上段代码中我们就将5000这个数字赋值给了interval这个属性。简单介绍一下当前所使用的3个属性。

- indicator-dots：Boolean类型，用来指示是否显示面板指示点（上文提到的3个小圆点就是面板指示点），默认值为false。
- autoplay：Boolean类型，用来决定是否自动播放，默认值为false。
- interval：Number类型，用来设置swiper-item的切换时间间隔，默认值为5000毫秒。

除了自动切换图片，swiper组件也可以通过拖动图片来进行切换，还可以通过单击面板上的指示点进行切换。

微信在0.11.12210版本中为swiper组件新增了一个circular属性，这个属性可以使轮播图循环滚动。如果circular为false，那么当swiper组件滚动到最后一张图片后，就无法继续滚动了；但如果circular为true，则当swiper组件滚动到最后一张图片后，会继续向第一张图片滚动，从而形成循环滚动。

swiper组件的属性的使用方式都比较简单，更多属性请参考官方API文档。

> 这里对swiper组件做一个扩展讨论。swiper组件非常强大，并不是只能够显示几张图片来进行轮播。实际上，需要"轮播"的任何功能都可以考虑用swiper组件来实现。应当将swiper看作一个容器，px提供了基本的轮播机制，至于容器里面放置什么元素，是单一元素（比如示例里的图片），还是复杂的组合元素，都由开发者自行决定。swiper只提供"轮播"的功能。这种只提供特定的基础功能，而将具体内容交给开发者决定的设计思想，是软件编程里非常重要的一种设计理念。值得我们学习和借鉴。

3.3　Boolean 值陷阱

这里再介绍swiper组件的一个属性：vertical。这个属性将指明swiper组件面板指示点的排布方向

是水平还是垂直。将vertical = "true"加入swiper的属性中，保存后，会发现swiper组件的面板指示点由原来的水平排布更改为垂直排布，并排列在组件的右侧。

那如果把vertical属性值改为false呢，此时面板指示点如何排列？它依然和vertical = "true"时的排列方向一样，呈垂直排布。

为什么会出现这样的情况？我们把vertical的属性值更改为任何字符串，再看看效果。形如vertical="aaa"、vertical="bbb"等的属性值都会让指示面板呈垂直分布；当vertical=" "时（注意引号中间是一个空格），面板还是呈垂直分布；但当vertical=""时（引号中间没有任何字符也没有空格），面板变成了水平分布。

我们应该可以从上面的属性举例中找出原因了。即使我们将vertical的值设置为"false"，但这里的"false"并不是Boolean类型，而是一个字符串。只要不是空字符串，任何字符串在JavaScript里都会被判定为"true"。因此，设置vertical="false"、vertical="aaa"、vertical="bbb"、vertical=" "，效果是一样的：vertical属性被认为设置成了true，即使是空格，也会被认作true。

如果想让面板指示点水平排列，有以下3种方式：

- 不加入vertical属性。
- vertical = ""。
- vertical = "{{false}}"。

以上几种写法，小程序都会认为将vertical属性设置成了false。第3种写法是我们后面要介绍的核心知识：数据绑定。这种写法，让{{false}}里的false被认作一个Boolean类型的值，而不是一个字符串，从而实现false即是假，true即是真的效果。

当然，如果vertical属性的设置出现了true、false颠倒错误，我们一眼就能从运行效果上看出问题。但如果是其他无法直接在UI上表现的属性出现了真假错误，就不是那么容易排查了，可能会浪费大量的时间。所有组件的Boolean类型属性都有这样的Boolean值陷阱，比如，本例中的indicatr-dots和autoplay也存在这个问题。

这里建议开发者保持这样的习惯：当设置属性的布尔值时，尽可能使用数据绑定的方式。不管是true还是false，都在外面加上双花括号（{{ }}），比如{{true}}和{{false}}。

此外，还有一种设置布尔类属性的简易方法：当某布尔类型属性的取值为true时，无须写成vertical = "{{trule}}"，最快捷的方式是直接将{{true}}省略掉，例如：

```
<swiper indicator-dots="true" autoplay="true" interval="5000"></swiper>
```

可直接写为：

```
<swiper indicator-dots autoplay interval="5000"></swiper>
```

3.4　构建文章列表的骨架和样式

完成了轮播图后，我们继续来构建设计图中的下半部分——文章列表。正如前文所讲，构建文章列表依然只需要3个组件：view、text和image。将以下代码添加在swiper组件代码后面：

```
<!-- 加入文章列表代码 注意保证代码中的图片存在于对应的目录中 @post.wxml -->
<view class="post-container">
    <view class="post-author-date">
        <image src="/images/avatar/avatar-5.png" />
```

```
        <text>Jan 28 2017</text>
      </view>
      <text class="post-title">小时候的冰棍儿与雪糕</text>
      <image class="post-image" src="/images/post/post-4.jpg" />
      <text class="post-content">冰棍与雪糕绝对不是同一个东西。
3到5毛钱的雪糕犹如现在的哈根达斯，而5分1毛的冰棍儿就像现在的老冰棒。
时过境迁...
      </text>
      <view class="post-like">
        <image src="/images/icon/wx_app_collect.png" />
        <text>108</text>
        <image src="/images/icon/wx_app_view.png"></image>
        <text>92</text>
        <image src="/images/icon/wx_app_message.png"></image>
        <text>7</text>
      </view>
   </view>
```

保存后，效果如图3-5所示。由于还没有加入CSS代码，因此整个页面的布局乱七八糟，但文章列表的所有元素都已经呈现在了页面中。

将以下代码加入post.wxss文件中：

图 3-5　乱糟糟的 post 页面

```
/** 添加文章列表代码 post.wxss **/
.post-container {
  flex-direction: column;
  display: flex;
  margin-top: 20rpx;
  background-color: #fff;
  border-bottom: 1px solid #ededed;
  border-top: 1px solid #ededed;
  padding-bottom: 10rpx;
}

.post-author-date {
  margin: 10rpx 0 20rpx 20rpx;
  display: flex;
  flex-direction: row;
  align-items: center;
}

.post-author-date image {
  width: 60rpx;
  height: 60rpx;
}

.post-author-date text {
  margin-left: 40rpx;
}

.post-image {
  width: 100%;
  height: 340rpx;
  margin-bottom: 30rpx;
}

.post-title {
  font-size: 32rpx;
  font-weight: 600;
  color: #333;
```

```
  margin-bottom: 20rpx;
  margin-left: 20rpx;
}

.post-content {
  color: #666;
  font-size: 26rpx;
  margin-bottom: 20rpx;
  margin-left: 20rpx;
  letter-spacing: 2rpx;
  line-height: 40rpx;
}

.post-like {
  display: flex;
  flex-direction: row;
  font-size: 26rpx;
  line-height: 32rpx;
  margin-left: 10px;
  align-items: center;
}

.post-like image {
  height: 32rpx;
  width: 32rpx;
  margin-right: 16rpx;
}

.post-like text {
  margin-right: 40rpx;
}
```

保存并预览一下，效果如图3-6所示。

还有一些小问题："Jan 28 2017"和"108""92"这几个文本的字体大小与颜色都不太好看。我们可以将一些默认的字体样式放在app.wxss全局样式表里。

```
/** 在全局样式表里加入默认字体样式 app.wxss **/

text {
  font-family: "PingFangSC-Thin";
  font-size: 24rpx;
  color: #666;
}
```

保存后，日期和数量都呈现为app.wxss里设置的样式。

以上的CSS代码均为常见的基础CSS代码，这里不再讲解。

图 3-6 加入样式后的文章列表

3.5 image 组件的 5 种缩放模式与 9 种裁剪模式

image组件的5种缩放模式和9种裁剪模式如果从理论上完全精确理解，还是有难度的。这里笔者建议读者，没有必要完全从理论上搞清楚这些模式，当遇到具体问题时，尝试多去更换几个属性，找到最适合自己需求的属性即可。

现在来看看上一节中雪糕图片的显示问题，很明显整个图片被压缩变形了。这并不是我们想要的结果。post-image元素的高宽分别被设置成340rpx和100%（iPhone 6下就是750rpx），而雪糕图片素材原始高宽分别为600px和750px。在现实的项目中，我们经常要面对原始图片的尺寸和设计图里的尺寸不一样的情况（尤其是图片高宽是未知和不固定的情况，比如动态从网络获取的图片、用户上传的图片）。

在这种情况下，我们必须要有所舍弃，或放弃等比例，或裁剪掉图片的一部分。接受不完美，也是编程中很重要的心态。如何选择，需要看业务上的需求。具体到文章列表图片，我们需要的是保持宽高比，因此接受部分裁剪（现实项目中，绝大多数情况下，图片保持比例、允许裁切是最普遍的需求）。只要图片的宽高比例不改变，图片就不会出现"变形"的情况。小程序的image组件提供了5种缩放模式和9种裁剪模式来支持我们的选择。5种缩放模式如下：

- scaleToFill：不保持宽高比例缩放图片，使图片的宽高完全拉伸至填满image元素。
- aspectFit：保持宽高比例缩放图片，使图片的长边能完全显示出来。也就是说，可以完整地将图片显示出来。
- aspectFill：保持宽高比例缩放图片，只保证图片的短边能完全显示出来。也就是说，图片通常只在水平或垂直方向是完整的，另一个方向将会发生截取。
- widthFix：宽度不变，高度自动变化，保持原图宽高比不变。
- heightFix：这是小程序基础库2.10.3版本新增模式，保持宽高比例缩放图片，高度不变，宽度自动变化。

9种裁剪模式如下：

- top：不缩放图片，只显示图片的顶部区域。
- bottom：不缩放图片，只显示图片的底部区域。
- center：不缩放图片，只显示图片的中间区域。
- left：不缩放图片，只显示图片的左边区域。
- right：不缩放图片，只显示图片的右边区域。
- top left：不缩放图片，只显示图片的左上边区域。
- top right：不缩放图片，只显示图片的右上边区域。
- bottom left：不缩放图片，只显示图片的左下边区域。
- bottom right：不缩放图片，只显示图片的右下边区域。

每种模式的字面意思都很好理解。要更改图片的裁剪或缩放模式，只需要给image组件加上一个mode属性值。下面来看一下这14种不同属性值的实际效果。

3.5.1　scaleToFill

我们以post.wxml中的代码作为测试示例，将class="post-image"的image组件加上一个mode属性值"scaleToFill"。代码如下：

```
<!-- 测试image裁剪模式 post.wxml -->
<image class="post-image" src="/images/post/post-4.jpg"
mode="scaleToFill" />
```

保存并预览一下，文章图片好像并没有发生任何变化。这是因为scaleToFill是缩放的默认模式，即使省略mode，小程序也会以scaleToFill模式来缩放图片。scaleToFill模式将改变图片的宽高比，强行将图片更改为我们指定的尺寸，使图片变形。当然，如果原始图片的宽高比例恰好和样式设置的宽高比例相同，则不会变形，只是整体上放大或者缩小。

3.5.2　aspectFit

接下来看看"mode=aspectFit"的效果，如图3-7所示。

这同样不是我们要的效果。官方文档的解释：aspectFit 模式保持宽高比例缩放图片，使图片的长边能完全显示出来。这个解释从字面上来看，并不是很容易理解，我们可以这样理解这种模式。

假想有一个容器，这个容器的高宽等同于image将要被缩放的目标尺寸。比如在当前的示例中，这个容器的高宽就是样式post-image所设置的高340rpx，宽100%（iPhone 6下为750rpx）。aspectFit的特点就是保持图片不变形，且容器要"刚好"将这个图片装进去。注意，是"刚好"。如果原始图片比容器大，那么图片就要被等比例缩小；如果原始图片比容器小，则图片要被等比例放大。一直放大或者缩小到图片的某一条边刚好和容器的一条边重合，而另一条边不能超出容器或小于容器太多。

图 3-7　"mode=aspectFit"的程序效果

再回头看图3-7，整个图片完整地显示出来了，而图片高刚好等于容器的高，既没有超出容器，也没有比容器矮太多。同时整个图片保持了原始图片的宽高比，没有变形。

总结一下，aspectFit的效果就是保证图片能完整显示，不被裁剪，并且不会变形，但不保证图片能填充满整个容器，也就是说可能会出现"留白"的情况。

图3-8与图3-9是aspectFit模式可能与不可能出现的情况。

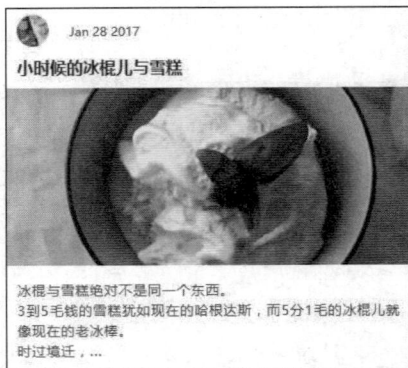

图3-8　aspectFit效果，"刚好"贴合容器

图3-9　aspectFit不可能出现的情况，图片没有同容器贴合

3.5.3　aspectFill

再看看"mode=aspectFill"的效果，如图3-10所示。

aspectFill同样保持图片的高宽比而不会变形。但它有个特点，会让图片完全填满整个容器，类似于scaleToFill模式。不同的是，scaleToFill会改变图片的高宽比，而aspectFill不会。

用我们上面提到的"容器"的观点来理解aspectFill。既然aspectFill一定要填满整个容器，那么首先要让这张图片的整体尺寸是大于这个容器的，不能留下任何空白。对于原始尺寸小于容器的，就等比例放大图片（任意一边小于容器都需要放大，否则就会留下空白），让图片的某一边刚好接触容器的一边，同时另外一边又不会小于容器（可以超出，因为这一边会被截取）。

图 3-10　"mode=aspectFill"的效果

如果原始尺寸大于容器，则需要等比例缩小，缩小的要求同样是一边刚好接触容器，另外一边要等于或者超出容器。这样就保证了图片可以完全填满整个容器，但某一边要发生截取。那么问题来了，如何截取？在超出容器的这一边上，是保留图片的上部、中部还是下部？答案是中部。

对比观察图3-10中的雪糕和原始图片，发现图片正中间部分被保留了下来。读者可以自行多换几张素材图看看截取的效果。

3.5.4 widthFix

widthFix属性的最大特点是，图片不会按照设定的尺寸呈现。比如设置image宽度为750rpx，高度为340rpx，如果设置mode=widthFix，则图片最终不会按照750rpx和340rpx呈现，除非原始图片恰好是这个尺寸。这个属性让图片的宽度缩放至指定尺寸，再动态计算高度。如图3-11所示，虽然图片的宽度按照我们设定的尺寸呈现，但高度突破了340rpx。因此，这种模式的特点是，宽度会按照我们设定的样式呈现，但高度会自动重新计算，不会按照我们设定的样式呈现，并且整个图片会保持比例，不会变形。这种模式往往会将容器"撑大"或者"缩小"。

最后，剩下的缩放模式heightFix，其效果与widthFix刚好相反，这里不再赘述。

图 3-11 widthFix 的效果

3.5.5 9种裁剪模式与图片懒加载

9种裁剪模式非常容易理解，下面举例看看其中的几种。同样建议读者想象一个容器，这个容器用来裁剪图片的不同部位。

首先将post-image的mode属性设置为top，效果如图3-12所示。

top模式只保留图片的上部，裁剪掉了剩余部分。注意，这种模式不会缩放图片。我们可以仔细地观察一下图3-12中的图片，不仅裁剪掉了图片的下部，上部水平方向也发生了裁剪。因为图片不会缩放，而我们所设置的容器不能够在水平方向上把图片完全装进去，所以水平方向也发生了裁剪。这点是读者要注意的。

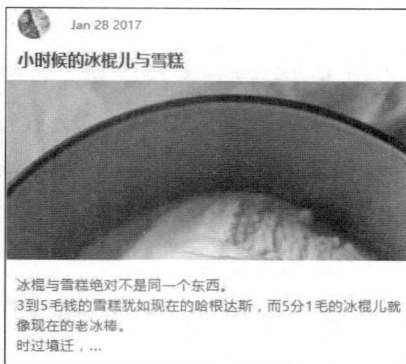

图 3-12 top 的效果

不同于4种缩放模式，裁剪模式是不会缩放图片的。用一张小图片来替换上面的大图片，比如使用avatar头像图片，替换后的效果如图3-13所示。明显可以看到，由于图片的原始尺寸小于容器的尺寸，裁剪模式也不会使图片发生缩放，所以结果就是不会裁剪图片，只会完整地将图片呈现出来。

我们再将mode设置为bottom right，效果如图3-14所示。图片只保留了右下角部分，其余部分全部被裁剪掉了。

其他几种裁剪类型从字面意思上都非常好理解，这里就不一一列举了，读者可以自行替换mode的属性值，看看裁剪效果。

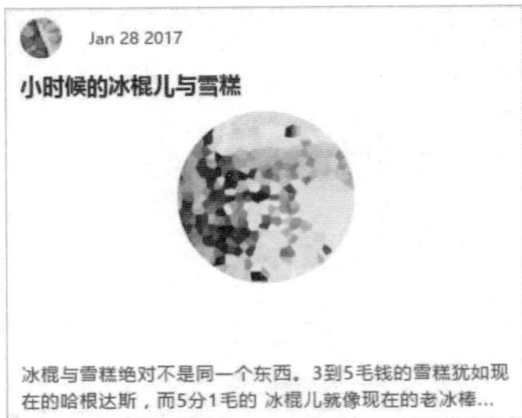

图3-13　top模式下，小图没有发生任何裁剪行为

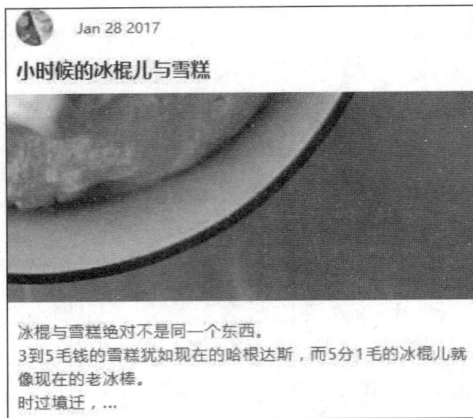

图3-14　"mode=bottom right"时的效果

关于image组件，还有一个非常重要的特性：懒加载（Lazy Load）。懒加载是一种延迟加载的设计模式，常用于程序中某些资源或数据在需要时才被加载或计算，而不是在一开始就进行加载。当需要加载大量的图片时，启用懒加载是一个比较好的选择。因为大量的图片同时加载并渲染将严重影响小程序的体验，同时大量加载的图片又不一定在同一屏上被用户看到，所以最好的做法是只加载当前屏的图片，当用户滑动小程序时再逐步加载用户视野内的图片。

image组件有一个属性——lazy-load，它是一个Boolean类型的属性，默认值为false，将它设置为ture，将实现懒加载，即图片只在即将进入当前屏幕可视区域时才开始加载。

3.6　完成静态文章列表

先把上一节更改的post-image的mode属性恢复成我们需要的"mode = aspectFill"。现在，文章列表中只有1篇文章。为了多几篇文章，我们将post.wxml里的文章代码再复制几份。这里再复制两份，形成一个有3篇文章的文章列表。

```
<!-- 将下面的view及其子内容复制两份 -->
<view class="post-container">
...
</view>
```

如果CSS代码编写得足够健壮，无须更改CSS代码，重复复制post.wxml中的文章代码即可迅速新增文章，且样式不会错乱。保存后，模拟器将呈现出3篇一模一样的文章，如图3-15所示。

读者可任意复制若干数量的文章，让页面看起来更像一个文章列表。为了避免数据重复，我们修改其中的两个文章数据，更改后的post.wxml文件如下：

```
<!-- 修改复制的重复数据，使得3篇文章显得不同 post.wxml-->
<view>
  <swiper vertical="{{false}}" indicator-dots="true"
autoplay="true" interval="5000" circular="true">
    <swiper-item>
```

图 3-15　复制文章后的效果

```
      <image src="/images/post/post-1@text.jpg" />
    </swiper-item>
    <swiper-item>
      <image src="/images/post/post-2@text.jpg" />
    </swiper-item>
    <swiper-item>
      <image src="/images/post/post-3@text.jpg" />
    </swiper-item>
  </swiper>
  <view class="post-container">
    <view class="post-author-date">
      <image src="/images/avatar/avatar-5.png" />
      <text>Jan 28 2017</text>
    </view>
    <text class="post-title">小时候的冰棍儿与雪糕</text>
    <image class="post-image" src="/images/post/post-4.jpg"
mode="aspectFill" />
    <text class="post-content">冰棍与雪糕绝对不是同一个东西。
3到5毛钱的雪糕犹如现在的哈根达斯，而5分1毛的冰棍儿就像现在的老冰棒。时过境迁...
    </text>
    <view class="post-like">
      <image src="/images/icon/wx_app_collect.png" />
      <text>108</text>
      <image src="/images/icon/wx_app_view.png"></image>
      <text>92</text>
      <image src="/images/icon/wx_app_message.png"></image>
      <text>7</text>
    </view>
  </view>
  <view class="post-container">
    <view class="post-author-date">
      <image src="/images/avatar/avatar-1.png" />
      <text>Jan 9 2017</text>
    </view>
    <text class="post-title">从童年呼啸而过的火车</text>
    <image class="post-image" src="/images/post/post-5.jpg"
mode="aspectFill" />
    <text class="post-content">小时候，家的后面有一条铁路。听说从南方北上的火车都必须经过这条铁
路。火车大多在晚上经过，可呜呜的汽笛声，往往被淹没在小院里散步的人群声中。只有在夜深人静的时候，火车的声音
才能从远方传来...
    </text>
    <view class="post-like">
      <image src="/images/icon/wx_app_collect.png" />
      <text>108</text>
      <image src="/images/icon/wx_app_view.png"></image>
      <text>92</text>
      <image src="/images/icon/wx_app_message.png"></image>
      <text>7</text>
    </view>
  </view>
  <view class="post-container">
    <view class="post-author-date">
      <image src="/images/avatar/avatar-3.png" />
      <text>Jan 29 2017</text>
    </view>
    <text class="post-title">记忆里的春节</text>
    <image class="post-image" src="/images/post/post-1.jpg" mode="aspectFill" />
```

```
    <text class="post-content">年少时，有几样东西是春节里必不可少的：烟花、新衣、凉菜、压岁钱、饺
子。年分大小年，有的地方是腊月二十三过小年，有的地方是腊月二十四……
    </text>
    <view class="post-like">
      <image src="/images/icon/wx_app_collect.png" />
      <text>108</text>
      <image src="/images/icon/wx_app_view.png"></image>
      <text>92</text>
      <image src="/images/icon/wx_app_message.png"></image>
      <text>7</text>
    </view>
  </view>
 </view>
```

保存后可以看到，3篇不同的文章已出现在了页面中。读者可自行调整代码中的文字、图片，无须和示例代码保持一致。

3.7 JS 文件的代码结构与 Page 页面的生命周期

到目前为止，我们还没有在页面的JS文件中写过一行代码，是时候来介绍一下小程序逻辑层代码的编写了。

如果读者是使用开发工具中的【新建Page】创建的页面，那么由开发工具生成的post.js文件内默认将添加一些重要的JavaScript代码。

```
//部分JS文件默认代码, post.js

Page({
  /**
   * 页面的初始数据
   */
  data: {
  },

  /**
   * 生命周期函数--监听页面加载
   */
  onLoad(options) {
  },

  /**
   * 生命周期函数--监听页面初次渲染完成
   */
  onReady() {
  },

  /**
   * 生命周期函数--监听页面显示
   */
  onShow() {
  },

  /**
   * 生命周期函数--监听页面隐藏
   */
  onHide() {
```

```
    },

    /**
     * 生命周期函数--监听页面卸载
     */
    onUnload() {
    },

    /**
     * 页面相关事件处理函数--监听用户下拉动作
     */
    onPullDownRefresh() {
    },

    /**
     * 页面上拉触底事件的处理函数
     */
    onReachBottom() {
    },

    /**
     * 用户单击右上角的"分享"按钮
     */
    onShareAppMessage() {
    }
})
```

页面JS文件默认代码包含了我们可能使用的一些JavaScript，这些初始的JavaScript代码是小程序为我们生成的JS基础模板。我们可以在此基础上编写自己的JavaScript逻辑代码。

整个页面执行了一个Page({...})函数，参数是一个Object对象，用来指定页面的初始数据（data）、生命周期函数（on开头的函数）以及自定义的相关属性和函数。本节主要介绍页面的生命周期函数，关于data属性和其他的事件处理函数，后续章节再做详细介绍。

什么是页面的生命周期？如同人的成长阶段分为婴儿、少年、青年、中年、老年一样，一个页面从创建到卸载，同样会经历以下5个周期：

- 加载。
- 显示。
- 渲染。
- 隐藏。
- 卸载。

小程序分别提供了5个生命周期函数来监听这5个特定的生命周期，以方便开发者在特定的时刻执行一些自己的代码逻辑。它们分别是：

- onLoad：当页面加载时，此函数被执行，一个页面每个周期只会触发一次。
- onShow：当页面显示时，此函数被执行，每次显示页面都会被调用。
- onReady：当页面初次渲染完成时，此函数被执行，一个页面每个周期内只会触发一次，代表页面已经准备妥当，可以和视图层进行交互。
- onHide：当页面被隐藏时，此函数被执行。
- onUnload：当页面被卸载时，此函数被执行。

所谓生命周期函数，就是当小程序到了某个特定的时间点，这个函数就会被小程序系统自动调用。这里要特别强调，生命周期函数的执行是由系统来调用的，开发者无须主动调用这些函数。我们只需要在函数里写上自己的逻辑代码即可，至于谁来调用，我们不需要管理。

我们可以做一个测试，来了解生命周期函数的触发时机。向post.js的5个生命周期函数中添加以下代码：

```javascript
// 页面的5个生命周期函数，post.js
Page({
  data:{},
  onLoad(options){
    console.log("onLoad:页面被加载");
  },
  onShow(){
    console.log("onShow:页面被显示")
  },
  onReady(){
    console.log("onReady:页面被渲染")
  },
  onHide(){
    console.log("onHide:页面被隐藏")
  },
  onUnload(){
    console.log("onUnload:页面被卸载")
  }
})
```

保存代码，打开调试面板，编译看看Console的输出信息，如图3-16所示。

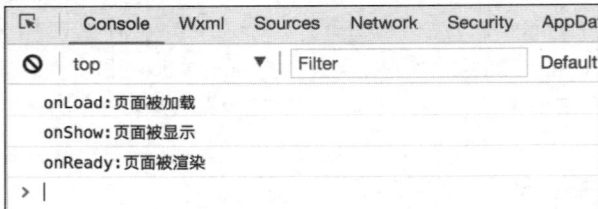

图 3-16　生命周期函数的执行顺序

可以看到，一个页面要正常显示，至少需要经历3个生命周期：加载、显示、渲染。注意这3个生命周期函数的执行顺序，首先是onLoad，其次是onShow，最后才是onReady。

这里要特别提醒各位读者，onShow的执行时刻是在onReady之前的，但默认代码的顺序是将onShow放置在onReady之后的。虽然只是顺序不同，但极容易让开发者误以为onReady是在onShow之前的，而这是不正确的。

那么onHide和onUnload呢？这两个函数的触发需要执行一些特定的操作，比如当页面执行navigateTo()方法或者使用小程序tab栏切换页面时，会执行onHide()函数；而当页面执行redirectTo()或navigateBack()时，会执行onUnload()函数。读者在熟悉小程序后慢慢就能理解了。

小程序中也提供了一些真机上的行为模拟方法。在小程序模拟器的工具栏（见图3-17）中有一个"模拟操作"的功能按钮，右侧倒数第二个即为"模拟操作"按钮。

图 3-17　模拟器的工具栏

单击后会弹出非常多的真机上的模拟操作菜单。读者可尝试选择其中的【Home】，表示模拟真机上的Home返回功能。当单击【Home】后，上述生命周期代码将打印"页面被隐藏"。这是因为，当单击【Home】后，真机将返回手机的主屏幕，当前应用程序会被隐藏在后台，这就会触发小程序的onHide生命周期函数的执行。

除了以上5个生命周期函数外，还有以下3个小程序特定事件的处理函数：

- onPullDownRefresh：监听用户下拉刷新页面的事件处理函数。
- onReachBottom：监听用户上滑页面，页面触底时的事件处理函数。
- onShareAppMessage：用户单击右上角"分享"按钮时的事件处理函数。

这些特定的事件监听函数都非常有用，比如onPullDownRefresh，当用户下拉页面时，通常需要刷新当前页面，"刷新"就意味着要去服务器获取数据，这时，去服务器加载数据的函数就可以写在onPullDownRefresh中。

再比如onReachBottom，这个函数使用频率非常高，它是页面向上滑动触底时会触发的函数。当用户向上滑动页面时，通常会不断地加载新的分页数据，分页数据的请求方法也需要写在onReachBottom内。

除了小程序生成的这些特定函数之外，开发者还可以任意添加自己的函数或数据到Page方法的Object参数中，在页面的JS文件内，只需要通过this即可访问这些自定义函数或者数据，后面的代码会大量演示这种写法。

关于onHide和onUnload以及3个特定事件的处理函数，将在后面介绍导航、tab栏、刷新、分享等项目需求时，再具体演示和讲解。放在具体的示例里演示，效果远比用文字理论描述要好。

在官方文档中，还给出了一个较为全面的Page实例生命周期图解，如图3-18所示。整个图分为左右两部分，左侧是视图层，右侧是服务逻辑层。整个页面的生命周期都是围绕着这两个层来进行的。它们之间不是孤立的，而是有很多的事件与通知交互。目前，我们所学的知识还不足以完全解释页面的整个生命周期。

本节所讲的5个生命周期函数就在图3-18右侧多次出现，如果仔细观察，会发现以下几个特点：

- onLoad、onShow和onReady确实是按照前面所讲的执行顺序依次执行。
- onLoad与onReady在整个页面的生命周期中只会执行1次，除非这个页面被执行onUnload被卸载掉了（卸载掉后这个页面的生命周期就结束了）。
- onHide与onShow在一次生命周期内可能会执行多次。

一个页面可能会渲染多次，因为数据更新会造成页面的重新渲染。因此开发者要注意，小程序仅在First Render（第一次渲染）完成后，提供监听函数onReady，对于以后的渲染，并没有提供相应的监听函数，所以onReady仅用来监听First Render。

现在无法看明白这张图是很正常的事情，正如官方文档中所说："此图你不需要立马完全弄明白，不过以后它会有帮助"。笔者的建议是，当遇到问题或者业务需要时，再回过头来研究这张完整的生命周期图更有意义。

事实上，如果只想单纯地开发业务项目，只需要理解5个生命周期函数发生的时机与意义即可。通过大量的编码，可以让经验来弥补一些知识上的不足，这就是所谓的熟能生巧。但如果想去做一些与小程序编译相关的框架，那么深入了解这张图就很有必要了。当然，无论想做什么，能够完全看懂和理解这张图，自然是再好不过了。

我们会在后面的项目实践中不断验证这些生命周期函数的特性，到时读者只需回过头来看看即可。

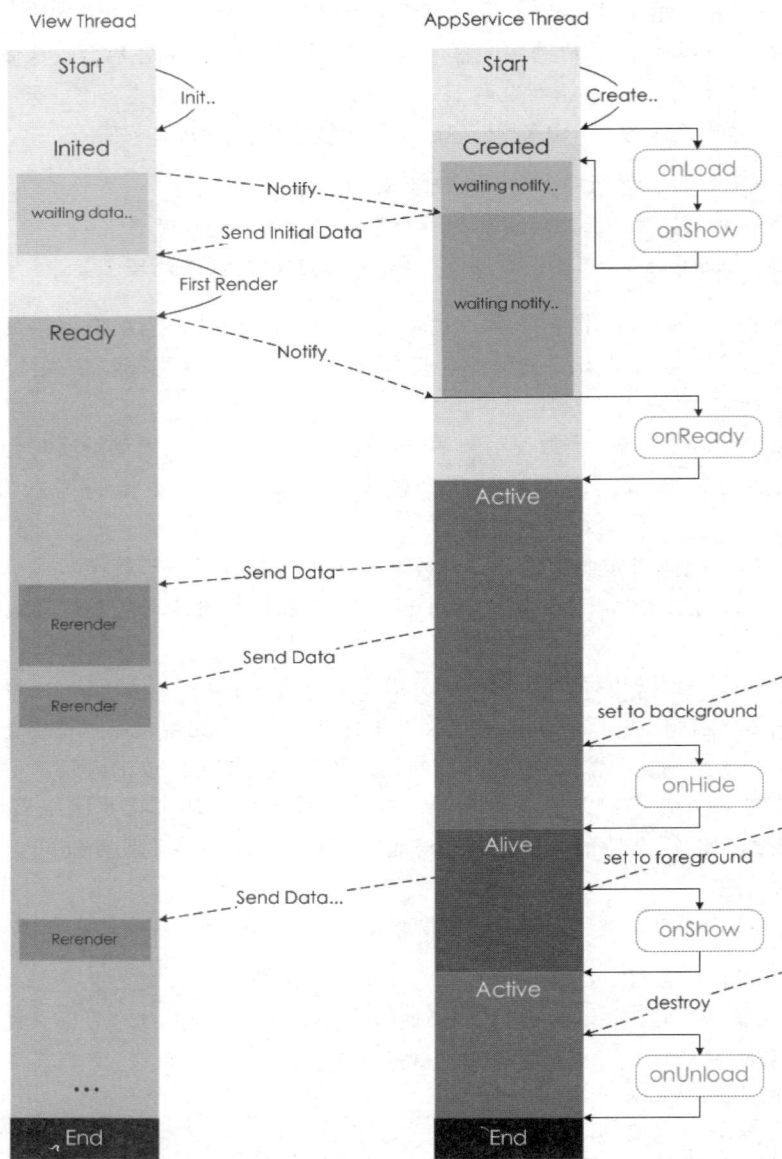

图 3-18　页面生命周期图解

3.8　数据绑定

在真实的项目中，业务数据通常放置在自己的服务器中，然后通过HTTP/HTTPS请求来访问服务器提供的API，从而获取数据。

现在post页面里的内容，全是一些被直接编码在WXML文件里的数据，这样的代码写法被称为"硬编码"。这当然是一种非常不好的编码方法，因为这样的数据不会变化，只能显示固定的内容，而真实项目中数据一般是动态变化的。"硬编码"往往只用来测试页面。

我们尝试将编码在post.wxml文件里的数据移植到post.js中，在post.js的data属性中加入一些数据，并将3.7节中的测试生命周期的代码移除。编写完成后的代码如下：

```
// 将数据从WXML文件移植到JS文件中 post.js
Page({
  data: {
    date: "Jan 28 2017",
    title: "小时候的冰棍儿与雪糕",
    postImg: "/images/post/post-4.jpg",
    avatar: "/images/avatar/avatar-5.png",
    content: "冰棍与雪糕绝对不是同一个东西。3到5毛钱的雪糕犹如现在的哈根达斯，而5分1毛的冰棍儿就像
现在的老冰棒。时过境迁, ...",
    readingNum: 92,
    collectionNum: 108,
    commentNum: 7,
  },
})
```

现在这些原来直接编码在WXML文件里的数据被移动到了JS文件里，这样它们自然不能直接显示在页面的UI中了。那么如何将data中的这些数据"填充"到页面中，并显示这些数据呢？

如果是开发传统的网页，肯定会使用以下思路：首先获取HTML文档的DOM节点，然后对DOM标签进行赋值，从而实现数据的显示。但在小程序架构中是没有DOM结构的，所以这个思路行不通。

在许多流行的MVC（Model-View-Controller）或者MVVM（Model-View-ViewModel）框架中，比如AngularJS、Vue.js，都有数据绑定的概念。小程序也借鉴了这些流行框架的思想，采用数据绑定的机制来做数据的初始化和更新，只不过小程序做得更加决绝。在AngularJS中，虽然官方不推荐使用DOM，但至少还有一个内置的jQLite来支持获取DOM（虽然有很多的限制），开发者也可以自行集成jQuery。但小程序的脚本逻辑运行在JSCore中，而JSCore是一个没有DOM的环境，它完全抛弃了DOM结构，因此只能使用数据绑定来做数据的相关操作。

不同于Vue等框架所支持的双向数据绑定，小程序仅实现了单向数据绑定，即仅支持从逻辑层传递到渲染层的数据绑定。

> 小程序在后续的版本里新增了"简易双向数据绑定"，这种双向数据绑定没有Vue的强大，但也能做一些简单的操作。读者有兴趣可自行学习。这里要说明的是，双向数据绑定不是必需的，并不是说没有双向数据绑定就无法完成某些功能。双向数据绑定有优点，但是也有缺点，这里不做过多探讨。双向数据绑定往往在性能上会有额外开销，并且会增加编程的复杂度，同时对初学者也不是很友好。

这里我们来探讨一下什么是"数据绑定"。

简单理解就是将JS文件里的数据传递到UI层并显示这些数据，这叫"单向数据绑定"。而"双向数据绑定"的"双向"指的是，UI层的数据如果发生了变化，比如用户修改了某个数据，那么JS文件里对应的变量的值也会改变。

具体举例，假如JS文件里有一个变量a = 1，那么使用数据绑定可以在页面上显示1这个数值。这是单向数据绑定。而用户如果在UI上修改了这个数字1，将其改为2，那么，JS文件里的变量a的值也会自动变成2。这就是双向数据绑定。

那么怎么在小程序中做数据绑定？这很重要，是小程序开发的核心。

小程序使用Page方法参数里的data变量作为数据绑定的桥梁。参考本节post.js里的代码。data里已经被我们放置了一些数据，这些直接写在data里的数据被称为数据绑定的初始化数据。

注意，数据绑定有以下两种：

- 初始化数据的数据绑定，通常将这些数据直接写在Page方法参数的data对象下面。
- 使用setData方法来做数据绑定，这种方式也可以理解为数据更新。这样的数据更新将引起页面的Rerender（重新渲染），参考4.8节中给出的小程序生命周期图。

在下一节中，我们将巧妙地用一种中间容器的思想来深入理解"数据绑定"。

3.9 用中间容器的思想理解小程序的数据绑定

小程序将JS文件称为"逻辑层"，而将前端UI称为"视图层"，它要解决的问题是如何让视图层可以使用和显示逻辑层里的数据。我们可以用下面的思想来理解这个解决方案，这个思想未必准确，但有利于初学者理解小程序的"数据绑定"。

小程序在"逻辑层"与"视图层"之间加入了一个"容器"，可以将逻辑层里的数据放入容器中，凡是在这个容器里的数据，就可以被视图层使用并显示，不在这个容器里的数据，就不能被视图层使用。这个比喻逻辑可以用图3-19来进一步解释。

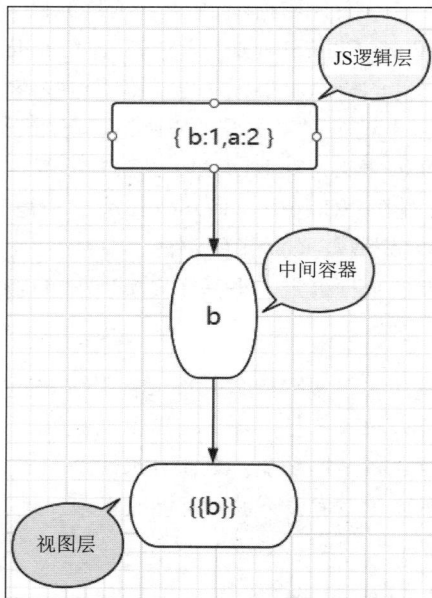

图3-19 数据绑定的比喻理解示意图

我们假设在JS文件中定义了一个变量b和变量a，这两个变量必须加入中间容器中才能被视图层使用。比如，变量b由于被加入了容器中，所以可以在视图层引用并显示，但是变量a就无法在视图层使用，因为它并不在容器里。

那么，这里剩下的问题就是如何将变量加入中间容器中，视图层又如何引用和显示容器里的变量？小程序给出了自己的方法。

小程序提供了两种方法将逻辑层中的数据"加入"容器里：

（1）将数据定义在页面JS文件的data对象下。

（2）使用setData()函数。

比如下面的代码：

```
// name和age将自动加入中间容器中
Page({
  data: {
    name:'xiaoming',
    age: 18
  }
})
```

在上述代码中，由于name和age变量均定义在data这个特殊的对象下，因此自动被加入容器中，视图层可以直接使用name和age。这种方法适合在小程序初始化时就可以确定的数据。

但是，如果有些数据在一开始时并不能确定，比如name这个数据需要从服务端获取。在得到服务端返回的name数据后，如何将name动态地加入容器中呢？这就需要使用第2种方法——setData()函数。参考代码如下：

```
// 使用setData函数将数据放入容器中
Page({
  data: {
  },

  onLoad(options) {
    this.setData({
      name:'xiaoming',
      age: 18
    })
  }
})
```

上述代码使用了setData()方法将name和age放入容器中，这样视图层就可以使用这两个变量。注意，data中一开始并未定义name和age。

这里有一个建议，在理解以上"容器"概念后，我们可以这么划分逻辑层里的数据：一部分是"普通"数据，这些数据并不需要在视图层使用和展示，它们的使用范围仅仅局限在JS文件里；另一部分我们称为"绑定数据"，这些数据需要加入容器中，以供视图层使用。这里建议所有需要绑定的数据，都在data对象中进行预先定义，即使在页面初始化时我们并不确定变量的取值（在这种情况下可以对变量赋"空"值，或其他默认值）。参考下述代码：

```
// 使用setData函数将数据放入容器中
Page({
  data: {
// 最开始并不确定name和age的取值，但它们是视图层需要的数据，所以预先进行定义
name: '',
age: -1
  },

  onLoad(options) {
// 当确定name和age的数值后，可以使用setData()进行更新
    this.setData({
      name:'xiaoming',
      age: 18
    })
  }
})
```

这里解释一下这样做的优点。如果我们不在data对象中预先定义这些被绑定的数据，而只是在需要的时候进行setData()，这虽然并不会引起小程序的异常，但这样做的缺点是，当浏览代码时，我们并不能直观地看到哪些数据是视图层需要的。此外，setData()函数可能分布在JS文件的任何一个位置，当我们需要查看"被绑定的数据"时，就需要到处寻找setData函数。这显然不如我们在data中集中定义这些"绑定数据"方便。这样在浏览JS文件时，只需要查看data下面的变量即可了解哪些数据是视图层需要使用的。

还需要注意的是，setData()函数不能直接调用，需要使用this.setData()来进行调用。

此外，对于不需要在视图层使用的JS变量，建议在前面加"_"，比如变量a不需要做数据绑定，那么建议命名成"_a"。

最后，我们需要知道在视图层中如何使用这些容器中的数据？答案是使用双花括号（{{}}），比如{{name}}或{{age}}，这样视图层会去容器中查找name和age的值，最终显示"xiaoming"和18。

这样的双花括号语法也被称为Mustache语法。

3.10　初始化数据绑定

讲了这么多理论，是时候用我们的Orange-Can项目来实践一下这些理论知识了。在前面的小节中，我们已经为Page方法的data对象填充了一些属性数据，这些数据就是视图层需要绑定的数据。现在，只需要对post.wxml文件做一些改动，即可让它能够"接收"和使用这些数据。

小程序使用Mustache语法在WXML组件里进行数据的绑定。我们试着用数据绑定的方式来显示《小时候的冰棍儿与雪糕》这篇文章。

更改这篇文章的WXML代码。注意，post.wxml文件里总共有3篇文章，但我们只更改了第一篇文章的相关代码，其他两篇文章依然使用硬编码的方式来填充数据。

```
<!-- 数据绑定的方式显示数据post.wxml -->
<!-- 此时的代码中应该有3个post-container容器，我们只修改第一个容器中的代码 -->
<view class="post-container">
    <view class="post-author-date">
        <image src="{{avatar}}" />
        <text>{{date}}</text>
    </view>
    <text class="post-title">{{title}}</text>
    <image class="post-image" src="{{postImg}}" mode="aspectFill" />
    <text class="post-content">{{content}}</text>
    <view class="post-like">
        <image src="/images/icon/wx_app_collect.png" />
        <text >{{collectionNum}}</text>
        <image src="/images/icon/wx_app_view.png"></image>
        <text >{{readingNum}}</text>
        <image  src="/images/icon/wx_app_message.png"></image>
        <text >{{commentNum}}</text>
    </view>
</view>
```

保存代码后可以看到，页面并没有变化，第一篇文章的数据正常地显示了出来，这说明数据绑定成功了。

在上述代码中可以看到双花括号中写入了一些变量名。细心的读者应该发现{{ }}里的变量名称与JS文件里data对象的属性名称是相同的。可见，数据绑定非常简单，只要将data对象的属性名填入双花括号中即可。小程序会自动在运行时用data里的数据替换{{ }}中的变量。比如{{date}}，在运行后将被替换为"Jan 28 2017"，而{{readingNum}}将被替换为"92"。

我们可以尝试用3.7节最后的页面生命周期图解释一下初始化数据绑定的过程。

当页面执行了onShow()函数后，逻辑层会收到一个通知（Notify）；随后逻辑层会将data对象以JSON的形式发送到View视图层（Send Initial Data）。视图层接收初始化数据后，开始渲染并显示初始化数据（First Render），最终将数据呈现在开发者的眼前。

这里需要注意，如果数据绑定是作用在组件的属性中，则一定要在{{ }}外边加上双引号，否则小程序会报错。比如：

```
<image src="{{avatar}}" />
```

如果数据绑定不是作用在组件的属性中，则不需要加双引号，比如：

```
<text>{{date}}</text>
```

数据绑定的Mustache语法还有一些其他用法，我们会在后面的实例项目中讲解。

3.11 在哪里可以查看数据绑定对象

开发工具为我们提供了一个面板专门来查看和调试数据绑定变量，这个面板就是在第1章中介绍的【AppData】面板。也就是说，我们可以通过这个面板来观察"数据绑定容器"里的数据存储情况。这非常重要。

我们来看一下Orange-Can项目此时的AppData情况。打开【调试器】→【AppData】，可以看到如图3-20所示的数据情况。

图 3-20 post 页面在【AppData】面板中的数据绑定情况

【AppData】面板对于调试和理解数据绑定有非常重要的作用，建议当开发者遇到数据绑定相关的问题时，一定要首先打开这个面板来查看具体的数据绑定情况。比如，当你认为已正确绑定了某个数据，但是数据却没有显示在页面上时，最好的追溯问题的方法就是查看【AppData】面板。

【AppData】下的数据以页面为组织单位。因为现在只在post页面里做了数据绑定，所以【AppData】下边只出现了pages/post/post这一个页面的数据。如果同时有多个页面进行了数据绑定，那么这里将出现多个页面的数据绑定情况。

此时，可以看到在pages/post/post下显示了post页面的数据绑定变量情况，它的数据和post.js文件中data对象下的数据是一模一样的。因为所有定义在data对象下的属性，都会自动放入"数据绑定容器"中。

此外，小程序允许直接在【AppData】中更改某一项数据的值。更改是实时进行的，改变任何一个值，开发工具都能实时地将变化更新到模拟器UI里显示。读者可以自行尝试，更改一下title、date或者content等的属性值，并注意观察模拟器的UI变化。

这里还有一个小技巧，让页面的数据以JSON的形式呈现：单击图3-21中【Tree】这个选项，再单击【Code】，数据将以JSON的形式呈现，如图3-22所示。

JSON格式的数据非常便于快速复制。

图3-21 切换数据呈现形式

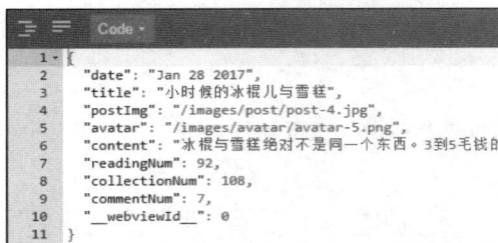

图3-22 以JSON的格式呈现数据

3.12 绑定复杂对象

目前，Page函数内的data对象只是一个最简单的js对象，它的属性值都只是简单的文本与数字。在实际项目中，可能出现较为复杂的对象，将data对象更改如下：

```
// 代码清单4-15 较为复杂的data对象== post.js
Page({
  data: {
    object: {
      date: "Jan 28 2017"
    },
    title: "小时候的冰棍儿与雪糕",
    postImg: "/images/post/post-4.jpg",
    avatar: "/images/avatar/avatar-5.png",
    content: "冰棍与雪糕绝对不是同一个东西。3到5毛钱的雪糕犹如现在的哈根达斯，而5分1毛的冰棍儿就像
现在的老冰棒。时过境迁...",
    readingNum: 92,
    collectionNum: {
      array: [108]
    },
    commentNum: 7
  },
})
```

此时，data对象已不再是简单的对象，它的属性还包含有子对象和数组。运行代码后，我们发现，小程序并不会报错，但UI上的数据无法正确显示。原因是被绑定的data对象数据结构改变后，相应地也需要在页面的WXML文件里做出和data数据结构等同的调整。调整之后的代码如下（注意，只更改第一篇文章的相关代码）：

```
// 根据data对象的结构调整WXML文件内容 post.wxml
<view class="post-container">
    <view class="post-author-date">
        <image src="{{avatar}}" />
        <text>{{object.date}}</text>
    </view>
    <text class="post-title">{{title}}</text>
    <image class="post-image" src="{{postImg}}" mode="aspectFill" />
    <text class="post-content">{{content}}</text>
    <view class="post-like">
        <image src="/images/icon/wx_app_collect.png" />
        <text >{{collectionNum.array[0]}}</text>
        <image src="/images/icon/wx_app_view.png"></image>
        <text >{{readingNum}}</text>
        <image  src="/images/icon/wx_app_message.png"></image>
        <text >{{commentNum}}</text>
    </view>
</view>
```

现在，date数据的绑定语法由{{date}}变成了{{object.date}}；而collection数据的绑定语法由{{collectionNum}}变成了{{collectionNum.array[0]}}。这些相应的调整都是根据data数据结构的变化做出的，请读者仔细对比。重新运行项目，文章数据又可以正常显示了。

3.13 数据绑定更新

除了将数据直接定义在data对象下之外，还可以使用setData函数来做数据绑定，这种方法也可以理解为"数据更新"。因为，数据不可能永远不发生变化。如果一开始在data中定义了数据，比如某个日期，因为业务的变化需要更改这个日期，应该怎么办呢？这时，就可以使用setData函数来更新这个日期。

setData方法位于Page对象的原型链上：Page.prototype.setData。大多数情况下，我们使用this.setData的方式来调用这个函数。

setData的参数接收一个Object对象，它可以包含多个属性，每个属性以键值对（Key-Valu Pairs）的形式存在。

上面这句话要注意两点：

- setData()里设置的Key会改变data对象里相同Key的Value。
- setData()执行后会通知逻辑层执行Rerender，立刻重新渲染视图。

说起来好像很难理解，但使用起来非常简单，来看看具体代码。在post页面中新增一个onLoad函数，并在其中执行this.setData()，更改后的代码如下：

```
// 使用setData()更新数据 post.js

Page({
  data: {
    object: {
      date: "Jan 28 2017"
    },
    title: "小时候的冰棍儿与雪糕",
    postImg: "/images/post/post-4.jpg",
    avatar: "/images/avatar/avatar-5.png",
```

```
        content: "冰棍与雪糕绝对不是同一个东西。3到5毛钱的雪糕犹如现在的哈根达斯，而5分1毛的冰棍儿就像
    现在的老冰棒。时过境迁, ...",
        readingNum: 92,
        collectionNum: {
          array: [108]
        },
        commentNum: 7
    },
    onLoad: function() {
      this.setData({
        title: "一根雪糕的经济学原理"
      })
    }
  })
```

运行后可以发现，第一篇文章的标题由data里设置的"小时候的冰棍儿与雪糕"更改成了"一根雪糕的经济学原理"，但其他的数据并没有改变。原因在于我们使用this.setData()只更新了title这一个数据，并未改变date、avatar、content等数据。

此外，当执行了上述代码后，this.data.title的值将是"一根雪糕的经济学原理"，而不再是"小时候的冰棍儿与雪糕"，因为this.setData的执行也会改变this.data里的值。其实，setData就是重新设置了原来data对象下的title值。

这就是setData的基本用法。另外，setData参数中的Key是非常灵活的，可以很复杂。来看看Key可能出现的形式。

```
// 字符串作为key
onLoad: function () {
    this.setData({
        "title": "一根雪糕的经济学原理"
    })
}

// 字符串的key可以很复杂
onLoad: function () {
  this.setData({
    "collectionNum.array[0]": 66
  })
}

// 字符串的key可以很复杂
 onLoad: function () {
    this.setData({
      "object.date": "Jan 28 2019"
    })
  }
```

用this.setData绑定或者更新的数据，并不要求在this.data中已预先定义。看看下面的例子，将post.js文件中的代码更改如下：

```
// 代码清单 使用setData直接设置绑定数据 post.js
Page({
 data: {
 },
 onLoad: function () {
   var iceCreamData = {
     object: {
       date: "Jan 28 2017"
```

```
      },
      title: "小时候的冰棍儿与雪糕",
      postImg: "/images/post/post-4.jpg",
      avatar: "/images/avatar/avatar-5.png",
      content: "冰棍与雪糕绝对不是同一个东西。3到5毛钱的雪糕犹如现在的哈根达斯，而5分1毛的冰棍儿就
像现在的老冰棒。时过境迁，...",
      readingNum: 92,
      collectionNum: {
        array: [108]
      },
      commentNum: 7
    }
    this.setData({
      postData: iceCreamData
    })
  }
})
```

在上述代码中，去掉了this.data中的初始化数据（可以看到data对象是个空对象），转而直接使用this.setData进行数据更新，从而实现数据绑定，这种方法也是可行的。

但这时项目并不能正常运行，UI上第一篇文章变成了空白，且没有任何错误提示。原因在于，绑定数据的结构变了，WXML文件里的{{}}变量结构也需要做出相应的改变。借助【AppData】面板来看一下现在的数据绑定情况，如图3-23所示。

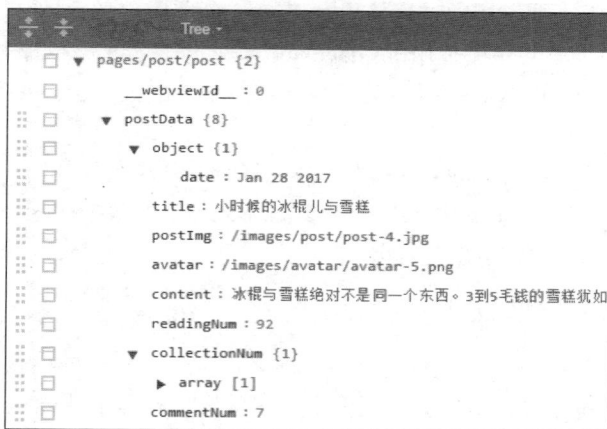

图 3-23　AppData 里的数据

很明显，这个数据结构和之前的是不一样的。所有的属性都被postData对象包裹了起来，因为我们在使用this.setData的时候指定的key的名字就叫postData，因此，WXML文件里的{{}}需要修改如下：

```
// 代码清单 更改WXML{{}}里的数据结构 post.wxml
<view class="post-container">
  <view class="post-author-date">
    <image src="{{postData.avatar}}" />
    <text>{{postData.object.date}}</text>
  </view>
  <text class="post-title">{{postData.title}}</text>
  <image class="post-image" src="{{postData.postImg}}" mode="aspectFill" />
  <text class="post-content">{{postData.content}}</text>
  <view class="post-like">
    <image src="/images/icon/wx_app_collect.png" />
    <text >{{postData.collectionNum.array[0]}}</text>
```

```
        <image src="/images/icon/wx_app_view.png"></image>
        <text >{{postData.readingNum}}</text>
        <image  src="/images/icon/wx_app_message.png"></image>
        <text >{{postData.commentNum}}</text>
    </view>
  </view>
```

只需要在每个{{}}里加入postData即可。比如{{title}}应当改为{{postData.title}}。请读者注意，关于数据绑定的错误，小程序不会给出任何的错误提醒。如果发现整个页面是空白的又没有错误消息，多半是数据绑定出了问题。这个时候【AppData】面板是最好的调试工具。

3.14 深入理解 this.data 属性与 this.setData()函数

Page下的data对象通常用来初始化绑定数据。如果数据需要一些初始值，可以直接设置在data下。而this.setData有两个作用：

（1）它也可以用来设置data下的数据。比如，如果data下没有某个属性，则可以通过this.setData来设置这个属性；而如果已经有了某个属性，则将改变这个属性的取值。

（2）它也可以用来更新数据。使用setData将引起页面UI层数据的变化。

这里要提醒读者，千万不要试图通过直接用赋值操作修改data下的属性来更新数据，更新数据只能使用this.setData()。很多读者会试图使用this.data.key = value这样的形式来修改key的取值，但结果是并不能将value这个值更新到WXML文件中。只有this.setData({key:value})才能修改这个key并更新UI层的数据显示。

稍微深层次地解释一下this.setData()的原理。this.setData()其实是将数据从逻辑层发送到视图层，这个操作是异步执行的；同时，this.setData()还会修改this.data下的数据，这个操作是同步执行的。比如，data下面有一个属性key，它的取值是value1。

```
data:{
  key:value1
}
```

假如我们想修改key的值为value2，并且页面上显示的数值也需要从value1变为value2，那么下述做法是错误的：

```
this.data.key = value2
```

正确的做法是：

```
this.setData({
  key:value2
})
```

第一段代码错误的原因是它只更改了key的值，但没有通知视图层更新这个值；第二段代码既更改了key的值，同时还会通知视图层更新这个值。

注意，通知的操作是"异步"执行的，我们并不能保证执行this.setData()后，页面UI上的数据马上被更改，但通常更改的速度会非常快。

深入了解这些原理知识，将避免我们犯一些"低级"的错误。此外，在使用this.setData()时，有一些不恰当的用法需要读者注意：

（1）setData调用过于频繁。

（2）setData更新的数据体量太大。

这两项不恰当的用法将导致小程序出现一些性能方面的问题。因此，希望读者尽可能合理地规划自己的业务，尽可能避免上述问题。

3.15　列表渲染 wx:for

到目前为止，我们只将第一篇《小时候的冰棍儿与雪糕》改为了数据绑定的形式，现在来尝试把所有的文章都改为数据绑定的形式。

首先将其他两篇文章的数据提取到post.js文件中，同第一篇文章的数据组成一个数组。

```
// 代码清单 将3篇文章的数据提取到页面JS文件中 post.js
Page({
  data: {
  },
  onLoad: function () {
   var postList = [{
    object: {
      date: "Jan 28 2017"
     },
    title: "小时候的冰棍儿与雪糕",
    postImg: "/images/post/post-4.jpg",
    avatar: "/images/avatar/avatar-5.png",
    content: "冰棍与雪糕绝对不是同一个东西。3到5毛钱的雪糕犹如现在的哈根达斯，而5分1毛的冰棍儿就
像现在的老冰棒。时过境迁，...",
    readingNum: 92,
    collectionNum: {
      array: [108]
     },
    commentNum: 7
   },
   {
    object: {
      date: "Jan 9 2017"
     },
    title: "从童年呼啸而过的火车",
    postImg: "/images/post/post-5.jpg",
    avatar: "/images/avatar/avatar-1.png",
    content: "小时候，家的后面有一条铁路。听说从南方北上的火车都必须经过这条铁路。火车大多在晚上经
过，可呜呜的汽笛声，往往被淹没在小院里散步的人群声中。只有在夜深人静的时候，火车的声音才能从远方传来...",
    readingNum: 92,
    collectionNum: {
      array: [108]
     },
    commentNum: 7
   },
   {
    object: {
      date: "Jan 29 2017"
     },
    title: "记忆里的春节",
    postImg: "/images/post/post-1.jpg",
    avatar: "/images/avatar/avatar-3.png",
```

```
      content: "年少时，有几样东西，是春节里必不可少的：烟花、新衣、凉菜、压岁钱、饺子。年分大小年，
有的地方是腊月二十三过小年，而有的地方是腊月二十四...",
      readingNum: 92,
      collectionNum: {
        array: [108]
      },
      commentNum: 7
    },
    ]
    this.setData({
      postList: postList
    })
  }
})
```

　　注意，代码中this.setData的key更改成了postList，value更改成了一个包含3个元素的数组，每个元素代表一篇文章的数据。

　　现在有3篇文章的数据了，我们当然可以像改写第一篇文章那样依次改写其他两篇文章的{{ }}绑定。但这样好吗？这里来假设一个场景，如果有100篇文章，怎么改？难道也像这样手动地去填写100篇文章的{{ }}吗？

　　如果可以在WXML文件里做for循环该有多好？小程序确实提供了一个可以在WXML文件中循环的语法，被称为列表渲染。列表渲染的目的是通过循环创建多个组件。我们一起来看看，如何使用列表渲染来改写文章列表。先给出改写后的代码。

```
<!-- 代码清单 使用列表渲染改写文章列表 post.wxml -->
<view>
  <swiper vertical="{{false}}" indicator-dots="{{true}}" autoplay="{{true}}"
interval="5000" circular="{{true}}">
    <swiper-item>
      <image src="/images/post/post-1@text.jpg" />
    </swiper-item>
    <swiper-item>
      <image src="/images/post/post-2@text.jpg" />
    </swiper-item>
    <swiper-item>
      <image src="/images/post/post-3@text.jpg" />
    </swiper-item>
  </swiper>
  <block wx:for="{{postList}}" wx:for-item="item" wx:for-index="idx">
    <view class="post-container">
      <view class="post-author-date">
        <image src="{{item.avatar}}" />
        <text>{{item.object.date}}</text>
      </view>
      <text class="post-title">{{item.title}}</text>
      <image class="post-image" src="{{item.postImg}}" mode="aspectFill" />
      <text class="post-content">{{item.content}}</text>
      <view class="post-like">
        <image src="/images/icon/wx_app_collect.png" />
        <text>{{item.collectionNum.array[0]}}</text>
        <image src="/images/icon/wx_app_view.png"></image>
        <text>{{item.readingNum}}</text>
        <image src="/images/icon/wx_app_message.png"></image>
        <text>{{item.commentNum}}</text>
      </view>
    </view>
```

```
    </block>
  </view>
```

重点关注<block></block>内的代码。<block>标签没有实质意义，它并不是组件，不会在页面内显示，可以理解为常见编程语言里的括号，在<block>标签中包裹的所有元素将被重复渲染。

在<block>标签上，放置了一个wx:for属性，它的值为{{postList}}。wx:for将绑定一个数组，在本示例中，这个绑定的数组就是postList，它对应post.js文件中setData的数组数据。

- wx:for-item：指定数组中当前元素的变量名，我们将当前元素的变量名指定为item。
- wx:for-index：指定当前元素在数组中的序号，我们命名为idx。当然，在本示例中，只是定义了wx:for-index，并没有真正地使用它，主要是为了便于读者知道，当需要获取当前遍历到第几个元素时如何获取这个序号。

总结一下，在大多数编程语言里，循环过程中往往需要获取两个参数，一个是当前循环轮次的序号，比如当前循环到第N个元素；另一个是当前循环到的元素本身。

在小程序中，可以通过wx:for-index来获取循环序号，比如wx:for-index = "idx"，就是指定通过idx来获取当前循环的序号；如果不定义wx:for-index的取值，那么默认使用index变量来获取序号。

如果要获取当前遍历的元素，可以使用wx:for-item，比如wx:for-item = "item"，就是通过变量item来获取当前遍历的元素。当然，也可以不叫item，比如可以叫element，这是可以自定义的。如果不指定wx:for-item的取值，那么默认通过item来获取。

根据上面的描述，我们可以通过名称"item"来获取当前元素。有了当前元素，数据绑定就很简单了，例如：

```
<text>{{item.object.date}}</text>
```

就是获取某篇文章的日期。

保存运行后，发现3篇文章都可以正常显示，但代码的总量却大大减少了。

此外，wx:for并不一定要作用在<block>标签上，如果把上述代码清单中的<block>标签换成<view>，一样可以正常运行。但并不推荐这样做。因为同HTML一样，我们希望标签或者组件元素是语义明确的（读者可以搜索并了解一下什么是HTML的语义化）。view组件通常被用作容器或者区域分隔，它有它的使命，不应该被滥用。

3.16　配置全局导航栏背景色

注意观察post文章页面，顶部的导航栏是系统默认的黑色，但在设计图中，导航栏的配色是#4A6141。这里有两个方案来修改这个配色：

（1）在post.json中配置导航栏颜色。

（2）在app.json中配置导航栏颜色。

通过之前的学习，我们非常清楚地了解了这两个配置方案的区别。这里选择在app.json中配置导航栏颜色，因为后面所有的页面都使用的是统一的配色：#4A6141（除了welcome页面）。在app.json中添加导航栏配色，代码如下：

```
"window": {
  "navigationBarBackgroundColor": "#4A6141"
}
```

设置完成后，除了welcome页面，其他页面（包括以后新建的页面）都将呈现#4A6141这个颜色。当然，读者可以根据自己的喜好更改这个颜色。由于welcome页面被取消掉了导航栏，自然不受全局配置的影响。

3.17　从欢迎页面路由到文章页面

我们现在一共编写了两个页面：welcome页面与post页面。现在尝试将两个页面链接起来，通过单击welcome页面的"开启小程序之旅"按钮跳转到post页面。

首先将welcome页面重新调整为启动页面。之前我们谈到过，小程序的启动页取决于app.json下pages数组的第一个元素。我们将welcome页面的路径移动到pages数组的第一位，就可以将启动页重新更改为welcome页面。调整后的代码如下。

```
{
    "pages": [
        "pages/welcome/welcome",
        "pages/post/post"
    ],
    "window": {
        "navigationBarBackgroundColor": "#ECC0A8"
    }
}
```

3.17.1　事件

要从welcome页面跳转到post页面，需要使用事件机制来响应用户单击"开启小程序之旅"按钮这个动作。

> 什么是事件？
> 严肃一些的定义是：事件是视图层（WXML文件）产生的信息。

> 什么是事件响应？
> 事件响应是视图层（WXML文件）产生的信息被逻辑层（JS文件）捕捉到，并做出相应的处理。

简单一些理解：事件可以让我们在JS文件里处理用户在界面上的一些操作，并对这些操作做出反馈。比如用户单击welcome页面的"开启小程序之旅"按钮后，需要在JS文件里调用小程序的API，使页面从welcome跳转到post。

事件的本质是一种信息流，而我们需要捕捉到这些信息流，并在JS文件里响应和处理。

要实现这样的机制，需要做两件事情：

（1）在组件上注册事件。注册事件将告诉小程序，我们要监听当前组件的什么事件。在本例中，需要监听"开启小程序之旅"这个组件的单击事件。单击事件在小程序里被称为tap。tap对应用户用手指单击的操作。

（2）在JS文件中编写事件处理函数。监听到事件后，需要编写自己的业务。在本例中，我们的需求是跳转页面，所以可以在事件处理函数中调用小程序提供的路由API，让welcome页面跳转到post页面。

更改welcome.wxml页面的代码：

```
<!-- 添加tap事件 @welcome.wxml-->
<view class="container">
    <image class="avatar" src="/images/avatar/avatar-1.png"></image>
    <text class="motto">Hello, 橘子罐头</text>
    <view catchtap="onTapJump" class="journey-container">
        <text class="journey">开启小程序之旅</text>
    </view>
</view>
```

和之前的代码相比并没有太大的改动，仅仅是在按钮上添加了一个catch:tap="onTapJump"的事件监听。事件监听的写法同组件属性的写法相同。它的意思是，监听tap这个动作，当用户产生这个动作后，将在页面的JS文件中执行onTapJump函数，这个函数必须在页面的JS文件中定义。

下面的代码定义了tap事件的处理函数onTapJump：

```
// 添加tap操作的事件处理函数
// @welcome.js
Page({
    onTapJump(event) {
        wx.redirectTo({
            url: "../post/post",
            success(){
                console.log("jump success")
            },
            fail(){
                console.log("jump failed")
            },
            complete(){
                console.log("jump complete")
            }
        })
    }
})
```

代码中为Page方法的参数新增了一个函数：onTapJump。函数的名称可以任意指定，但必须和代码清单中所定义的catch:tap="onTapJump"保持一致。当用户单击按钮后，小程序将执行onTapJump函数，并将一个event对象（事件参数对象）作为参数传递到函数里。

保存并运行代码，单击"开启小程序之旅"，页面将从welcome欢迎页面跳转到post文章页面。

3.17.2　捕捉事件命名中的冒号

在早期版本的小程序中，如果要捕捉一个事件，只能使用catchtap。但在新版本中，小程序给出了一个更加科学的命名方式：catch:tap。

这两种命名方式都是可行的，也没有任何区别，但建议加上冒号。因为事件的捕捉是由"捕捉+事件名"两部分构成的，加上冒号更加能够体现"动作+名字"这种形式，更加科学。

3.17.3　redirectTo 与 navigateTo

在3.17.1节中，我们在onTapJump()函数里调用了wx.redirectTo()方法，从而实现了页面跳转。页面跳转操作通常被称为"路由"。小程序中提供了5个路由API，以帮助开发者实现页面跳转。

其中常用的路由API有以下3个：

- wx.redirectTo()：关闭当前页面，并跳转到指定页面。
- wx.navigateTo()：将保留当前页面，并跳转到指定页面。
- wx.switchTab()：只能用于跳转到带tabbar选项卡的页面。

wx.switchTab()方法将在后面介绍tabbar选项卡时再具体讲解，本小节主要介绍wx.redirectTo()和wx.navigateTo()的区别。wx.redirectTo()和wx.navigateTo()在使用方式上完全相同，它们都接收一个Object对象作为参数。Object对象中最重要的属性是URL，用于指定要跳转的页面路径。

注意，URL是页面的路径，不要加上文件的扩展名（如同app.json中定义pages一样）。如果在页面路径后加上".wxml"，比如将URL设置为"../post/post.wxml"，页面将无法跳转，并会报错。

Object参数还可以接收3个方法参数，分别是：

- success：跳转页面成功时小程序将调用此函数。
- fail：跳转页面失败时小程序将调用此函数。
- complete：无论成功或者失败，小程序都将调用此函数。

之所以将以上3个方法参数拿出来单独列举，是因为在小程序中，几乎所有异步类型的API都配备了这3个方法。比如后面要介绍的操作反馈API wx.showToast、获取用户信息API wx.getUserInfo等。在之后的其他API的介绍中，就不再一一列举这3个方法参数了。

再次保存并运行以上代码，单击"开启小程序之旅"后，页面将跳转到post文章页面。此时页面左上角会有一个Home图标，如图3-24所示。

这个图标是小程序自动添加的，并非我们添加的元素。通过单击这个图标，可以返回到welcome页面。

接着，将welcome.js中的wx.redirectTo替换成wx.navigateTo，参数不变，代码如下：

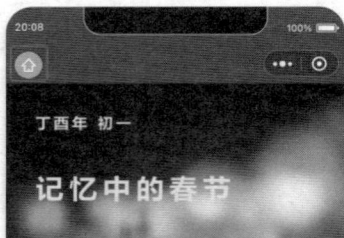

图 3-24   左上角的 Home 图标

```
// 将路由函数调整为wx.navigateTo welcome.js
Page({
    onTapJump(event) {
        wx.navigateTo({
            url: "../post/post",
            success(){
                console.log("jump success")
            },
            fail(){
                console.log("jump failed")
            },
            complete(){
                console.log("jump complete")
            }
        })
    }
})
```

查看跳转效果会发现，wx.navigateTo也可以跳转到post页面，但和wx.redirectTo有些区别，post页面左上角有一个箭头（<），如图3-25所示。

单击这个箭头同样也可以返回到welcome页面。

其实，在早期版本的小程序中，wx.redirectTo是没有左上角的Home返回按钮的，只有wx.navigateTo才会有返回箭头图标。也就是说，早期的wx.redirectTo在路由后不能返回之前页面。

图 3-25　左上角箭头图标

但是，在现在版本的小程序中，wx.redirectTo添加了一个Home图标，但它和wx.navigateTo的返回箭头还是有一些区别的。

wx.navigateTo表示的是跳转到子页面，也就是说，如果从welcome页面通过wx.navigateTo跳转到post页面，post页面就是welcome的子页面。单击"<"后，将返回到welcome页面。

假设我们从A页面路由到B页面，再路由到C页面，这就形成了一个嵌套的路由链条：A>B>C。这样的路由链条在小程序中，最多不能超过10级。

wx.redirectTo同样表示路由到某个页面，但不同的是，redirectTo在路由到其他页面后会关闭当前页面。即如果A页面调用redirectTo，那么在路由到B页面后，A页面就被关闭了（用户无法返回到A页面了）。我们可以用以下代码验证一下，在welcome.js里加入一个onUnload函数和一个onHide函数。

```
// 加入两个页面生命周期函数
onUnload(event) {
    console.log("page is unload")
  },
  onHide(event) {
    console.log("page is hide")
  }
```

运行代码，【Console】面板会出现如图3-26所示的信息。

图 3-26　加入 onUnload 和 onHide 后的打印情况

【Console】面板将输出"page is unload"，但并不会输出"page is hide"。同时，在页面被unload后，会输出"jump success"等信息，这说明页面被关闭后跳转到了其他页面。

理论上，wx.redirectTo确实不应当再出现Home图标，因为之前的父页面已经被销毁了。但是新版本默认为wx.redirectTo跳转的页面添加Home图标。单击Home图标会返回到主页面。那么什么是主页面呢？

主页面在小程序中指代的是页面默认的启动页面，也就是app.json中pages数组下设置的第一个页面。这里要注意，"主页面"和"上一级页面"可能不是同一个页面，在这种情况下wx.redirectTo和wx.navigateTo就有区别了。

此外，从机制上来讲，wx.redirectTo跳转后其当前页面会被卸载掉，如果再单击Home图标返回到此前的页面，页面会重新加载。读者可自行在welcome页面的JS文件中添加一个onLoad生命周期函数，可以观察到在返回此页面后，页面会执行onLoad，这意味着页面被重新加载了。wx.navigateTo则不会关闭当前页面，实际上navigateTo跳转后父页面并没有被卸载，而是被保存在一个类似"栈"的结构中，当返回此页面后，页面无须执行onLoad，但是会执行onShow，再次显示这个页面。而执行onShow的开销要比执行onLoad的小得多，性能也会更好。用一个示例来说明，假设页面从A路由到B再路由到C：

- navigateTo：在整个路由过程中，A、B、C都不会被关闭，可以从子级返回到父级。
- redirectTo：在路由一级后会关闭父级页面。

下面给出welcome.js的一些测试代码，读者可以-参考这些代码进行测试。

```
// @welcome.js
// 可测试不同的路由函数效果
Page({
    onTapJump(event) {
        wx.navigateTo({
            url: "../post/post",
            success(){
                console.log("jump success")
            },
            fail(){
                console.log("jump failed")
            },
            complete(){
                console.log("jump complete")
            }
        })
    },
    onUnload(event) {
        console.log("page is unload")
    },
    onHide(event) {
        console.log("page is hide")
    },
    onLoad(event) {
        console.log("page is onLoad")
    },
    onShow(event) {
        console.log("page is onShow")
    }
})
```

我们还可以再试试wx.switchTab方法，将welcome.js中的wx.redirectTo更改为wx.switchTab，其他保持不变，运行一下代码。

页面无法执行跳转，并且【Console】将输出"jump failed"。原因之前已解释过，wx.switchTab只能跳转到带有tabbar选项卡的页面，而post页面并不带有选项卡，所以无法执行跳转。tabbar的配置将在后面讲解。

3.17.4 冒泡事件与非冒泡事件

冒泡事件指某个组件上的事件被触发后，还会向父级元素传递，父级元素还会继续向父级的父级传递，一直到页面的顶级元素。而非冒泡事件则不会向父级元素传递事件。

前面使用catch:tap来监听单击或者触碰动作，而tap就是一个冒泡事件。常见的冒泡事件类型有下面几种：

- touchstart: 手指触摸动作开始。
- touchmove: 手指触摸后移动。
- touchcancel: 手指触摸动作被打断，如来电提醒、弹窗。
- touchend: 手指触摸动作结束。
- tap: 手指触摸后马上离开。
- longtap: 手指触摸后，超过350ms再离开。

除此之外，官方文档中还列出了更多的冒泡事件。由于其他的冒泡事件并不常用，这里就不再一一列出。

相对于计算机上的浏览器，小程序的事件并不多。需要注意的是，在WXML组件里注册事件时，不可以直接使用tap="function"或touchmove="function"，需要在事件名之前添加catch或者bind前缀。比如在welcome页面跳转时，我们就使用了catch:tap而并没有直接使用tap。

> bind和catch有什么区别？
>
> 区别在于，对于以上几个冒泡事件，catch将阻止事件继续向父节点传播，而bind不会阻止事件的传播。

除官方文档中列出的全部冒泡事件（注意，不只以上6种），如无特殊声明，都是非冒泡事件。非冒泡事件大多不是通用事件，而是某些组件特有的事件，如form表单组件的submit事件、input组件的input事件等。

3.17.5 新特性：WXS 函数响应事件与事件捕获阶段

首先声明，这两个新特性用得并不多，但它们确实是比较强大的机制，对于制作复杂的小程序很有帮助。

WXS（WeiXin Script）是小程序的一套脚本语言，实际上可以理解为一种可以直接写在WXML文件里的Javascrip。但官方文档强调，WXS并不是Javascrip，只是和Javascrip非常类似。

已经有JavaScript了，为什么微信还要提供一套WXS呢？这里有两个原因：

（1）小程序不能直接在WXML文件里编写JavasScript代码，因为小程序默认视图层和逻辑层是分离的。想要在WXML里调用JavaScript，只能通过WXS机制。

（2）WXS在微信小程序中的执行速度比JavaScript快。知道这个特点后，再理解WXS函数响应就不难了——为了提升性能，可以使用WXS函数来响应事件。

前面我们编写过一个onTapJump函数，这个函数是写在页面的JS文件中的，所以它是一个常规意义的JavaScript函数。但在响应一些交互非常频繁的事件时，JavaScript函数的性能达不到要求。比如我们要拖动一些元素，这个时候函数需要不间断地响应拖动操作，函数被触发的频率非常高，使用JavaScript函数就会影响性能，可能使页面出现"卡顿"。

WXS函数的性能比JavaScript高，所以可以使用WXS函数来响应事件，从而提高性能。关于WXS函数的事件响应在常规小程序的开发中用得并不多。官方文档对于WXS函数的解释非常详细，有需要的读者可参考开发文档，这里介绍的目的是让读者理解WXS函数的意义和作用。

此外，新版本的小程序还提出了"事件捕获阶段"这个概念。这个概念的提出，让小程序的事件传递机制完全同Web HTML开发保持一致。在HTML开发中，事件同样分为"捕获"和"冒泡"两个阶段。本书是建立在有一定Web开发基础上的，关于捕获和冒泡的概念还望读者自行搜索资料进行学习。

大多数情况下，我们都是在事件冒泡的阶段进行事件的监听，而"捕获阶段"的处理并不经常使用。前面介绍的catch和bind关键字都是在冒泡阶段进行事件的监听。捕获阶段位于冒泡阶段之前，且在捕获阶段中，事件到达节点的顺序与冒泡阶段恰好相反。需要在捕获阶段监听事件时，可以采用capture-bind、capture-catch关键字，后者将中断捕获阶段和取消冒泡阶段。

新版本的小程序机制非常强大，除了catch和bind外，还额外增加了"互斥事件"。互斥事件可通过mut-bind来监听。如果事件冒泡到其他节点上，其他节点上的mut-bind绑定函数不会被触发，但bind绑定函数和catch绑定函数依旧会被触发。也就是说在整个冒泡节点链条上，只有一个mut-bind绑定函数会被触发，所以叫"互斥"。

这里提出的这些略微复杂的机制，并不需要读者一定掌握，只是向读者说明，如今的小程序机制已不是早期版本可比的了，它有很多很强大的机制来辅助我们开发复杂的小程序。但是对于绝大多数程序的需求，我们其实用不上这些复杂的机制，有需要的时候再进一步研究即可。

如果读者对事件机制不是很了解，那么对于常规的小程序，建议使用"catch:事件名"的方式进行事件监听。

3.18　本章小结

本章以文章列表页面为案例，聚焦数据绑定与动态渲染的核心机制。通过swiper组件、图片裁剪模式（scaleToFill/aspectFit等）的实践，掌握静态页面搭建基础知识；结合Page生命周期函数、this.setData()数据更新规则、wx:for列表渲染，深入理解数据驱动的逻辑。同时介绍了事件处理（冒泡/非冒泡）、页面路由（navigateTo/redirectTo）等交互功能，为复杂业务开发打下基础。

第 4 章

模块、模板与缓存

4

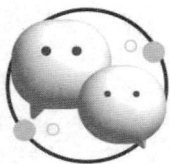

本章是小程序的进阶内容，主要介绍模块、模板（template）和缓存的概念以及使用方法。模板机制可以大幅度地提高代码的复用性与可维护性，避免开发者编写重复的代码。

本章也将指出模块、模板与组件这几个概念的区别。早期的小程序只有模板，没有组件，这让开发者编写组件化应用变得非常困难。小程序新版本开始支持组件了。

缓存的应用也是小程序中的一个特色，开发者的很多业务都需要借助缓存来实现，比如用户的令牌、一些不需要经常更新的静态数据等，都可以写入小程序的缓存中。

本章还将使用ES6语法编写"数据库"访问类，读者可以自行体会一下ES6编写Class类的优点。

4.1　将文章数据从业务中分离

之前，我们把3篇文章的数据都固定写在post.js里了，这污染了业务层。JS文件里通常不应该存储数据，因为它主要负责逻辑和流程控制。我们首先尝试将这些数据分离到一个单独的JS文件中。

在Orange-Can项目的根目录下新建一个文件夹，并命名为data。然后在data目录下新建一个JS文件，并命名为data.js。

将现在post.js文件中onLoad函数下的postList数组整体剪切并复制到data.js文件中，并将其中的collectionNum和date等数据改为最简单的字符串（此前为了演示复杂对象的数据绑定，在3.12节中将collectionNum和date改为了对象的形式）。新的data.js文件代码如下：

```
// 代码清单 data.js文件用来存储数据 data.js
const postList = [{
    date: "Jan 28 2017",
    title: "小时候的冰棍儿与雪糕",
    postImg: "/images/post/post-4.jpg",
    avatar: "/images/avatar/avatar-5.png",
    content: "冰棍与雪糕绝对不是同一个东西。3到5毛钱的雪糕犹如现在的哈根达斯，而5分1毛的冰棍儿就像
现在的老冰棒。时过境迁...",
    readingNum: 0,
    collectionNum: 0,
    commentNum: 0
  },
```

```
    {
      date: "Jan 9 2017",
      title: "从童年呼啸而过的火车",
      postImg: "/images/post/post-5.jpg",
      avatar: "/images/avatar/avatar-1.png",
      content: "小时候，家的后面有一条铁路。听说从南方北上的火车都必须经过这条铁路。火车大多在晚上经
过，可呜呜的汽笛声，往往被淹没在小院里散步的人群声中。只有在夜深人静的时候，火车的声音才能从远方传来...",
      readingNum: 0,
      collectionNum: 0,
      commentNum: 0
    },
    {
      date: "Jan 29 2017",
      title: "记忆里的春节",
      postImg: "/images/post/post-1.jpg",
      avatar: "/images/avatar/avatar-3.png",
      content: "年少时，有几样东西，是春节里必不可少的：烟花、新衣、凉菜、压岁钱、饺子。年分大小年，有
的地方是腊月二十三过小年，而有的地方是腊月二十四...",
      readingNum: 0,
      collectionNum: 0,
      commentNum: 0
    }
  ]

export {postList}
```

以上示例数据的代码较多，读者可从本书配套提供的源码文件中将数据复制到data.js中。

4.2　小程序中模块的导入与导出

上一节中提取的数据文件data.js可以视作小程序的一个数据模块，但现在还没有办法从其他文件访问这个模块。模块作为JavaScript的基本单位，有它的导入导出规则。小程序已经全面支持ES6语法，所以我们优先选择ES6的导入导出规则。data.js中的export关键字已经将数据导出，现在只需要在post.js中导入这些数据。在post.js中加入以下代码。

```
// 代码清单 导入文章数据 post.js
import {postList} from '../../data/data'
Page({
  data: {
  },
  onLoad() {
    this.setData({
      postList: postList
    })
  }
})
```

代码第一行的import语句将数据导入post.js中，随后在onLoad函数里进行数据绑定。

此时观察程序的运行情况，会发现文章数据可以显示出来，但是部分数据出现了缺失。这是因为我们在上一节中更改了postList的数据结构，所以要调整post.wxml里的{{}}语法才可以正常显示数据。将post.wxml中的代码更改如下（注意，只调整<block>标签中的代码）：

```
// 代码清单 根据数据结构调整post.wxml中的部分代码 post.wxml
<block wx:for="{{postList}}" wx:for-item="item" wx:for-index="idx">
  <view class="post-container">
```

```
<view class="post-author-date">
  <image src="{{item.avatar}}" />
  <text>{{item.date}}</text>
</view>
<text class="post-title">{{item.title}}</text>
<image class="post-image" src="{{item.postImg}}" mode="aspectFill" />
<text class="post-content">{{item.content}}</text>
<view class="post-like">
  <image src="/images/icon/wx_app_collect.png" />
  <text>{{item.collectionNum}}</text>
  <image src="/images/icon/wx_app_view.png"></image>
  <text>{{item.readingNum}}</text>
  <image src="/images/icon/wx_app_message.png"></image>
  <text>{{item.commentNum}}</text>
</view>
    </view>
  </block>
```

保存并运行代码，项目正常地显示出了3篇文章数据。

如果上述代码运行错误，一个可能的原因是小程序没有开启【将JS编译成ES5】选项。读者可以通过【项目设置】面板中的【本地设置】选项勾选【将JS编译成ES5】复选框。解决此问题，如图4-1所示。

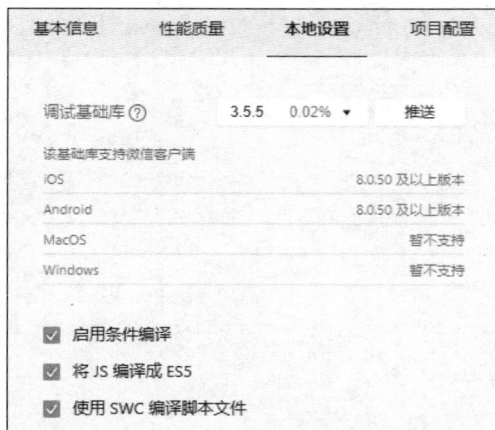

图 4-1　勾选【将 JS 编译成 ES5】复选框

4.3　小程序的模板化

思考一下，现在的代码是最佳方案吗？恐怕不是。如果其他页面同样需要显示文章列表怎么办？把列表渲染的代码到处复制/粘贴吗？这当然不是最佳选择。

借助一下编程语言中函数的思想。我们通常会将一些公共的、经常使用的业务逻辑提取成一个公共的函数，当需要在多个地方使用函数时，只需调用这个函数即可完成相应的业务。使用函数的好处是不言而喻的。

事实上，有一句话是这么描述软件开发的："编程世界里遇到的绝大多数问题都可以用封装的思想来解决。夸张一点儿来说，你所能看到的代码，其实全是封装过的代码，不是你自己封装的就是其他人帮你封装的。"

对比函数，可能在WXML文件中也需要一个类似函数的机制，让里面的某一块代码也可以作为一个函数被封装起来，然后在其他有需要的地方被调用。

小程序提供了一种称作模板的技术来支持对WXML代码的封装，但是这种封装只针对WXML代码，不能将WXML、JS和WXSS作为一个整体封装起来。

举个例子，模板技术可以将现在post.wxml里的一篇文章的骨架结构变成一个整体，单独提取到一个文件中，然后在其他需要文章的地方直接引用这个文件，这样就不需要重复编写文章的骨架，形成了一种类似函数的复用机制。其缺点就是，如果文章里有一些需要JS代码支持的业务，比如文章里有一个点赞功能，那么这个点赞功能所需要的JS代码是不能封装到模板里的，因为模板本身不支持JS代码的封装。简而言之，模板是对骨架的封装和复用，而不是对JS逻辑的封装。

新版本的小程序提供了Component这种自定义组件的机制，它可以实现"完美"的组件化。Component组件是我们后面要重点讨论的机制。其实，由于Component机制的存在，现在模板已经使用得不多了，但在某些场景下模板还是有作用的。目前我们先来看看小程序的模板是怎么回事儿。

首先来看看如何使用模板。要使用模板，自然需要先新建模板文件。在/pages/post下新建文件夹post-item，作为模板文件目录。接着在该文件夹下新建两个文件：post-item-tpl.wxml和post-item-tpl.wxss。这里模板文件名使用tpl来结尾，只是一种建议和习惯，并不是强制要求，读者可以自行定义模板名称，小程序没有对模板文件名做出限制和要求。

现在，尝试将post.wxml的<block>标签中关于文章的代码剪切并复制到post-item-tpl.wxml中，让这段代码成为一个可复用的"组件"。

```
<!-- 代码片段 模板代码 post-item-tpl.wxml-->
<template name="postItemTpl">
  <view class="post-container">
    <view class="post-author-date">
      <image src="{{item.avatar}}" />
      <text>{{item.date}}</text>
    </view>
    <text class="post-title">{{item.title}}</text>
    <image class="post-image" src="{{item.postImg}}" mode="aspectFill" />
    <text class="post-content">{{item.content}}</text>
    <view class="post-like">
      <image src="/images/icon/wx_app_collect.png" />
      <text>{{item.collectionNum}}</text>
      <image src="/images/icon/wx_app_view.png"></image>
      <text>{{item.readingNum}}</text>
      <image src="/images/icon/wx_app_message.png"></image>
      <text>{{item.commentNum}}</text>
    </view>
  </view>
</template>
```

模板相关内容必须包裹在<template>标签内，使用name属性指定模板名。这个模板名将在引用模板时使用。

当定义好一个模板后，可以在其他页面引用这个模板。现在，我们在post.wxml中引用并使用这个模板。

```
<!-- 引入定义好的template post.wxml-->
<import src="post-item/post-item-tpl.wxml"/>
    <!--省略若干代码-->
<block wx:for="{{postList}}" wx:for-item="item" wx:for-index="idx">
```

```
        <template is="postItemTpl" data="{{item}}" />
    </block>
```

注意，以上代码没有列出post.wxml中的全部代码，比如没有列出swiper相关代码。限于篇幅，只列出和当前内容相关的代码，请读者保留post页面中的swiper代码。在以后的内容中，也只会列出关键部分代码。

保存并运行代码，可以看到文章列表被正常地加载和显示。我们来分析一下上面这段代码是如何引用和使用模板的。

首先在post.wxml的顶部使用import来引用模板。对于模板的路径，这里需要注意，在当前版本中，可以在模板文件名后面加.wxml扩展名，也可以不加。但官方示例中是带有.wxml扩展名的，所以建议带上模板文件的扩展名。

在导入模板后，就可以在页面中使用这个模板了。在需要模板的位置使用<template>标签引入模板。<template>的is属性指定要使用哪个模板，这里当然要使用postItemTpl这个模板，它是我们在定义template时指定的name属性。

再次对比一下函数和模板。函数通常可以定义若干个参数，并从函数调用方传入一些数据。同样，模板也可以传入数据。通过template的data属性，可以向template传递数据。这里将wx:for得到的item传入template里，就可以在template内部使用这个item了。要注意的是，向模板里传入数据，同样要使用{{}}的数据绑定语法，比如data={{item}}。

4.4　消除模板对外部变量名的依赖

来看一个有趣的问题。我们之前讲过，列表渲染中wx:for-item可以指定数组子元素的变量名。现在，尝试将post.wxml中<block>标签里的wx:for-item="item"改成wx:for-item="item1"。这将使postList数组子元素的变量名由item变成item1。此时，如果要将数据传入postItemTpl中，则应该设置data="{{item1}}"。

做完以上变更后，再次保存并运行代码，会发现文章数据消失了，并且没有任何错误提示。没有显示数据，肯定是有问题的，再次强调，很多时候对于数据绑定的相关问题，小程序不会做任何的错误提示。

那么问题出在什么地方？之前代码可以正常运行是因为我们向template传入的变量名data="{{item}}"，恰好和template里面数据绑定的变量名item一样。但更改item为item1后，template就找不到这个item了。

类比一下函数，函数的参数名（通常称为"形参"）可以由函数自己定义，这保证了函数不受外部变量名的影响。但是模板并没有提供一个定义参数名的地方，没有办法将从外部传入的item1改为item。

当然，可以通过将postItemTpl这个template内部的item更改为item1来让代码重新正常运行，读者可以自行尝试一下，但这并不是一个好的办法。模板的好处是它可以让多个调用方来调用，这就不可能要求每个调用方都使用同样的变量名来调用模板，这种由定义方要求调用方遵守变量名命名的做法是不合理的。

要解决这个问题，就必须消除template对于外部变量名的依赖，可以使用ES6的扩展运算符"..."展开传入对象变量来消除这个问题。

将post.wxml中使用模板的地方更改为如下代码：

```
<template is="postItemTpl" data="{{...item}}" />
```

接着去掉post-item-tpl.wxml文件中{{}}里所有的item。比如，以前是{{item.postImg}}，现在更改为{{postImg}}。保存并运行，文章列表可以正常显示了。

{{...item}}可以将item这个对象展开。使用{{item}}传入模板的是对象，但是使用{{...item}}传入模板的就不再是对象了，而是对象下面的属性。

举例，假如有以下的对象

```
const data = {
name:'xiaoming',
age: 18
}
```

使用{{data}}，传入的是data这个对象本身；而使用{{...data}}，传入模板的则是name = 'xiaoming'这个字符串和age=18这个数字，不再是data这个对象了。

因此，展开对象之后再传入template，就可以保证template不再依赖item这个变量名。

ES6中的扩展运算符的应用非常广泛，建议读者深入了解一下。此外，在自定义Component组件出现后，模板就已经不怎么使用了，这里我们简单了解即可。

4.5　CSS 的模板化

在之前的几个小节里，已经成功地将WXML代码做成了模板。既然是模板，就应该有模板的样式。我们当然可以维持现在的代码不做改变，因为整个项目可以正常运行。但这样并不合理，样式同样应该作为模板的一部分被"打包"起来。

将post.wxss中与文章相关的样式（所有以post-开头的样式）全部剪切并复制到post-item-tpl.wxss文件中，post.wxss文件中只留下swiper组件相关的样式。保存代码并运行，发现post页面的样式乱了。

在定义了postItemTpl后，我们需要在post.wxml中引用它。同样，当定义了模板的WXSS文件后，也需要在post.wxss文件中引用它。引用样式文件的语法是@import "src";，在post.wxss文件的顶部添加如下代码：

```
@import "post-item/post-item-tpl.wxss";
```

在引入CSS文件时，既可以是以上代码中所使用的相对路径，也可以是绝对路径。保存后，文章列表的样式恢复正常。

这样，样式也被打包成了一个单独文件，当我们需要使用样式的时候，直接使用@import的语法导入即可，无须重复编写样式。

4.6　使用缓存在本地模拟服务器数据库

在之前的小节中，我们将文章相关数据分离到了data.js文件中，并在post.js文件里通过import来加载data.js文件。

引用并读取data.js当然没有问题，但要考虑一个问题，如果要修改数据怎么办？修改后的数据，还想共享给其他页面使用并长期保存，应该怎么办？比如，在后面的内容中，我们会增加文章的评论量、阅读量、收藏数等动态计数功能，并且当用户重启应用后这些数据不应该丢失。

我们需要一个类似于数据库的机制，可以读取、保存、更新这些数据，且这些数据不会因为应用程序重启或者关闭而消失。小程序提供了一个非常重要的特性——缓存（Storage），来支持这样的特性。

现在，将data.js文件视作本地数据库的初始化数据，我们要做的第一件事就是将这些初始化数据"装进"缓存这个"数据库"中。

4.6.1　应用程序的生命周期

在什么时候将初始化数据装载到缓存中是一个需要考虑的问题。初始化的行为在整个应用程序生命周期里只应该发生一次，所以最好的时机是在小程序启动时来装载初始化数据。

应用程序启动是一个小程序系统的行为，如果想抓住"启动时"这个时刻，并做一些我们想做的事儿，就需要系统通知我们："嗨，现在是应用程序启动的时候，你要做什么事儿，就在这个函数里做吧。"

想想之前的页面生命周期，在每一个重要的周期节点，系统都会给页面一个通知，比如onLoad、onShow、onReady等。同样地，应用程序也有自己的生命周期。

还是类比一下页面的生命周期。在页面的JS文件中，我们执行Page({object})，并在object中指定页面的生命周期函数。同样，可以在app.js文件中执行App({object})，并在object中指定小程序的生命周期函数等。

这里要提醒读者，在app.js中必须执行App({object})，而在页面中则必须执行Page({object})，绝对不能混淆。很多读者会在app.js中使用Page({object})，这会导致小程序报错。

App函数的Object参数有以下几个可选项：

- onLaunch：监听小程序初始化，当小程序初始化完成时，会触发onLaunch（全局只触发一次）。
- onShow：监听小程序显示，当小程序启动，或从后台进入前台显示时，会触发onShow（可以触发多次）。
- onHide：监听小程序隐藏，当小程序从前台进入后台时，会触发onHide（可以触发多次）。
- onError：错误监听函数，当小程序发生脚本错误或者API调用失败时，会触发onError并带上错误信息。

当然，除了以上几个系统给予的特定函数，开发者还可以添加任意函数或属性到 Object 参数中，用this可以访问这些函数和属性。

这里特别对onShow和onHide做一个说明。onHide会在小程序从前台调度到后台时触发，比如在iPhone中通过按下Home键将微信隐藏到后台时，会触发onHide；而onShow不仅在小程序启动时会触发，还会在小程序从后台调度到前台时触发，相当于是onHide的反向动作。

读者可以在开发工具中模拟应用程序的"进入后台"和"从后台显示"这两个动作，从而触发onShow和onHide。开发工具提供了Home按钮的模拟功能，读者可自行尝试进行切换操作。

4.6.2　使用 Storage 缓存初始化本地数据库

在上一小节中我们分析了，最好的初始化数据库的时机是在应用程序启动时，在app.js中加入以下代码：

```
// 代码清单 小程序启动时导入数据 app.js
import {postList} from "data/data.js"
```

```
App({
  onLaunch: function () {
    wx.setStorage({
      key: 'postList',
      data: postList,
      success(res) {
        // success
      },
      fail: function () {
        // fail
      },
      complete: function () {
        // complete
      }
    })
  },
})
```

在上面的代码清单中，首先通过import导入data.js中的数据，作为初始化数据。在应用程序生命周期函数onLaunch里，使用wx.setStorage()方法将初始化数据存入小程序的缓存中。

什么是缓存？缓存让小程序具备了本地存储数据的能力，它具有以下几个特点：

- 小程序的本地缓存有总体容量上限，最大不允许超过10MB。单个缓存的最大值为1MB。
- 只要用户不主动清除缓存，则缓存一直存在（除非缓存超过了最大上限，被系统清空）。
- 缓存以键值对的形式存在，类似于服务器编程中流行的memcache或者Redis缓存型数据库。
- 小程序提供了一系列API用来操作缓存，包括存储、读取、移除、清除和获取缓存信息等。每种操作同时具有同步和异步两个方法。
- 请注意移除和清除的区别。要移除某一个key的缓存，请使用wx.removeStorage方法；而如果想清除所有的缓存，请使用wx.clearStorage方法。
- 缓存以用户维度隔离，同一台设备上，A 用户无法读取到B用户的缓存数据。
- 注意，小程序的缓存永久存在，不存在过期时间这个概念。如果想清除缓存，则需要主动调用清除缓存的API。

关于缓存，需要提醒读者的是，缓存是有可能被微信清除的。在使用缓存时，一定要确保缓存数据最大不超过10MB，或者确保超过10MB后，即使被微信清除了部分缓存也不会影响小程序的正常运行。其实10MB缓存已经非常大了，通常不会在缓存中写入太多的数据。缓存数据往往作为临时中转站，它不是一个非常可靠的存储数据的地方。如果有重要的数据，还是建议存储在服务端，毕竟缓存并不是真正意义上的"数据库"，它不具备数据库的持久化能力和健壮性。

在本小节的代码清单中，wx.setStorage(object)是一个异步方法，参数object包含key，data和success、fail、complete这3个通用方法（关于这3个通用方法，之前反复强调，几乎所有小程序的异步API方法中都包含这3个方法，后面的内容将不再列出这些方法，请读者根据自己的需求来使用这些方法）。

key用来设置缓存的键（名字），而data用来设置缓存的值（数据），data可以是任意JavaScript数据类型（这点很方便，很多其他缓存只能设置字符串）。

运行以上代码并不会出现明显的效果，但我们可以在调试面板的【Storage】选项卡里看到如图4-2所示的数据。

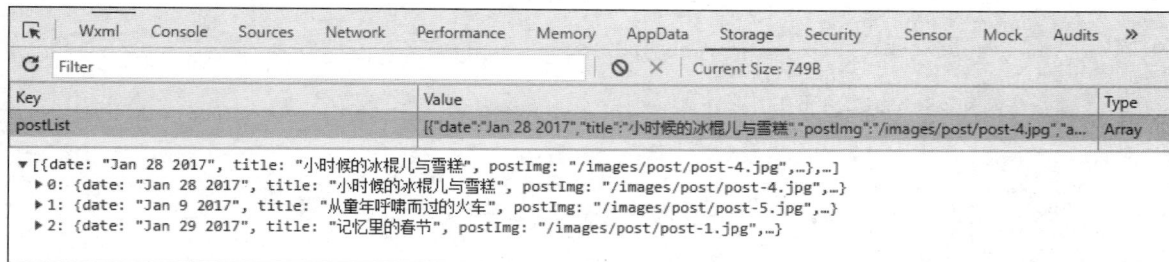

图 4-2　【Storage】面板数据情况

Key表示缓存的名称为postList；Value表示我们设置的缓存数据；Type表示缓存数据的类型，当前的缓存数据类型是Array（数组）。【Storage】面板是查看缓存的重要地方，当遇到与缓存相关的问题时，一定要到这里来看一看。

这就是我们搭建的一个简易的本地数据库，它具有增、删、改的功能。当然，它也具备简单的查询功能，但并不如MySQL这类数据库的查询功能强大。注意，将本地缓存理解为一个简易数据库的思想非常重要，我们应当像在服务器中编写数据库访问方法一样，编写一组操作自己业务缓存的通用方法，而且最好将这些方法集中在一个"类"中。这样做的好处是将大大提高代码的可阅读性与可维护性。在实际项目中，本地缓存是非常重要的功能，可以极大地改善用户体验。

所有的缓存操作方法还有一个同步的版本，用同步的方法来改写一下缓存代码：

```
// 代码清单 小程序启动时导入数据 app.js
import {postList} from "data/data.js"

App({
  onLaunch: function () {
    wx.setStorageSync('postList', postList);
  },
})
```

同步方法wx.setStorageSync()是在异步方法名wx.setStorage后加了一个"Sync"。不仅仅是wx.setStorageSync()，小程序中几乎所有同步方法的名称都是在异步方法名后增加"Sync"后缀。

同步方法的参数非常简单，它接收两个参数，分别作为要设置缓存的名称和值，例如wx.setStorageSync(key, data)。

同步方法没有success、fail、complete等回调方法。在本书的后续代码中，如果没有特殊情况，通常使用同步方法。读者可以根据自己的业务和环境选取异步方法。但要注意的是，选取异步方法会大大增加代码风险率和调试难度。如果没有必要（通常是出于性能和体验的考虑），建议优先考虑同步方法。

现在我们考虑一下缓存代码还有没有问题。

上面的代码将在小程序每次启动时，都执行一次import和一次wx.setStorage()。但实际上，缓存如果不主动清除，是一直存在的，因此完全没有必要每次启动小程序时都执行一次初始化数据库。仅当缓存不存在时，执行一次上述代码即可。

此外，如果每次小程序启动时都重新初始化缓存，那么对缓存的修改就会被初始化数据覆盖，这并不是我们想要的结果。下面对缓存代码进行修改。

```
// 代码清单：加入判断条件，防止每次启动都初始化缓存数据 app.js
// import {postList} from "data/data.js"  //需要注释掉这段代码
App({
```

```
onLaunch: function () {
  var storageData = wx.getStorageSync('postList');
  if(!storageData){
    //如果postList缓存不存在
    import {postList} from "data/data"
    wx.clearStorageSync();
    wx.setStorageSync('postList', postList);
  }
},
})
```

最顶部的import导入代码需要删除，因为我们的需求是不能每次小程序启动都导入data.js。如果小程序缓存中已经存在了数据，则无须使用import导入。而如果直接把import代码放在顶部，那么每次小程序启动时都会执行顶部的导入代码。这不符合我们的需求。

因此，首先需要判断缓存中是否有数据，如果没有再导入数据，所以我们将import代码放入if条件判断内。这里的逻辑是：如果storageData不存在，则执行导入并写入缓存。

很遗憾，上述代码逻辑没问题，但在语法上是错误的，无法运行。主要的错误在于：

```
import {postList} from "data/data.js"
```

这段导入代码只能执行静态导入，如果想把它放在if里，根据条件动态决定是否导入，是不可以的。

那么如何根据if的判断结果来动态导入数据呢?这里提供两个方案。一个是不使用ES6的import导入，而换用require这种传统的导入方式。require是可以执行动态导入的，类似如下的导入方式：

```
var dataObj = require("data/data.js")
```

这样可以将data.js中的数据导入dataObj变量里。

如果不想使用这种方式，还可以使用import()函数。注意，这里的import()是函数，不同于之前的import关键字。修改代码如下：

```
// 代码清单
// 使用import()函数动态导入模块数据
// @app.js
// 目前，执行下述代码需要打开小程序的SWC编译
App({
    onLaunch: function () {
      var storageData = wx.getStorageSync('postList');
      if(!storageData){
        //如果postList缓存不存在
        import('data/data').then(postList => {
          wx.clearStorageSync();
          wx.setStorageSync('postList', postList.postList);
        })
      }
    },
})
```

上述代码如果不开启SWC（Speedy Web Compiler）编译，则会得到如图4-3所示的错误。

这是因为小程序默认的编译和打包方式是Babel，而import()函数可能基于某些原因在babel-loader下的支持有些问题。可以通过切换到SWC编译来支持import()动态导入。当然，如果不想使用SWC编译，可以使用前面介绍的第一个方法，使用require的方式导入数据，这种方式不需要切换编译模式。这里选择开启SWC编译，总体来说SWC编译目前是一种比Babel更高效的编译方式。开启SWC编译的方式如图4-4所示，勾选【使用SWC编译脚本文件】复选框即可。

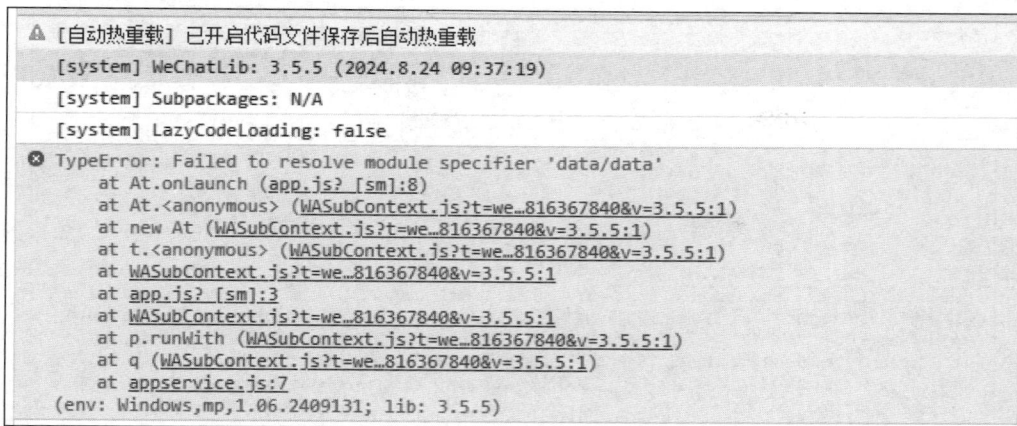

```
⚠ [自动热重载] 已开启代码文件保存后自动热重载
  [system] WeChatLib: 3.5.5 (2024.8.24 09:37:19)
  [system] Subpackages: N/A
  [system] LazyCodeLoading: false
✖ TypeError: Failed to resolve module specifier 'data/data'
      at At.onLaunch (app.js? [sm]:8)
      at At.<anonymous> (WASubContext.js?t=we…816367840&v=3.5.5:1)
      at new At (WASubContext.js?t=we…816367840&v=3.5.5:1)
      at t.<anonymous> (WASubContext.js?t=we…816367840&v=3.5.5:1)
      at WASubContext.js?t=we…816367840&v=3.5.5:1
      at app.js? [sm]:3
      at WASubContext.js?t=we…816367840&v=3.5.5:1
      at p.runWith (WASubContext.js?t=we…816367840&v=3.5.5:1)
      at q (WASubContext.js?t=we…816367840&v=3.5.5:1)
      at appservice.js:7
  (env: Windows,mp,1.06.2409131; lib: 3.5.5)
```

图 4-3   未开启 SWC 编译的错误信息

勾选后，程序可以正常运行。

wx.getStorageSync(key)方法可以获取指定key的缓存内容。如果指定key的缓存不存在，则说明数据库还没有初始化。此时首先使用wx.clearStorageSync()清除所有的缓存数据，接着重新读取并设置初始化数据。

以上代码优化了初始化缓存数据库的方案，只有当缓存数据不存在时，才会通过import()加载data.js中的数据，并写入缓存中。这样可以避免每次启动应用程序都重复初始化数据库。

开发者在进行代码测试时，可能需要进行缓存的清空操作。这可以通过单击小程序开发工具的【缓存】选项进行缓存的清除，如图4-5所示。

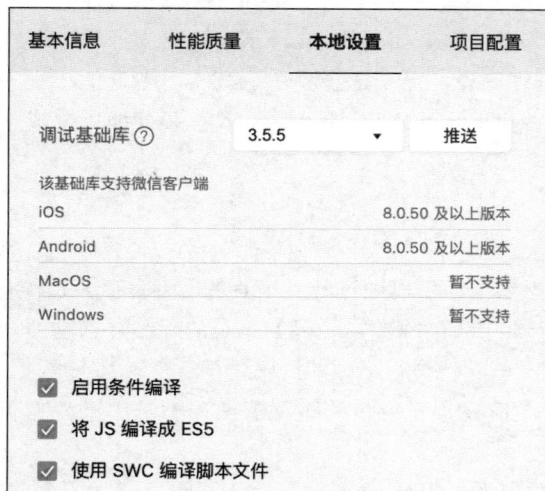

图4-4   勾选【使用SWC编译脚本文件】复选框

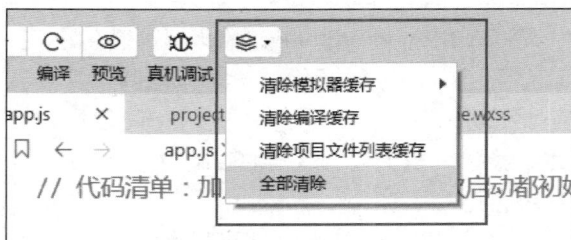

图4-5   清除缓存

现在我们初步建立了一个本地缓存数据库，后续还会持续完善这个数据库。请读者务必确保程序在执行后，缓存中是有文章数据的。可以通过调试面板的【Storage】选项查看缓存数据情况。如果设置正确，那么【Storage】面板下的数据应如图4-6所示。

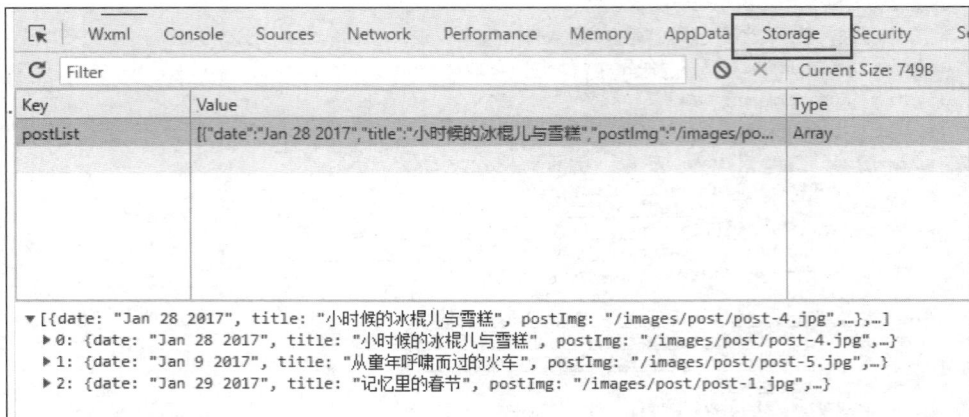

图 4-6   查看缓存情况，确保数据正确

4.6.3   Babel 与 SWC 编译

如果读者经常做Web开发，那么对Babel应该非常熟悉。早期由于JavaScript的缺陷，ECMA推出了一些新的JavaScript语言标准，但是这些新标准并不是所有浏览器都支持。因此为了保证兼容性，让开发者可以用最新的JavaScript语法编写代码，同时又能让程序运行在各种各样的浏览器上，就需要将新标准转换成传统JavaScript语法，而Babel就能完成这样的转译过程。

后面随着技术的不断发展，开发者推出了使用RUST语言编写的SWC编译器，其功能类似于Babel，但理论上其速度更快。

总的来说，SWC编译利用Rust语言的高性能特性，为JavaScript和TypeScript代码提供快速且可靠的编译服务，同时支持最新的ECMAScript标准，使得开发过程更加高效。

小程序在编译过程中同样会依靠Babel或者SWC进行编译，至于选择哪个，其实对普通的小程序影响不大，开发者可酌情考虑。但是在类似上述需要使用import()动态导入时，或者某种编译模式不支持时，就可以选择另外的编译模式。

4.6.4   缓存的强制清理及注意事项

除了使用wx.clearStorageSync()清除缓存外，在模拟器中还可以通过开发工具的【清缓存】工具进行缓存清理。单击【清缓存】工具后会弹出若干选项，其中【清除数据缓存】就是清除缓存的功能。这里要说明一下，"缓存"并不是只有数据缓存，还有一些其他缓存，比如授权缓存、登录状态等。

注意，真机上没有这样的强制清理缓存的按钮。微信设置里自带的缓存清理并不是用来清除小程序缓存的。

笔者在实际开发过程中遇到过很多由缓存引起的问题，其中大多数是因为更新了初始化数据后，忘记在手机上清除缓存，以至于没办法更新真机上的初始化数据（因为只有缓存不存在，才会重新写入缓存，参考代码里的if判断语句）。

建议的解决方案是，在开发过程中，临时在页面里增加一个按钮，单击该按钮执行wx.clearStorageSync()，强制清理缓存。这样重启应用程序后，由于本机没有缓存，因此会重新加载初始化数据。本书将在后面编写setting设置页面时，增加一个清理缓存的选项。

在处理缓存相关问题时，开发者要保持头脑清醒，否则一个小小的缓存没更新的问题，就会浪费开发者大量的时间。一个典型的案例是，更改了初始化数据里的文章图片路径，但在真机上运行时，由于缓存存在，就不会重新加载新的初始化数据。这将导致新图片一直无法显示。

另外一种思路是，在开发阶段不要做缓存是否存在的判断，每次应用程序重启时都强制更新一次初始化数据，从而保证数据一直是最新状态，最后在发布应用的时候加上缓存判断。

4.7 使用 ES6 语法编写缓存操作类

我们来构建一个可以操作缓存数据库的访问类（Class）。在JavaScript编程的世界里，似乎"类"这个概念一直都不是那么流行，相当一部分原因在于JavaScript的面向对象和我们所理解的诸如Java、C#这种经典的面向对象语言有很多的不同，这是由于JavaScript的历史原因造成的。

在JavaScript里并不是不能使用面向对象，虽然JavaScript本身不是一种面向对象的语言，但可以使用原型链的方式来实现对象的继承机制。

ES6的出现让JavaScript重新焕发了生机，模块、箭头函数、类等特性的支持，让JavaScript更加现代化。本书后续将全部使用ES6的Class来定义类。

我们用ES6的新特性Class来编写一个缓存操作类。打开db.js文件，将文件中的代码更改如下：

```
// 代码清单
// 使用ES6的class编写一个类
// @db.js
class DBPost {
  constructor() {
    this.storageKeyName = 'postList';
  }

  //得到全部文章信息
  getAllPostData() {
    var res = wx.getStorageSync(this.storageKeyName);
    return res;
  }

  // 保存或者更新缓存数据
  execSetStorageSync(data) {
    wx.setStorageSync(this.storageKeyName, data);
  }
};

export { DBPost }
```

注意，在class中定义的两个函数，是不需要function关键字的。同时，方法之间不要加","，否则会报错。这些均是ES6添加的新Javascript特性。最后ES6版本的export输出语法也非常简洁，如export {DBPost}。

在DBPost类下新增了两个方法，一个用于获取全部文章数据（getAllPostData()），另一个用于添加新的数据项（execSetStorageSync()，后面的章节会用到此方法）。

有了DBPost后，我们就不需要操作缓存获取数据了，所有获取、写入数据的操作都直接调用DBPost即可，相当于DBPost封装了操作缓存数据库的方法，隐藏了缓存的实现细节。要理解什么是封装和隐藏，以及这样做的好处，可以进一步修改post.js，看看如何使用DBPost类。打开post.js文件，修改文件中的代码。

```
// 代码清单
// @post.js
import { DBPost } from '../../data/db'
```

```
Page({
  data: {
  },
  onLoad: function () {
    const dbPost = new DBPost();
    this.setData({
      postList:dbPost.getAllPostData()
    });
  },
})
```

上述代码的逻辑非常简单，首先导入DBPost类，然后实例化这个类，并调用它的getAllPostData()方法，这个方法将返回文章数据；最后，调用this.setData()做数据绑定。可以看到，在需要文章数据时，只需调用DBPost的一个方法，无须使用wx.getStorageSync()去读取缓存了。这是因为这些烦琐的缓存操作都被隐藏在了DBPost类里，这让我们的外部代码变得很简洁。

ES6提供的Class模板让JavaScript的面向对象编程变得更加清晰，更符合现代面向对象写法。但Class仅仅是一个语法糖，其本身最终还是会被编译为传统的JavaScript代码。

当然，这里使用Class仅仅是抛砖引玉，很多读者并不习惯使用"类"的方式构建JavaScript程序。这些年关于JavaScript是否应当使用类来进行编程也有非常多的讨论，读者可自行选择。如果不习惯使用Class，可以直接在JS模块里写两个函数，一个负责读取数据，另一个负责写入数据，这不影响程序的主体。

4.8　完善文章数据

在本章的末尾，将完善文章数据，顺便看一下如何更新缓存中的初始化数据。目前，我们仅有3篇文章数据，现在再增加两篇文章数据。在data.js文件中再增加两篇文章数据，代码如下（也可以直接复制本书配套提供的源码中的data1.js文件中的代码）：

```
// 代码清单
// 新增数据
// @data.js
{
    date: "Sep 22 2016",
    title: "换个角度，再来看看微信小程序的开发与发展",
    postImg: "/images/post/post-2.jpg",
    avatar: "/images/avatar/avatar-2.png",
    content: "前段时间看完了雨果奖中短篇获奖小说《北京折叠》。很有意思的是，张小龙最近也要把应用折叠
到微信里，这些应用被他称为：小程序...",
    readingNum: 0,
    collectionNum: 0,
    commentNum: 0
},
{
    date: "Dec 28 2016",
    title: "2017 微信公开课Pro",
    postImg: "/images/post/post-3.jpg",
    avatar: "/images/avatar/avatar-4.png",
    content: "在今天举行的2017微信公开课PRO版上，微信事业群总裁张小龙宣布，微信"小程序"将于1月9日
正式上线。",
    readingNum: 0,
    collectionNum: 0,
```

```
        commentNum: 0
    }
```

　　理论上，在增加了两篇文章数据后，不需要增加任何代码，再次刷新项目后，文章列表页面中应该立刻出现这两篇文章的数据。但实际上并不是这样，post页面还是只有3篇文章的数据。原因很简单，更改了初始化数据又不清除缓存，那么缓存是不会被更新的。之前的代码会进行判断，如果缓存存在，则不会更新数据。

　　单击开发工具【清缓存】→【清除数据缓存】，再编译项目，文章列表里就有5篇文章了。

　　再次提醒，在更改了本地数据库的数据后，请务必清除一遍缓存，否则后续章节中的代码可能会报错。

4.9　完整的 data.js 数据

　　完整的data.js中的数据非常多，包括了我们目前还没有使用的数据。出于节省篇幅的目的，这里就不再贴出完整的数据了，但读者必须去源码中复制data.js中的全部数据，并替换现在Orange-Can项目中的data.js数据。

　　部分数据目前我们还没有用到，比如music数据、文章id号、文字详情数据、点赞、评论等。在后面的章节中，我们将使用这些数据。读者可自行修改文字、图片、音乐内容，但需要保持数据结构不变。

　　如果读者没有复制完整的数据，后续章节中的代码将会报错。

4.10　本章小结

　　本章围绕模块化、模板化与本地缓存展开，通过将文章数据与业务逻辑分离，实现代码解耦与复用。重点介绍了小程序模块的导入导出机制、模板的创建与变量隔离方法，以及CSS模板化的实践。基于Storage的本地缓存模拟服务器数据库，结合ES6语法实现缓存操作类的编写，为数据持久化提供支持。同时，强调了缓存生命周期管理及编译工具（Babel/SWC）的应用，为后续复杂场景开发奠定基础。

第 5 章

文章详情页面

5

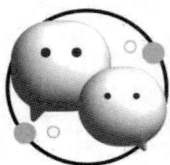

本章主要完成文章详情页面的编码工作。在本章中，将讲解小程序页面间传递参数的技巧、动态设置导航栏标题等知识。除此之外，本章还会介绍如何灵活使用Flex布局来解决CSS中的经典问题——元素居中问题。

5.1 跳转到文章详情页面

首先新建文章详情页面。在post目录下新建post-detail文件夹，在此文件夹内新建post-detail页面。那么，post页面和post-detail页面是什么关系呢？想想我们在阅读一些新闻类App时，新闻列表和新闻详情的关系是怎样的？一般来说，新闻列表展示的是某篇新闻的概要，如果用户有兴趣继续阅读，可以单击列表中的概要进入详情页面。

我们的文章列表和文章详情也是一样的关系。因此，现在需要实现的功能是：单击post页面中任意一篇文章概要（见图5-1），跳转到文章详情页面，且文章详情页显示的是被单击的文章的详情。

图 5-1　单击方框区域后跳转到 post-detail 页面

此外，还需注意，无论单击的是页面的轮播图还是文章列表，都要能够路由到post-detail页面。

下面，使用路由API来进行页面的跳转。首先，在post.wxml中的block代码块里注册一个tap事件。

```
<!-- 代码清单 -->
<!-- @post.wxml -->
<block wx:for="{{postList}}" wx:for-item="item" wx:for-index="idx">
  <template catch:tap="oJumpToDetail" is="postItemTpl" data="{{...item}}" />
</block>
```

以上代码仅在<template>上增加了一个catch:tap。

接着，在post.js中编写这个事件的响应函数oJumpToDetail()。

```
// 代码清单
// 路由到文章详情页面
// @post.js
import { DBPost } from '../../data/db';

Page({
  // 省略若干代码
  oJumpToDetail(event){
    wx.navigateTo({
      url: 'post-detail/post-detail',
    })
  }
})
```

我们先来看看oJumpToDetail(event)方法的写法。很多读者会奇怪，这种写法看起来好像不太正确。通常，我们会这样写这个方法：

```
oJumpToDetail:function(event){
  }
```

这种写法是比较传统的写法，它比较啰嗦。我们可以直接去掉function关键字，这种写法同样是ES6中新增的写法，它更加简洁，推荐读者多多使用ES6的新特性。

添加完oJumpToDetail函数后，保存并运行，在文章列表页面单击任意一篇文章。此时页面没有任何反应，也没有跳转。为什么会这样呢？

5.2　不要在<template>上注册事件

看起来似乎是事件监听函数没有响应。此时我们可以在【Wxml】面板中看一下post.wxml页面的骨架结构，如图5-2所示。

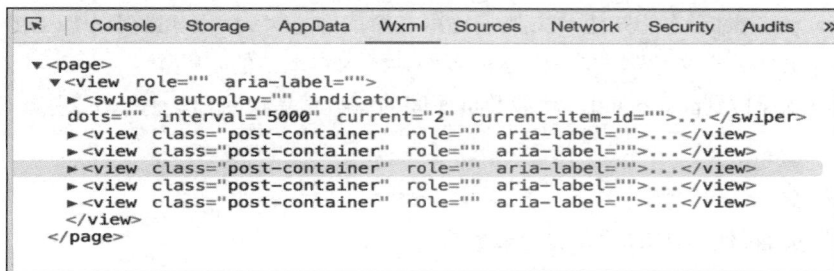

图 5-2　在【Wxml】面板中看一下 post.wxml 页面的骨架结构

可以看到，<template>标签消失了。其实，<template>标签只是一个占位符，在编译后会被<template>的模板内容替换。因此，在<template>上注册事件是无效的。

那么可以在<block>标签上注册吗？来试试，将catch:tap的事件注册到<block>标签上。

```
<!-- @post.wxml -->
<block catchtap="oJumpToDetail" wx:for="{{postList}}" wx:for-item="item"
wx:for-index="idx">
    <template is="postItemTpl" data="{{...item}}" />
</block>
```

同样不可以，因为<block>也只是占位符，也会在编译后消失。

因此，我们只有在<template>的外部增加一个view组件，将<template>包裹起来，并将catch:tap事件注册到view组件上。

```
<!-- @post.wxml -->
<block wx:for="{{postList}}" wx:for-item="item" wx:for-index="idx">
    <view catchtap="oJumpToDetail">
      <template is="postItemTpl" data="{{...item}}" />
    </view>
</block>
```

保存后，单击5篇文章中的任意一篇，就可以正确地跳转到post-detail页面了。

5.3　页面间传递参数的 3 种方式

在上一节中，我们实现了从文章列表页面跳转到文章详情页面，但目前post-detail页面没有内容。

现在思考一下，我们目前有5篇文章，理论上，当我们单击不同的文章时，post-detail应该显示不同的内容。但我们只有1个post-detail页面，怎么显示不同的文章内容呢？

这其实一个经典的"动态"和"静态"的问题。如果我们用"静态"的思维考虑页面显示问题，要显示5篇不同的文章，就需要5个post-detail页面。

事实上，这不可能做到。因为这里的数字"5"只是示例数据做了5个，在真实的项目里，每天可能有成百上千篇文章或者新闻要发布，我们不可能准备对应数量的post-detail页面。

只有1个post-detail，怎么显示不同的文章内容？如果我们用"动态"的思维考虑这个问题就能解决。post-detail页面并不固定显示某一篇特定的文章，而是根据用户的"单击"来动态决定，用户单击哪篇文章，post-detail就加载那篇文章的数据并展示，这样页面就可以灵活地展示不同的文章详情了。

要正确展示post-detail的内容，首先需要将文章的id由post页面传递到post-detail页面，只有知道要显示文章的id，post-detail才能知道要去加载哪篇文章的数据。为什么id需要从post传到post-detail？因为用户是在post页面单击文章列表，只有post页面知道用户单击的是哪个文章。

要实现将id由post传到post-detail，就涉及页面间的参数传递。目前，有以下3种参数传递方式：

（1）使用全局变量。

（2）使用缓存。

（3）通过在页面路由的URL中加入id参数传递。

基本上参数的传递只有以上3种方式。关于第1种全局变量传递参数的方式将在后面讲解，第2种缓存的传参方式，读者在学习完缓存后应该很容易想到。只需要在缓存中写入一个临时变量，记录当前用户单击的文章的id，再在post-detail页面中读取这个临时变量就可以了。

第1和第2种方式都涉及全局变量，虽然可行，但笔者不推荐使用这种污染全局的传参方式，而且我们的需求仅仅是在两个页面间传递参数，完全不需要干扰全局。因此，这里选用第3种方式来做页面间的参数传递。

此外，还有一种事件通道（EventChannel）机制，也可以传递参数，但较为复杂。笔者认为最简单的还是使用第3种方式。

5.3.1　文章 id 的确定与传递思路

我们的需求是：用户单击post页面中的一篇文章，详情页面就显示这篇文章的详情。post-detail页面要显示文章详情，就需要知道对应文章的id。那么这个id从哪里来？如图5-3所示。id由用户在post页面单击产生，然后将id传递到post-detail页面。

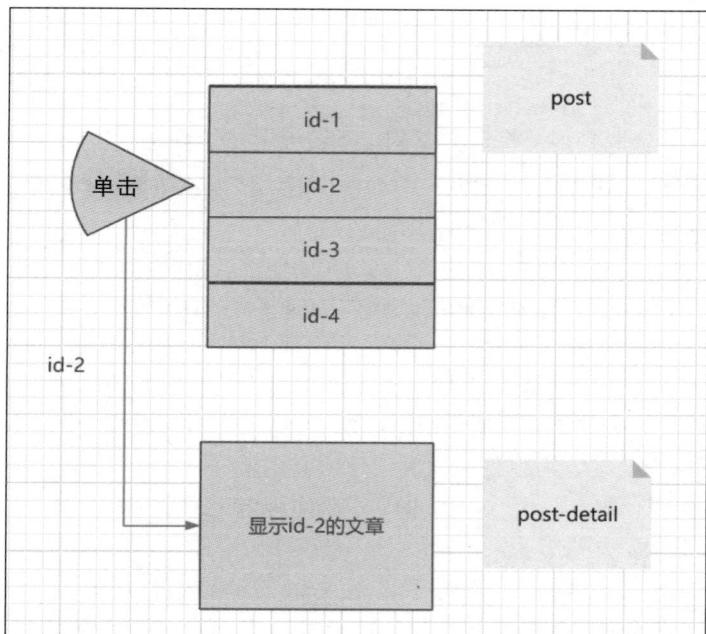

图 5-3　文章 id 的确定及传递思路

因此，首先需要在post.js中获取文章的id，然后将文章id通过参数传递的第3种方式从post页面传递到post-detail页面。

每篇文章的id号（我们命名为postId）已在之前的小节中加入data.js文件里了，所以当前文章对象（item）中就包含了这个postId。首先将item.postId绑定到每一篇文章的WXML中，使postId成为文章WXML的一个属性。

绑定postId的方法很简单，就如同绑定文章的date、title等属性一样。post.js文件的代码无须改动，只需对post.wxml文件做一下改动即可。打开post.wxml文件，做以下修改：

```
<!-- 代码清单：绑定文章的postId -->
<!-- @post.wxml -->
<block wx:for="{{postList}}" wx:for-item="item" wx:for-index="idx">
  <view catchtap="onTapToDetail" data-post-id="{{item.postId}}">
```

```
        <template is="postItemTpl" data="{{...item}}" />
    </view>
</block>
```

在以上代码中，我们在view组件里增加了一个属性data-post-id="{{item.postId}}"。保存并运行代码后，打开调试中的【Wxml】面板，文章页面的骨架如图5-4所示。

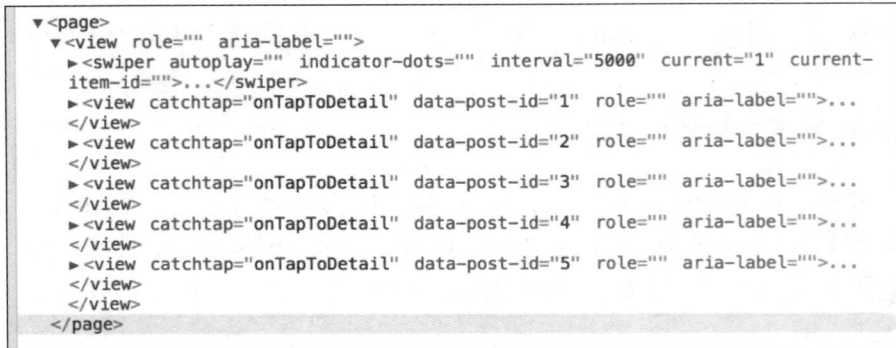

```
▼<page>
  ▼<view role="" aria-label="">
    ►<swiper autoplay="" indicator-dots="" interval="5000" current="1" current-
      item-id="">...</swiper>
    ►<view catchtap="onTapToDetail" data-post-id="1" role="" aria-label="">...
    </view>
    ►<view catchtap="onTapToDetail" data-post-id="2" role="" aria-label="">...
    </view>
    ►<view catchtap="onTapToDetail" data-post-id="3" role="" aria-label="">...
    </view>
    ►<view catchtap="onTapToDetail" data-post-id="4" role="" aria-label="">...
    </view>
    ►<view catchtap="onTapToDetail" data-post-id="5" role="" aria-label="">...
    </view>
  </view>
</page>
```

图 5-4　绑定 postId

从图5-4中可以很明显地看到，每篇文章的id都被绑定在了该文章的view组件的data-post-id属性上。这种以"data-"开头的机制，被称为"自定义属性"。

5.3.2　组件的自定义属性

每个组件都有一些预定义好的原生属性，比如image组件有src属性、swiper组件有autoplay属性等，但有时候，由于业务的需求，开发者需要在这些组件上新增一些用于自己业务的属性。

比如，需要在post页面中的每篇文章上记录其id，怎么绑定这个id呢？微信提供的view组件并没有提供这样一个id属性。这个时候就需要我们自己来"创造"一个id属性，用于记录这篇文章的id。

小程序规定，可以由开发者为组件新增属性，但需要遵守一定的规则，这个规则也非常简单：所有自定义属性都需要以"data-"开头，"data-"后面可以追加多个单词作为自定义属性名，每个单词之间需要以"-"分隔。

因此，当我们想为文章增加一个用于记录文章的id的属性时，可以给这个属性起名叫"postid"，而postid由两个单词组成，每个单词需要以"-"分隔，加上强制以"data-"开头，那么最终的属性名应定义为"data-post-id"。注意，自定义属性名最好不要使用大写字母开头，并用小写字母和"-"连接。

5.3.3　event 事件对象

下面需要探讨的是，如何在JS文件里获取到用户单击的那篇文章的id。

当用户单击某篇文章后，小程序会产生一个单击事件（tap），而每篇文章上其实都有一个监听函数catch:tap=onJumpToDetail。通过这个监听函数，可以获取到一个事件对象（event），而这个事件对象中就有我们需要的文章id。

修改post.js文件中的onJumpToDetail函数：

```
// 代码清单：用户单击文章后会触发的监听函数
// @post.js
onJumpToDetail(event){
```

```
  var postId = event.currentTarget.dataset.postId;
  console.log(postId);
  wx.navigateTo({
    url: 'post-detail/post-detail?id=' + postId,
  })
}
```

在上述代码中，通过event.currentTarget.dataset.postId可以获取当前用户单击文章的postId。这些属性的意义如下：

- event事件对象是小程序框架在调用onJumpToDetail函数时传递的参数，里面包含了很多描述事件的数据。
- 在event事件对象中，有一个currentTarget代表当前事件发生的组件，在本示例里，也就是用户单击的那个组件。
- 重点是dataset对象，dataset对象包含当前事件组件中所有自定义属性值（也就是属性名以"data-"开头的属性）。

我们已经在每篇文章的view组件上绑定了data-post-id，所以不管用户单击哪个view，这个view产生的tap事件对象中都包含了绑定的data-post-id。

这里再总结一下组件自定义属性名的规则：

- 必须以"data-"开头。
- 多个单词由连字符"-"连接。
- 单词中最好不要有大写字母，如果有大写字母，则需要按照驼峰命名规范进行转换。
- 在JS文件中获取自定义属性值时，多个单词将被转换驼峰命名。

看起来很复杂，但举几个例子就非常清楚了，如表5-1所示。

表5-1　组件自定义属性命名

组件的自定义属性名	dataset 中的变量名
data-post	dataset.post
data-post-id	dataset.postId
data-pOST-ID	dataset.postId
data-postId	dataset.postid

这个规则不需要记忆，当需要在event中获取时，实时查看一下最终的落地名称即可。

在获取到postId后，将postId附加在路由URL的query参数中：

```
url: 'post-detail/post-detail?id=' + postId
```

这样，当路由到post-detail页面时，就可以通过某种方式获取到这个id参数了。

5.3.4　获取页面参数值

再来看看如何在post-detail页面中获取postId。在post-detail.js文件中添加以下代码：

```
// 代码清单：获取id参数
// @post-detail.js
Page({
  data:{},
```

```
onLoad(options){
    const postId = options.id;
  },
})
```

post页面传递的参数是通过post-detail页面的onLoad函数里的options参数来获取的。options参数由小程序框架传递。

注意，这里options.id中的"id"必须同navigateTo的URL中的问号后的参数名称保持一致。比如，在路由URL的query参数中使用的是name=postId，则这里要相应地使用options.name。我们在传递参数时使用的是id=postId，所以这里获取时就要使用options.id。

5.4　编译模式与场景值

现在我们主要的代码编辑工作集中在post-detail页面，但每当保存刷新或者重新编译小程序后，项目都将从welcome页面启动。我们不得不依次单击启动页面、文章列表，才能进入文章详情页面，以预览文章详情的效果，这相当麻烦。

当然，我们可以使用之前调整app.json中数组首项的方式，将post-detail页面路径设置为app.json中pages数组的第一项，但手动来回更改pages数组非常麻烦。

在新版本小程序中，官方提供了一个【编译模式】的功能，可用于定义小程序的编译模式。什么是编译模式？听起来好像很高端，但其实编译模式的主要功能就是让我们指定小程序的启动页到底是哪一个。图5-5展示了默认的编译模式——普通模式。它位于小程序顶部的工具栏中。我们单击【添加编译模式】后打开设置页面，如图5-6所示。

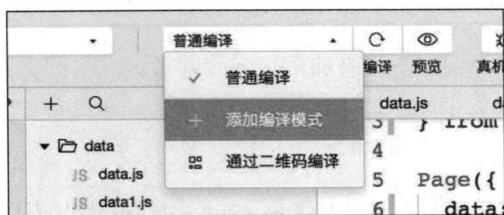

图5-5　工具栏的编译模式选项

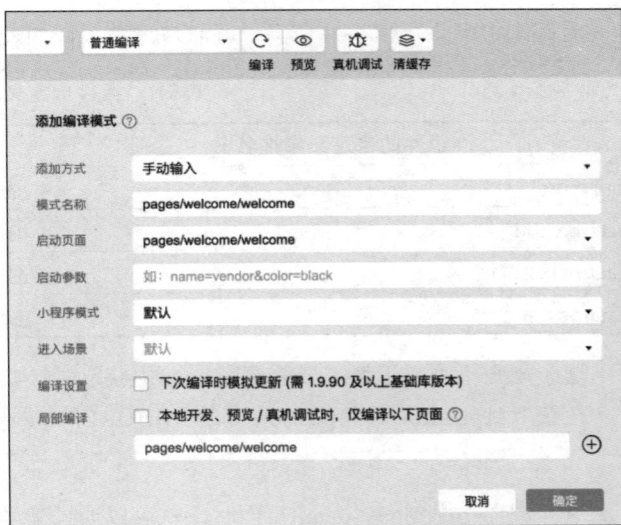

图5-6　编译模式选项细节

编译模式主要有以下几个选项：

- 【模式名称】：给编译模式起个名字，命名由开发者决定，建议设置成页面路径，比如pages/post/post-detail/post-detail。通常，【模式名称】我们不主动指定，当我们选择启动页面时，小程序会自动将模式名称命名为启动页面的路径；如果不满意，开发者可自行修改。

- 【启动页面】：你想让小程序启动时显示哪个页面就填写哪个页面的路径。
- 【启动参数】：要附加到页面路径后的参数，类似于之前我们附加在post-detail页面路径后的文章id。如果启动页面需要接收多个参数，可以在【启动参数】里指定。
- 【进入场景】：所谓场景就是打开小程序的方式。
  - 在模拟器中，启动小程序的方式非常单一，只能通过【编译】启动小程序。但当小程序上线后，打开小程序的方式就有多种。比如，可以通过扫描二维码的方式打开小程序；也可以通过他人的分享打开小程序；还可以通过微信发送的模板消息打开小程序。
  - 如果开发者需要知道小程序具体都有哪些不同的打开方式，可以通过【进入场景】看到。场景值对于小程序数据统计与分析来说，有非常重要的意义，小程序也可以通过不同的场景来判断用户的需求和来源。

现在，我们将【启动页面】一栏中的路径设置为post-detail页面的启动路径pages/post/post-detail/post-detail，【启动参数】设置为id=2。这样做的目的是，可以在post-detail页面中通过onLoad函数的options.id获取到这个值，这个值其实是用来模拟文章id的（因为直接进入post-detail页面，是没有用户单击操作的，自然无法获取到文章id，所以需要模拟这个参数）。

保存并刷新页面，项目将直接进入post-detail页面，不再出现welcome启动页。同时可以发现，以这种方式打开的post-detail页面无法返回到post页面，因为这种模式并不是通过post页面路由到post-detail页面的，所以实际上post页面根本就没有加载。

另外，可以通过"&"连接多个页面参数，比如id=2&name="xiaoming"，可同时将两个参数传递到post-detail页面中。

有了以上功能，就可以非常方便地调试post-detail页面。如果想再次从welcome页面进入，只需单击【普通编译】即可。

5.5 读取文章详情数据

现在，我们已经在post-detail页面中拿到了文章id，接下来需要根据这个id去缓存数据库中读取文章详细数据，并使用数据构建文章详情页面。

所有对于缓存数据库的操作，我们都会放在DBPost对象中。打开db.js，增加和修改部分代码。

```
// 在DBPost类中新增或修改以下代码
// @db.js
constructor(postId) {
    this.storageKeyName='postList';
    this.postId=postId;
}

//获取指定id的文章数据
getPostItemById() {
    const postsData = this.getAllPostData();
    const len = postsData.length;
    for (let i = 0; i < len; i++) {
        if (postsData[i].postId == this.postId) {
            return {
                // 当前文章在缓存数据库数组中的序号
                index: i,
```

```
            data: postsData[i]
          }
        }
      }
    }
```

注意，以上代码只标注出了相关修改和增加的代码，并非全部代码。

首先修改constructor构造函数，增加一个构造参数postId，并将postId保存到this变量中。接着增加一个方法getPostItemById，用于获取指定id的文章数据。

DBPost修改完毕后，我们尝试在post-detail.js中调用DBPost类中的getPostItemById()函数，获取当前文章数据。获取到文章数据后，使用this.setData显示当前文章数据。

```
// 修改post-detail.js
import {DBPost} from '../../../data/db.js'

onLoad (options) {
  var postId = options.id;
  this.dbPost = new DBPost(postId);
  this.postData = this.dbPost.getPostItemById().data;
  this.setData({
    post: this.postData
  })
},
```

注意，在上述代码中，必须在首行导入db.js模块下的DBPost类，然后使用new实例化DBPost，再将dbPost对象保存在变量this中，这样以后如果要再次使用DBPost，则不需要重新实例化这个对象，只需使用this.dbPost引用这个对象即可。

5.6　一张图理解小程序的事件与页面参数传递

我们来总结并梳理一下，post-detail.js是如何从初始化数据中拿到文章id，并最终通过id来获取文章详情数据的，如图5-7所示。

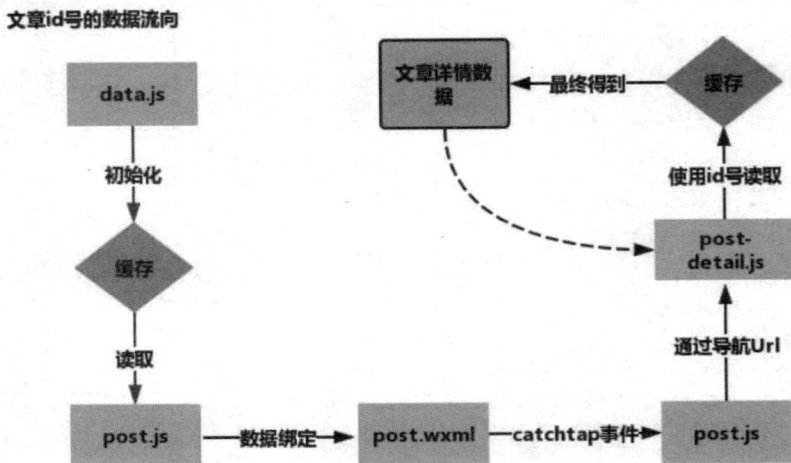

图 5-7　图解文章数据获取逻辑

文章id最初是存在于data.js中的，通过一系列的事件操作，最终被传递到post-detail.js中。一旦post-detail.js拿到了文章id，该页面就可以根据id来获取文章详情数据了。

5.7　编写文章详情页面

现在我们已经在post-detail中获取了文章id，并通过DBPost查询到了该文章的相关数据，随后用this.setData函数做了文章数据的数据绑定。下面，我们来编写文章详情页面的骨架和样式。在post-detail.wxml中加入以下页面骨架代码：

```
<!-- @post-detaio.wxml -->
<view class="container">
 <image class="head-image" src="{{post.postImg}}"></image>
 <text class="title">{{post.title}}</text>
   <view class="author-date">
     <view class="author-box">
      <image class="avatar" src="{{post.avatar}}"></image>
      <text class="author">{{post.author}}</text>
     </view>
     <text class="date">{{post.dateTime}}</text>
   </view>
   <text class="detail">{{post.detail}}</text>
</view>
```

注意，代码中{{}}中的数据绑定语法一定要正确，否则无法读取数据。此外，请确保已将本书配套提供的源码中的data.js的数据复制到了项目中。保存并运行代码，post-detail页面将显示这些文章数据。

然而，整个页面的样式是错乱的，因为还没有编写post-detail页面的WXSS文件。整个post-detail.wxss的样式代码较多，请读者自行从源码中将WXSS样式复制到项目中。

保存并刷新页面后，文章详情页面将正确地显示出来。

5.8　垂直居中问题的经典解决方法

我们在编写CSS时，很多时候都会面临如何将两个元素垂直居中对齐的问题。比如在post-detail页面中，如何将作者名称（author）和作者头像（avatar）垂直居中对齐。

在2.6节中已经介绍了Flex布局，这里就来看看如何使用Flex布局解决这个问题。

```
/* 节选自post-detail.wxss */
/* @post-detail.wxss */
{
 display:flex;
 flex-direction: row;
 align-items: center;
}

.avatar {
 height: 50rpx;
 width: 50rpx;
}

.author {
```

```
font-weight: 300;
margin-left: 20rpx;
color: #666;
}
```

以上代码摘自post-detail.wxss。解决思路如下：将avatar和author用一个容器包裹起来（author-box），使用display:flex将该容器设置为Flex盒子模型，使用flex-direction:row指定Flex的方向为row。

关键的代码是align-items:center，这将使Flex盒子里的元素在交叉轴方向上居中。在本例中，主轴是水平方向（因为设置flex-direction为row），所以交叉轴是垂直方向，即align-items:center将控制垂直方向居中。

可以对比一下welcome页面是如何使头像、文字和按钮这3个元素水平居中的。welcome页面中设置了flex-direction：column，所以主轴是垂直方向，align-items:center将控制交叉轴——水平方向上的居中。小程序对于Flex的支持相当完善，建议多使用Flex进行元素布局。

5.9 动态设置导航栏标题

本节将介绍如何在页面导航栏中设置标题。导航栏是页面最顶部的一块区域，如图5-8所示。

图 5-8　导航栏

它现在光秃秃的，没有任何文字。通常，导航栏应该显示一段文本，表示当前页面的功能、作用或者标题。那么，如何在小程序中设置当前导航栏的文字呢？

这里提供两种方法：

（1）通过配置的方式。
（2）通过API函数来动态设置。

第一种方式，适合导航栏文字永远固定不变的情况，比如将当前页面的导航栏设置为"新闻"。但如果想根据当前新闻的具体内容来设置新闻的标题，这种固定不变的方式就不合适。这种情况应使用API函数来动态设置标题。

我们可以使用小程序提供的API——wx.setNavigationBarTitle()来动态设置导航栏中的标题。遵照官方文档的说明，在post-detail.js中加入以下代码：

```
// 设置页面导航栏标题
// @post-detail.js
onReady:function(){
    wx.setNavigationBarTitle({
        title: this.postData.title
    })
}
```

按照文档的描述，我们在页面生命周期函数onReady中调用了wx.setNavigationBarTitle(object)方法。它接收一个object参数，其中title属性被设置为当前文章的标题。设置效果如图5-9所示。

图 5-9　导航栏文本效果

读者在今后的开发实践中，可根据自己的需要选择配置的方式或者API函数的方式来设置导航栏标题。如果导航栏中的文本固定不变，则选择配置的方式；如果文本需要动态改变，则选择API函数的方式。

5.10　本章小结

本章聚焦文章详情页面的实现，涵盖页面路由、参数传递、数据绑定与交互优化。通过对比组件属性、事件对象、场景值等3种传参方式，明确不同场景下的适用逻辑。针对页面布局难点（如垂直居中），提供经典解决方案，并动态设置导航栏标题以提升用户体验。最终整合事件处理与数据读取，完成详情页面的完整开发，强化了页面间协作与细节处理能力。

第 6 章

评论与收藏

本章内容有一定的难度，但其中的技巧和知识非常丰富。本章通过编写几乎所有内容型应用都会附带的"收藏""评论""计数"等功能，来介绍小程序的交互反馈组件、缓存应用、图片选择和预览、屏蔽关键字、发送评论等功能。

6.1 收藏、评论、计数功能准备工作

本节将连续实现3个非常有意思的功能，这些功能在内容型应用中非常常见，分别是收藏、评论和计数。我们先来编写收藏和评论的功能按钮。在post-detail.wxml中新增一段关于阅读工具栏的代码。

```
<!-- 评论、收藏按钮代码 -->
<!-- @post-detail.wxml -->
<view class="container">
    // 省略部分代码
    <view class="tool">
        <view class="tool-item comment" catchtap="onCommentTap"
data-post-id="{{post.postId}}">
            <image src="/images/icon/wx_app_message.png"></image>
            <text>{{post.commentNum}}</text>
        </view>
        <view class="tool-item" catch:tap="onCollectionTap"
data-post-id="{{post.postId}}">
            <image src="/images/icon/wx_app_collect.png" />
            <text>{{post.collectionNum}}</text>
        </view>
    </view>
</view>
```

在post-detail.wxml页面的container中添加了一段<view class="tool">的相关代码。该代码实现了收藏和评论这两个功能按钮。每个功能按钮都绑定了对应的单击事件。注意，在view组件上的catch:tap属性中，注册了一个事件响应函数onCollectionTap。除此之外，我们还在每个功能按钮上使用data-post-id绑定了当前文章的id。

两个功能按钮的样式代码请参考post-detail.wxss。

保存代码并刷新后，两个功能按钮将出现在post-detail页面的正下方，如图6-1所示。

图 6-1　评论与收藏按钮

6.2　文章收藏功能

接下来实现文章收藏功能。文章收藏的需求分析如下：

（1）当前页面在显示时，需要确定收藏状态是已收藏还是未收藏：如果是已收藏，则显示已收藏的图标；如果是未收藏，则显示未收藏的图标。

（2）用户单击收藏按钮后，如果当前页面是未收藏状态，则变为已收藏状态，同时图标需要进行切换；如果当前页面是已收藏状态，则反之。

（3）以上两点只是收藏的UI层面的变化，对于收藏状态的变更，还需要将新状态更新到服务器数据库中，以便记录用户对于当前文章的收藏状态。

（4）除了收藏状态之外，还需要显示收藏当前文章的用户总数量，即有多少用户收藏了当前文章。

当页面从post跳转到post-detail时，我们就需要知道该文章是否已被用户收藏，因为需要决定到底是显示收藏状态还是未收藏状态。

一篇文章最开始的收藏状态是存储于data.js的原始数据中的，我们使用collectionStatus属性表示文章是否已被收藏，这个变量是Boolean类型，值为true表示已收藏，值为false表示未收藏。那么如何根据collectionStatus变量的取值来决定收藏图标的状态呢？

6.2.1　条件渲染：wx:if 与 wx:else

上一节我们聊到，collectionStatus的取值只有两种：true或者false。我们需要做的是，当collectionStatus的值为false时，显示未收藏状态的图标；而当collectionStatus的值为true时，显示收藏状态的图标，如图6-2所示。

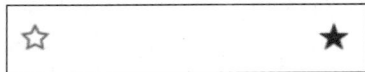

图 6-2　左为未收藏，右为收藏

以上需求是不是就是编程中非常经典的if else？如果WXML组件也像JavaScript代码一样有if else，就可以解决动态显示收藏图片的问题。下面来看看如何实现这个功能。

小程序提供了wx:if与wx:else来实现条件渲染。当条件表达式的结果为true时，执行wx:if，否则执行wx:else。修改收藏按钮的WXML代码如下：

```
<!-- 修改收藏按钮代码 -->
<!-- @post-detail.wxml -->
<view class="tool-item" catchtap="onCollectionTap" data-post-id="{{post.postId}}">
  <image wx:if="{{post.collectionStatus}}" src="/images/icon/wx_app_collected.png" />
  <image wx:else src="/images/icon/wx_app_collect.png" />
  <text>{{post.collectionNum}}</text>
</view>
```

在上述代码中，我们添加了两个image组件，分别是收藏和未收藏时需要显示图片。这两个image 组 件 各 有 一 个 wx ： if 和 wx ： else 属 性 。 当 post.collectionStatus 为 true 时 ， 将 显 示 wx_app_collected.png 图 片 ； 而 当 post.collectionStatus 为 false 时，将显示wx_app_collect.png图片。

由于我们已经在data.js文件中将部分文章的收藏状态初始值设置为true，因此保存并运行项目，发现所有collectionStatus 为 true 的 文 章 ， 其 收 藏 状 态 图 片 都 将 显 示 为 wx_app_collected.png。读者可以从post页面单击不同的文章以查看其收藏状态是否符合data.js里的取值，如图6-3所示。

wx:if与wx:else的条件渲染在小程序中被大量使用，不仅可以用来做图片的切换，还可以用来控制元素的显示和隐藏。wx:if可以单独使用，并不一定要同wx:else一起使用。

除此之外，条件渲染还可以做多级别的if else，下面的示例代码将展示这种用法。

图 6-3　收藏状态的切换

```
<!-- 示例代码-->
<view wx:if="{{length > 5}}"> 1 </view>
<view wx:elif="{{length > 2}}"> 2 </view>
<view wx:else> 3 </view>
```

如果变量length的取值大于5，则显示数字1；如果变量length的取值大于2且小于或等于5，则显示数字2；如果以上条件都不满足，则显示数字3。我们还可以添加更多的elif分支，以实现更多级别的条件判断，其使用逻辑同JavaScript里的if else完全一致。

6.2.2　实现收藏单击功能

在前面的小节中，我们仅仅在post-detail页面加载时读取了当前用户是否收藏该文章的状态，并正确地设置和显示了这个状态。但是，我们最终的需求是不仅能够显示初始状态，还能够通过单击切换收藏/未收藏状态。

我们继续完善DBPost这个数据库操作类。在db.js的DBPost类中添加一个collect方法，用以处理文章的收藏操作。

```
// 收藏文章的方法
// @db.js
collect(){
    return this.updatePostData('collect');
}
```

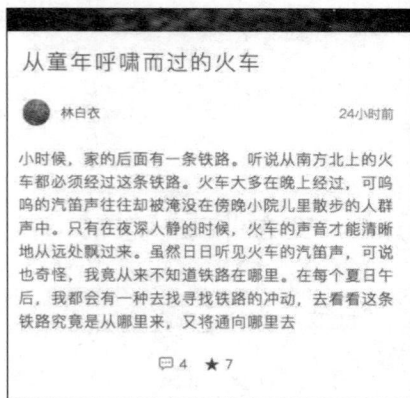

在该方法中调用了DBPost类的updatePostData方法，这个方法我们还没有编写。下面在DBPost类中添加updatePostData方法，该方法是处理评论、收藏的核心方法。

```
// 进行评论、收藏的核心方法
// @db.js
  updatePostData(category) {
   const itemData = this.getPostItemById()
   const postData = itemData.data
   const allPostData = this.getAllPostData()
   switch (category) {
    case 'collect':
     //处理收藏
     if (!postData.collectionStatus) {
      //如果当前状态是未收藏
      postData.collectionNum++;
      postData.collectionStatus = true;
     } else {
      // 如果当前状态是收藏
      postData.collectionNum--;
      postData.collectionStatus = false;
     }
     break;
    default:
     break;
   }
   // 更新缓存数据库
   allPostData[itemData.index] = postData;
   this.execSetStorageSync(allPostData);
   return postData;
  }
```

我们目前仅处理收藏这一种操作，后续将继续在DBPost类的switch case语句中添加评论、阅读计数等处理分支。

这样，DBPost就具备了处理文章收藏的能力。当用户单击收藏按钮后，在单击事件函数中调用DBPost的updatePostData()方法即可。

处理文章收藏操作的事件函数是onCollectionTap，这个事件函数已在之前的代码中被注册在了收藏功能按钮上，但这个函数还没有实现。我们只需在post-detail.js中编写这个方法即可。

```
// 收藏功能的具体实现
// @post-detail.js
onCollectionTap(event) {
    //dbPost对象已在onLoad函数里被保存到了this变量中，无须再次实例化
    const newData = this.dbPost.collect('collect');
    //重新绑定数据。注意，不要将整个newData全部作为setData的参数
    //应当有选择地更新部分数据
    this.setData({
      'post.collectionStatus': newData.collectionStatus,
      'post.collectionNum':newData.collectionNum
    })
  }
```

加入以上方法后，我们在单击收藏按钮时就会发现，收藏按钮进行了一次动态切换，同时收藏数量也进行了相应的+1或者-1。很多开发者可能还不太习惯使用数据绑定的方式来做样式、状态的切换，但数据绑定的写法确实非常简化、方便。我们只需要在JS文件中改变各类变量的状态和值，视图层组件就会响应我们的操作，动态地做出变化。

6.2.3　交互反馈 wx:showToast

现在，我们已经实现了文章的收藏与取消收藏功能，但收藏功能的体验并不好，用户在收藏和取消收藏后没有任何交互反馈提示。目前，小程序提供了以下若干交互反馈API来帮助开发者处理交互相关的问题：

- wx.showToast：显示短提示消息。
- wx.hideToast：隐藏短提示消息。
- wx.showModal：显示模态（无法自动消失，需要手动关闭）对话框。
- wx.showActionSheet：显示操作菜单。
- wx.showLoading：显示"等待"提示。
- wx.hideLoading：隐藏"等待"提示。

我们选用wx.showToast(object)来制作文章收藏功能的交互反馈。在post-detail.js的onCollectionTap后加入下面的代码：

```
// 在收藏后，显示一个信息提示
// @post-detail.js
onCollectionTap(event) {
    // 省略若干代码
    wx.showToast({
        title: newData.collectionStatus ? "收藏成功" : "取消成功",
        duration: 1000,
        icon: "success",
        mask:true
    })
}
```

其中，object参数的title属性用于设置提醒消息的内容；duration属性用于设置提醒的自动消失时间，默认值为1500毫秒，这里改成了1000毫秒，即1秒；icon参数可以设置一个小图标，其取值只能是success、loading和none。当设置为none时，不显示任何图标。

mask指定是否显示透明的蒙层，默认值为false。当有蒙层存在时，用户不能单击页面的任何内容。mask主要用来防止用户连续单击收藏按钮。

读者可查看将mask设置为true和false时的不同效果：当mask为true时，连续单击收藏图标，图标不会连续做出收藏/取消收藏的响应；当mask为false时，就会不停地响应用户的单击操作。

wx.showToast的效果如图6-4所示。

图 6-4　短消息提示的效果

6.3　本地缓存的重要性及应用举例

提供本地的键值对缓存机制是小程序的一大特点，善用本地缓存将极大地改善客户端的体验与服务器的性能。在前几个小节中，我们大量地使用了本地缓存来模拟服务器的数据库。这样做一方面是因为我们并没有真实的服务器（需要在第16章才会接入云开发），必须依靠客户端的缓存能力来记录数据。另一方面是因为即使拥有远程服务器用于存储数据，在某些场景下也依然需要在前端存储缓存数据。

　　举个例子，如果我们要实现一个城市列表的功能，就必然要获取全国所有城市的信息。全国大概有600多个城市，难道每次打开应用都要去服务器取城市数据吗？城市的数据相对稳定，并不会频繁变化，每次都去服务器加载是对流量和服务器性能的严重消耗。因此，最好的解决方案就是将城市数据保存在本地缓存中，而不是每次都去服务器请求数据。

　　在一个高性能的产品中，缓存的重要性是不言而喻的。建议读者将本地缓存视作一个本地的键值对数据库，并封装一些类和公共方法，提供给项目中的各个调用方。最好不要让getStorage、setStorage等方法充斥在项目的每一个角落。

　　Orange-Can项目中的DBPost类就是一个不错的示例，它实现了对缓存的良好管理，并向调用方提供了一系列可读性非常强的API。建议读者参考DBPost并将这种思路应用到自己的项目中。

6.4　支持文字、图片、拍照、语音上传的文章评论

　　评论文章不仅可以发表文字，还可以上传图片和语音。评论页面将使用一个全新的post-comment页面，它是post-detail的子页面。我们将通过单击评论按钮来跳转到post-comment页面。

　　首先，在post目录下新建文件夹post-comment，并在此文件夹下新建post-comment页面。post-comment将作为post-detail的子页面。在post-detail.js中添加以下代码：

```
onCommentTap (event) {
  const id = event.currentTarget.dataset.postId;
  wx.navigateTo({
    url: '../post-comment/post-comment?id=' + id
  })
}
```

　　在用户单击评论按钮后，页面将附加当前文章的id并跳转到post-comment页面。

6.5　文章评论页面的实现思路与步骤

　　构建文章评论页面的思路如下：

　　（1）加载并显示当前文章已存在的评论。
　　（2）实现添加新评论的功能。

　　这个思路是一种适用于大部分前端功能的通用思路，先显示已有的，再添加新的。
　　我们来按照以下步骤逐步构建整个文章评论模块的相关功能：

01 在 post-comment.js 中获取当前文章评论数据。
02 编写 post-comment 页面的 WXML 和 WXSS 文件，显示文章评论数据。
03 编写添加新评论的功能。

6.6　获取并绑定文章评论数据

在data.js中，在《从童年呼啸而过的火车》这篇文章下面模拟了4条评论数据（comments数组）。按照上一节中分析的思路，首先应当从缓存数据库中读取这4条数据，并将其绑定到WXML文件中。在post-comment.js中增加以下代码：

```
// 导入评论数据，并做数据绑定
// @post-comment.js
import { DBPost } from '../../../data/db.js';

Page({
  data: {},
  onLoad (options) {
    const postId = options.id
    this.dbPost = new DBPost(postId)
    const comments = this.dbPost.getCommentData()

    // 绑定评论数据
    this.setData({
      comments: comments
    });
  }
})
```

以上代码首先引入了DBPost缓存数据库操作类，同时在onLoad函数里接收由post-detial.js传递过来的postId，接着实例化DBPost类，再调用DBPost类的getCommentData函数得到评论数据，最后使用this.setData将评论数据绑定到WXML文件中。很明显，DBPost类中缺少getCommentData函数，现在来编写这个函数。在db.js的DBPost类中新增以下代码：

```
// 从缓存中获取评论数据
// @db.js
getCommentData() {
  const itemData = this.getPostItemById().data;
  itemData.comments.sort(this.compareWithTime); //按时间降序
  const len = itemData.comments.length;
  let comment;
  for (var i = 0; i < len; i++) {
    // 将comment中的时间戳转换成可阅读格式
    comment = itemData.comments[i];
    comment.create_time = getDiffTime(comment.create_time, true);
  }
  return itemData.comments;
}
```

在 getCommentData 函数中，还调用了 compareWithTime() 和 getDiffTime() 这两个函数。compareWithTime()用于将评论按照时间降序排列，保证最新的评论在最上方，这符合评论显示的习惯；getDiffTime将评论的时间戳转换为"多少分钟前，多少小时前，昨天，月日"这样的格式，更方便用户了解评论的时间点。下面我们来实现这两个方法。

在db.js中添加compareWithTime函数，代码如下：

```
compareWithTime(value1,value2) {
  const flag=parseFloat(value1.create_time) - parseFloat(value2.create_time);
```

```
        if(flag<0){
            return 1;
        }else if(flag>0){
            return -1
        }else{
            return 0;
        }
    }
```

接着实现getDiffTime函数。这个函数通用性较强，我们可以将其视为公共函数。在根目录下新建文件夹util，在util文件夹下新建util.js文件，并在该文件中新增getDiffTime函数。此函数的实现没有难度，鉴于函数较长，就不在书中展示代码了。读者可自行去源码中查看这个函数的定义和实现。

在getDiffTime函数中还调用了Date的format方法。format方法同样位于util中。需要注意的是，format方法被添加在了Date的原型链上，这样所有Date类型的变量都将自动拥有format方法。最后还需要将getDiffTime函数从util.js模块中导出。

util中的所有函数我们均简单介绍，不在书中摘录。建议读者可以直接将util模块复制到项目中，这些并不是小程序的核心内容，只是常用的JavaScript工具。

这样util.js模块就编写完成了。为了在db.js中引用这个模块，需要在db.js中导入util.js模块。在db.js的顶部添加以下代码：

```
// 导入util.js工具模块
// @db.js
import {getDiffTime} from '../util/util.js'
```

编写完以上代码后，DBPost类的getCommentData函数就完成了。现在，在post-comment.js的onLoad函数里就可以正确获取文章的评论数据。读者可自行在onLoad函数中使用console.log(comments)来验证一下是否能够正确获取到文章评论。

需要注意的是，我们只在《从童年呼啸而过的火车》这篇文章里设置了4条评论数据，其他文章是没有评论数据的。读者可根据自身的需求修改data.js中的初始化数据，添加其他文章的评论数据。注意，修改完data.js后，一定要用开发工具清除缓存，并重新运行项目，之后更改才能生效。

图6-5展示了输出的《从童年呼啸而过的火车》这篇文章的评论数据。

```
▼(4) [{…}, {…}, {…}, {…}]
  ▶0: {username: "青石", avatar: "/images/avatar/avatar-3.png", create_time: "2017-01-18 1…
  ▶1: {username: "水清", avatar: "/images/avatar/avatar-2.png", create_time: "2016-12-06 1…
  ▶2: {username: "赤墨", avatar: "/images/avatar/avatar-1.png", create_time: "2017-01-16 0…
  ▶3: {username: "林白", avatar: "/images/avatar/avatar-4.png", create_time: "2017-01-17 0…
   length: 4
```

图 6-5　打印出的文章评论数据（部分）

comments数组中包含了4个Object对象，每一个对象代表着一条评论。我们的每条评论可支持文本、图片和录音3种类型。读者可以对比一下图6-5中的数据，在该属性下，img数组是评论中的图片；txt是评论中的文本；而audio是评论中的音频。注意，img是数组，txt是字符串，而audio是对象。对于一条评论，我们需要制定以下几条规则，以防止功能过于复杂：

- 图片类型评论最多只能包含3张图片。
- 音频类型评论只能包含一条音频。
- 一条评论可以同时包含文字和图片。
- 音频类型评论不能包含文字和图片。

在下一节中，我们将编写post-comment页面的WXML和WXSS文件来显示这些已绑定的数据。

6.7　显示文章评论数据

读取到文章评论数据后，我们需要编写post-comment页面的WXML和WXSS文件以显示这些数据。在post-comment.wxml中增加以下代码：

```
<!-- 评论页面的骨架结构 -->
<!-- @post-comment.wxml -->
<view class="comment-detail-box">
  <view class="comment-main-box">
    <view class="comment-title">评论………（共{{comments.length}}条）</view>
    <block wx:for="{{comments}}" wx:for-item="item" wx:for-index="idx">
      <view class="comment-item">
        <view class="comment-item-header">
          <view class="left-img">
            <image src="{{item.avatar}}"></image>
          </view>
          <view class="right-user">
            <text class="user-name">{{item.username}}</text>
          </view>
        </view>
        <view class="comment-body">
          <view class="comment-txt" wx:if="{{item.content.txt}}">
            <text>{{item.content.txt}}</text>
          </view>
          <view class="comment-voice" wx:if="{{item.content.audio &&
item.content.audio.url}}">
            <view data-url="{{item.content.audio.url}}" class="comment-voice-item"
catchtap="playAudio">
              <image src="/images/icon/wx_app_voice.png" class="voice-play"></image>
              <text>{{item.content.audio.timeLen}}''</text>
            </view>
          </view>
          <view class="comment-img" wx:if="{{item.content.img.length!=0}}">
            <block wx:for="{{item.content.img}}" wx:for-item="img">
              <image src="{{img}}" mode="aspectFill"></image>
            </block>
          </view>
        </view>
        <view class="comment-time">{{item.create_time}}</view>
      </view>
    </block>
  </view>
</view>
```

整个代码里所用到的知识点都已经在前面的内容中讲过了，我们重点来看看上述代码中的几个wx:if条件渲染：

- 第17行，这里的wx:if将判断item.content.txt有没有值，如果没有，那么整个view都不会显示；如果有，就将显示文字评论。

- 第20行，这里的wx:if将判断audio是不是空值，如果不是空值，接着判断audio这个对象的url有没有值，只有满足这两个条件才会显示音频评论。
- 第26行，这里的wx:if将判断img数组是不是空，如果不是空，将显示多张图片。

正如之前提到的，wx:if的应用是非常灵活的，读者应当理解这种用法。post-comment的WXML文件编写完后，还需要编写post-comment的样式。post-comment.wxss中的样式代码共有300行左右，均是标准的CSS，我们就不在书中列出了，CSS不是本书的讲解重点，属于Web开发基础知识。建议读者直接将本书源码中的post-comment.wxss代码复制到当前的项目中。

保存并运行代码，post-comment将显示如图6-6所示的界面。

如果此时我们尝试去单击第二条评论的语言播放，就会发现它并没有效果，原因是初始化数据中的语音给的是一个假的URL。这里只是为了展现语音评论的显示效果，在第7章中我们将真实地新增和播放语音评论。

图 6-6　添加样式后的评论页面效果

6.8　previewImage 实现图片预览

在上一节中，所有的图片都以固定尺寸显示，并将image的mode设置为了aspectFill。本节将为图片添加预览功能。所谓图片预览，类似于微信朋友圈中的九宫格图片，单击一张图片后，可以全屏滑动浏览。

我们无须编写图片预览插件，小程序已经提供了图片预览的接口：wx.previewImage(object)。其中object参数有以下两个重要属性：

- current：当前显示图片的链接，不填则默认为urls中的第一张。
- urls：需要预览的图片链接列表，类型为数组。

这里要注意的是，urls是一个数组，可以支持多张图片。它实际上类似于一个相册，可以左右滑动查看多张图片。修改post-comment.wxml中class="comment-img" 这个view组件内容。

```
<!-- 新增评论图片预览 -->
<!-- @post-comment.wxml -->
<view class="comment-img" wx:if="{{item.content.img.length!=0}}">
  <block wx:for="{{item.content.img}}" wx:for-item="img" wx:for-index="imgIdx">
    <image src="{{img}}" mode="aspectFill" catch:tap="previewImg"
data-comment-idx="{{idx}}" data-img-idx="{{imgIdx}}"></image>
  </block>
</view>
```

相比原有的代码，以上代码增加了以下属性：

- 在每一张图片上注册了一个事件catch:tap="previewImg"，用来响应单击图片的操作。
- 在<block>标签上新增wx:for-index="imgIdx"，用以定义图片序号。
- 在每一张图片上绑定了一个自定义属性data-comment-idx="{{idx}}"，用来绑定当前评论在评论数组中的序号，并在previewImg方法中获取这个序号。idx已在<block wx:for="{{comments}}" wx:for-item="item" wx:for-index="idx">标签中定义。
- 在每一张图片上绑定一个自定义属性data-img-idx="{{imgIdx}}"，用来绑定图片在图片数组中的序号，并在previewImg方法中获取这个序号。

接着在post-comment.js中新增previewImg方法。

```
previewImg(event) {
    //获取评论序号
    const commentIdx = event.currentTarget.dataset.commentIdx
    //获取图片在图片数组中的序号
    const imgIdx = event.currentTarget.dataset.imgIdx
    //获取评论的全部图片
    const imgs = this.data.comments[commentIdx].content.img;
    wx.previewImage({
        current: imgs[imgIdx],    // 当前显示图片的http链接
        urls: imgs                // 需要预览的图片的http链接列表
    })
}
```

注意wx.previewImage的用法，它接收一个Object对象，对象的urls数组中定义了一组需要预览的图片，每张图片需要一个URL指定地址；而current定义了当前展示的图片。完成以上代码后，保存并刷新项目。

这时，我们会发现单击评论中的某一张图片后能打开图片预览窗口，但图片并不会显示出来。wx.previewImage在当前版本中有以下情况会造成无法预览图片：

- wx.previewImage只能预览位于网络中的图片，而无法预览本地图片。初始化数据中的图片是位于本地的，所以无法预览。读者可以将data.js文件中的文章评论图片地址更换为以http或https开头的网络图片地址。
- 除了网络地址和本地地址，还有一种地址是小程序的临时文件地址，这种图片是可以在开发工具中预览的。后面介绍wx.chooseImage方法时所上传的图片就是临时文件。

因此，这里不能预览的原因是展示的图片是本地图片。在真实的项目里，图片是由用户上传的，由于用户上传的图片是临时文件，就可以通过wx.previewImage看到图片相册了。所以，暂时将这个不能预览图片的问题放一放。

6.9 实现提交评论

在前几节中我们完成了评论的显示功能，本节将实现如何提交一条文本类型的评论。提交评论的功能区域示例如图6-7所示。

由于评论支持文本、语音和图片，因此提交区域也需要支持这几种类型的评论数据。单击提交功能区域最左侧的声音图标，将由文本评论类型切换到语音评论类型；单击右边的【+】按钮可以选择图片和拍照。

图 6-7　提交评论对话框效果

我们一步一步地完成以上各项功能。首先需要完成的是文本类型评论的提交功能。在
post-comment.wxml文件中新增一段代码，以显示评论区域。

```
<view class="comment-detail-box">
  <view class="comment-main-box">
   <!--省略若干代码-->
  </view>

  <view class="input-box">
    <view class="send-msg-box">
      <view hidden="{{useKeyboardFlag}}" class="input-item">
        <image src="/images/icon/wx_app_keyboard.png" class="comment-icon keyboard-icon"
catchtap="switchInputType"></image>
        <input class="input speak-input {{recodingClass}}" value="按住 说话"
disabled="disabled" catchtouchstart="recordStart" catchtouchend="recordEnd" />
      </view>
      <view hidden="{{!useKeyboardFlag}}" class="input-item">
        <image class="comment-icon speak-icon" src="/images/icon/wx_app_speak.png"
catchtap="switchInputType"></image>
        <input class="input keyboard-input" value="{{keyboardInputValue}}"
bindinput="bindCommentInput" placeholder="说点什么吧……" />
      </view>
      <image class="comment-icon add-icon" src="/images/icon/wx_app_add.png"
catchtap="showMedia"></image>
      <view class="submit-btn" catchtap="submitComment">发送</view>
    </view>
  </view>
</view>
```

评论区域的CSS代码这里就不再贴出了，请读者打开本书源码的post-comment.wxss文件自行查看
和复制。编写完WXML和WXSS代码并保存后，将得到如图6-8所示的效果。

下面对post-comment.wxml里的新增代码的关键部分做一些解释。

- <view hidden="{{useKeyboardFlag}}" class="input-item">表示录音输入框。
- <view hidden="{{!useKeyboardFlag}}" class="input-item">表示键盘输入框。

以上两个评论框由useKeyboardFlag这个Boolean变量来控制显示或者隐藏，从而实现录音和键盘
输入模式的切换。useKeyboardFlag变量的取值由catchtap="switchInputType"事件来控制，在这个事件
的处理函数中，我们会改变useKeyboardFlag的值。

- catchtouchstart="recordStart"和catchtouchend="recordEnd"将开启和结束录音。
- <input class="input keyboard-input">实现文字内容的录入。关于input组件的使用，我们将在
  6.12节详细介绍。

图 6-8　全评论页面效果

- catchtap="showMedia" 将 实 现 向 内 容 中 添 加 图 片 和 拍 照 选 择 框 的 功 能 ； 而 catchtap="submitComment" 将实现评论内容的提交功能。

　　整个页面较为复杂，但它并不是小程序的核心知识，而是属于HTML的知识。读者可以直接复制源码。

6.10　wx:if 与 hidden 控制元素的显示和隐藏

　　在小程序中，最常用的显示/隐藏UI元素的方法有两种：一种是之前介绍的wx:if，另外一种是hidden。我们特地在上一节的代码清单中使用了hidden这种方式来控制元素的显示和隐藏效果。

```
<view hidden="{{useKeyboardFlag}}" class="input-item">
<view hidden="{{!useKeyboardFlag}}" class="input-item">
```

　　hidden的使用方式与wx:if类似，都是通过一个状态变量来控制元素的显示和隐藏。hidden取值为true时，当前元素显示，否则隐藏。那么wx:if和hidden之间有什么异同吗？

　　wx:if的切换和渲染机制较为复杂。当wx:if进行切换时，小程序有一个局部渲染的过程（局部渲染指不会刷新整个页面，只对需要条件切换的节点做渲染），它会确保条件块在切换时销毁并重新渲染。

　　相比之下，hidden就简单得多了，它只是简单地控制显示与隐藏。

　　总结一下：在需要频繁切换的情景下，用hidden更好；无须频繁切换时，用wx:if较好。

6.11　实现文字评论框和语音评论框的切换

编写完页面的WXML和WXSS文件后，我们来继续编写这些组件的业务逻辑。首先来实现"按住说话"和"说点什么吧…"这两个组件的切换效果。之前提到过，实现语音和文字评论框切换效果的关键是控制useKeyboardFlag这个变量。在post-comment.js文件中添加下面的代码：

```
// 添加切换评论类型的开关变量
// @post-comment.js
 data: {
     useKeyboardFlag: true,
  },
```

以上代码在post-comment.js中新增一个useKeyboardFlag变量作为控制变量。useKeyboardFlag初始值为true，将导致评论框默认为文本输入。

接着编写switchInputType方法来切换useKeyboardFlag这个控制变量。在post-comment.js中添加下述方法：

```
//切换语音和键盘输入
//@post-comment.js
switchInputType(event) {
   this.setData({
      useKeyboardFlag: !this.data.useKeyboardFlag
   })
}
```

此时，单击评论框最左侧的小图标，将可以实现语音评论框和文字评论框的相互切换效果。

接下来要实现文字评论的发送。在实现发送文字评论功能之前，需要学习一个非常重要的组件：input。

6.12　input 组件详解

input组件是最为重要的数据输入组件，比如输入评论信息时就需要用到这个组件。input组件的属性非常多，下面仅列出较为常用的一些属性：

- valueString：用于设置输入框的初始内容。
- typeString：input组件目前有4种类型，即text、number、idcard、digit，默认是text类型。
- passwordBoolean：如果设置为true，就会用*号来遮蔽输入，默认值为false。
- placeholderString：输入框为空时的占位符。所谓占位符，就是当输入框内没有任何用户输入时默认显示的文字，比如post-comment页面文字输入框中默认显示的"说点什么吧…"。
- disabledBoolean：用于设置是否禁用input组件，默认值为false。
- maxlengthNumber：最大输入长度。设置为-1时不限制最大长度，默认值为140。

以上是input的常用属性。接下来看看input组件的4个事件，这4个事件才是input组件的重点和难点：

（1）bindinput。

（2）bindfocus。

（3）bindblur。

（4）bindconfirm。

注意，以上事件和我们常用的通用事件（比如tap事件）是有区别的。它们是由小程序框架直接指定的，不需要在事件名称前添加catch和bind，千万不要写成bindbindinput或者catchbindinput。

此外，以上4个事件都属于非冒泡事件，这是它们和catch、bind等通用前缀事件的重要区别。形如catchtap的事件通常是冒泡事件。下面先来看看bindinput事件。

bindinput事件较为特殊，具有以下几个特点：

- 当用户输入字符时触发。
- 每当用户输入或者删除一个字符时，bindinput事件都会被触发一次。
- 可以在事件响应函数中使用return返回一个字符或者字符串，该字符串将替换输入框的显示文本。
- 此事件非常适合用来实现"即时搜索"的功能。

再来看看bindfocus事件。它在input组件获取焦点时触发。我们将在第10章中看到这个事件的用法。

接下来是bindblur事件。当input组件失去焦点时触发。

最后是bindconfirm事件。用来捕获用户在真机上单击键盘上的"完成"按钮。通常在用户单击"完成"按钮后，我们需要获取用户输入的信息，就可以通过bindconfirm事件中的event事件对象来获取。具体使用方式，后续通过案例来讲解。

6.12.1　bindinput 事件

考虑到一些特殊的输入法键盘或者用户的习惯，我们除了支持单击真机键盘上的【完成】按钮发送文字评论外，还实现了一个自定义的【发送】按钮（部分机型的键盘可能不支持【完成】按钮）。

分析一下，在单击【发送】按钮后，我们需要将用户的评论提交并显示，那么在单击【发送】按钮后，就需要能够获取到用户在评论框中输入的数据。因此，实现自定义发送评论的第一步就是在JS文件中获取输入框中的数据。

我们可以使用input组件的bindinput事件来获取input组件中的用户数据。在post-comment.js文件中新增以下代码：

```
// 通过事件函数的event参数获取用户评论数据
bindCommentInput(event) {
    var val = event.detail.value;
    console.log(val);
    this.data.keyboardInputValue = val;
}
```

使用事件的event对象下的detail.value来获取input的输入值。我们在代码中加入了一段console.log(val)，一起来看看bindinput事件是如何响应用户输入的。在输入框中不断输入任意字母，比如q，再不断地删除q，可以看到如图6-9所示的Console结果。

可以看到，每次输入一个q都会触发bindinput事件，并输出当前的input值；每次删除一个字母q同样会触发bindinput事件，并输出当前的input值。

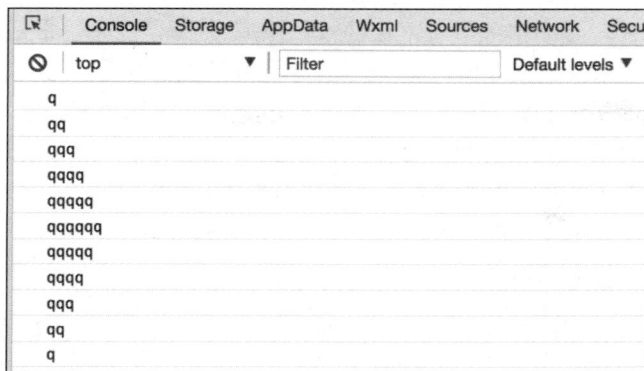

图 6-9　input 组件的输入效果

6.12.2　屏蔽评论关键字

bindinput事件还有一个有意思的特性，就是在事件响应函数中可以返回一个值来代替当前的输入值，并显示在input组件中。下面一起来看一下效果。

```
bindCommentInput (event) {
    var val = event.detail.value;
    return val + "+";
}
```

将bindCommentInput函数内部的代码临时更改为以上代码（注意，在测试完毕后还原成之前的代码）。保存代码后，在input组件中不断地输入字母q，input组件会显示如图6-10所示的内容。很明显，每次输入的q都会被替换为"q+"并显示在input中，如图6-10所示。

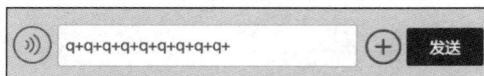

图 6-10　input 组件的返回效果

这个返回的机制非常适合用来过滤关键字。比如，如果不想让用户输入"qq""微信"等关键字，就可以用这种方式强制将其过滤掉。我们以屏蔽"qq"这个关键字为例，来看看如何实现屏蔽关键字。

```
//@post-comment.js
bindCommentInput (event) {
    var value = event.detail.value;
    var pos = event.detail.cursor;
    if (pos != -1) {
        var left = event.detail.value.slice(0, pos);
        console.log(left);
        //计算光标的位置
        pos = left.replace(/qq/g, '*').length;
    }

    //直接返回对象，可以对输入进行过滤处理，同时可以控制光标的位置
    return {
        value: value.replace(/qq/g, '*'),
        cursor: pos
    }
}
```

以上代码实现了当用户输入"qq"时，自动被替换成"*"。注意，最后返回的是一个Object对象，该对象的value表示要替换的文本值，而cursor表示光标所处的位置。

这里解释一下cursor这个属性。cursor意为光标，用来定位光标位置，它本身是一个数字。用户输入的字符只能位于光标所处位置。提供这个属性，主要是方便用户输入。通常，光标应处于文本末端，这样用户可以直接在后面输入文本，而不需要单击文本重新确定光标位置。

其实如果我们不需要关心光标的位置，只需要以下几行代码：

```
bindCommentInput(event) {
    var value = event.detail.value;
    return value.replace(/qq/g, '*')
}
```

也就是说，返回的值可以是一个复杂的Object对象，也可以是一个简单的字符串，这取决于开发者的需求。如果想控制光标，则可以返回Object对象；而如果只是想返回一段文本，则可以直接返回字符串。

当用户在输入框中输入"hello qq orange qq"后，input组件只会显示如图6-11所示的文字。

图 6-11　屏蔽关键字的效果展示

6.12.3　实现自定义发送按钮

在实现自定义发送按钮功能之前，请将bindCommentInput函数恢复成如下代码（如果想屏蔽关键字，可参考上一节的代码）：

```
//@post-comment.js
bindCommentInput (event) {
    var val = event.detail.value;
    console.log(val);
    this.data.keyboardInputValue = val;
},
```

发送按钮的事件响应函数是submitComment。在post-comment.js的Page函数中添加以下代码：

```
// 提交用户评论
submitComment (event) {
  var newData = {
    username: "青石",
    avatar: "/images/avatar/avatar-3.png",
    // 评论时间
    create_time: new Date().getTime() / 1000,
    // 评论内容
    content: {
        txt: this.data.keyboardInputValue
    },
  };
  if (!newData.content.txt) {
    // 如果没有评论内容，就不执行任何操作
    return;
  }
  //保存新评论到缓存数据库中
  this.dbPost.newComment(newData);
```

```
    //显示操作结果
    this.showCommitSuccessToast();
    //重新渲染并绑定所有评论
    this.bindCommentData();
    //恢复初始状态
    this.resetAllDefaultStatus();
  }
```

在submitComment()中首先构建了一条新的评论newData。需要注意的是，newData中硬编码了当前的用户名，头像分别是"青石"和"avatar-3.png"。当组装完newData的评论对象后，我们还需要经过以下4个步骤：

01 将 newData 保存到缓存数据库，以便下次打开评论页面时可以显示这条 newData。

02 显示评论发表成功的提示。

03 将当前发表的评论添加到评论列表中，显示这条新添加的评论。

04 清空 input 组件，准备接收下一条评论。

以上4个步骤分别对应着上面代码片段最末尾的4个方法调用。

首先来完成步骤1。在db.js的DBPost类中新增newComment方法，用来保存新评论到缓存数据库中。

```
 // 发表评论
// @db.js
  newComment(comment) {
    this.updatePostData('comment', comment);
  }
```

该方法内部再一次调用了this.updatePostData方法。我们来修改一下updatePostData方法，让它能够支持"新增评论"。完整的updatePostData如下：

```
//更新本地的点赞、评论信息、收藏、阅读量
// @db.js
  updatePostData(category, comment) {
    const itemData = this.getPostItemById()
    const postData = itemData.data
    const allPostData = this.getAllPostData()
    switch (category) {
      case 'collect':
        //处理收藏
        if (!postData.collectionStatus) {
          //如果当前状态是未收藏
          postData.collectionNum++;
          postData.collectionStatus = true;
        } else {
          // 如果当前状态是收藏
          postData.collectionNum--;
          postData.collectionStatus = false;
        }
        break;
      case 'comment':
        postData.comments.push(comment);
        postData.commentNum++;
        break;
      default:
        break;
    }
    allPostData[itemData.index] = postData;
```

```
        this.execSetStorageSync(allPostData);
        return postData;
    }
```

相比之前的updatePostData方法，我们为该方法新增了一个参数comment，用以接收新的评论数据；接着在case中新增了一个case 'comment' 分支，用来处理新增评论。

这样步骤1就完成了。接着编写步骤2，显示评论发表成功的提示。在post-comment.js中新增showCommitSuccessToast方法：

```
    //评论成功
    //@post-comment.js
    showCommitSuccessToast () {
        //显示操作结果
        wx.showToast({
            title: "评论成功",
            duration: 1000,
            icon: "success"
        })
    }
```

以上代码将完成步骤2。下面来编写步骤3，将当前发表的评论添加到评论列表中。在传统网页中，如果要插入一条评论，需要新增一个DOM节点，并将这个DOM节点插入HTML的DOM树中。而在小程序中，没有DOM，也只有一种方式可以操作数据，即数据绑定。不存在"新增一个DOM，再将DOM节点插入DOM对象数组中"这样的思路。以下是重点，非常重要，因为几乎所有的现代前端框架都遵循这样的思路来新增一条数据：

如果需要在已有的 n 条评论中插入一条新评论，并显示这 $n+1$ 条评论，只能先将这条新数据加入原 n 条评论的数组中，然后将这 $n+1$ 条评论全部重新做数据绑定。请读者牢记这个思路。

> 当然，有些开发者会认为用数据绑定需要全部重新渲染数据，这似乎在效率上会比较低下。不用担心，小程序的底层会有一些方法来优化其效率，真实情况是，底层并不会全部重新渲染所有数据，而是会有一些算法来优化这个过程。

这些都是框架底层的逻辑，读者无须关心。

现在，我们在post-comment.js的Page方法中新增以下方法：

```
    // 重新加载评论数据
    // @post-comment.js
    bindCommentData() {
        const comments = this.dbPost.getCommentData();
        // 绑定评论数据
        this.setData({
            comments: comments
        });
    }
```

以上方法重新去缓存数据库中加载全部的评论，并再次使用this.setData将全部评论进行数据绑定。

最后完成步骤4，清空input组件，准备接收下一条评论。清空input组件的方法很简单，将input组件的value属性重置为空字符串即可。在post-comment.js的Page方法中添加以下代码：

```
    //将所有相关的按钮状态、输入状态都恢复到初始化状态
    //@post-comment.js
    resetAllDefaultStatus () {
        //清空评论框
```

```
    this.setData({
        keyboardInputValue: ''
    });
  }
```

resetAllDefaultStatus 方法重新设置了 keyboardInputValue，将其值设置为空字符串。注意，keyboardInputValue在之前的代码中已经被绑定到了input组件的value属性上了，所以此时将其设置为空字符串将清空输入框。

完成以上4个步骤后，保存并运行代码。先在输入框中输入一段文字，再单击右侧的【发送】按钮，一条评论就会出现在评论列表中，且这条评论位于评论列表的顶部。

6.12.4　完善发送功能

到目前为止，我们已经实现了自定义发送按钮发送评论的功能。本节再来实现在模拟器中单击键盘上的回车键发送评论和在真机中单击键盘上的"完成"发送评论的功能，完善发送功能。

如果想在模拟器或者真机中实现发送评论消息的功能，可以使用以下两个由input组件提供的事件：

（1）Bindblur：失去焦点时触发的事件，当用户单击回车键后，input组件将失去焦点，从而触发bindblur事件。

（2）bindconfirm：可以在真机上响应键盘的"完成"单击事件，同时也可以在模拟器中响应键盘的"回车"单击事件。

以bindconfirm举例，在post-comment中修改input组件为如下代码：

```
<!-- 支持手机键盘及模拟器键盘发送功能 -->
<!-- @post-comment.wxml -->
<input class="input keyboard-input" value="{{keyboardInputValue}}"
    bindconfirm="submitComment"
    bindinput="bindCommentInput"
    placeholder="说点什么吧……" />
```

我们仅在input组件上新增了一个bindconfirm事件，这个事件的响应函数与自定义发送按钮所响应的事件函数相同，都是submitComment。这样就可以同时实现自定义发送按钮发送评论、模拟器回车发送评论和真机上单击"完成"发送评论的功能。

6.13　本章小结

本章以评论与收藏功能为核心，深入实践用户交互与本地存储的结合。通过wx:if/hidden实现条件渲染，结合showToast增强操作反馈，完成收藏功能；依托Storage实现评论数据的本地化管理，支持图文混排与语音输入。重点解析input组件、bindinput事件及关键字过滤逻辑，并通过自定义按钮与多模式切换（文字/语音）提升评论体验，全面覆盖用户输入与数据展示的完整流程。

第 7 章

使用组件库

7

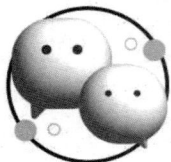

本章我们以Vant-Weapp组件库为例来学习如何在小程序中使用基于npm的组件库。

7.1 为什么使用组件库

图7-1是一个拍照和照片选择功能页面，如果不借助任何组件，而是自己实现这个功能，实际上非常烦琐，你可能需要200行代码才能实现。

其实，这种图片选择的功能，是前端开发中非常常见的一种功能。如果使用Vue或者React开发，是不需要自己编写的，因为其他人已经编好了类似的功能，我们只需要直接引入他人的功能模块使用即可。但之前的小程序没有组件化机制，所以想直接使用别人的模块并不方便。

小程序发展到今天已经有了一种被称为"自定义组件"的机制。这种机制可以让我们很方便地使用其他人开发的组

图 7-1　拍照与照片选择功能

件库，比如上述图片选择与预览功能，我们就可以使用别人已经编写好的组件库。

自定义组件是现代化前端框架中非常重要的开发理念。关于自定义组件，我们将在第10章中详细探讨。本章主要带领读者领略一下使用别人已经开发好的自定义组件库的魅力。

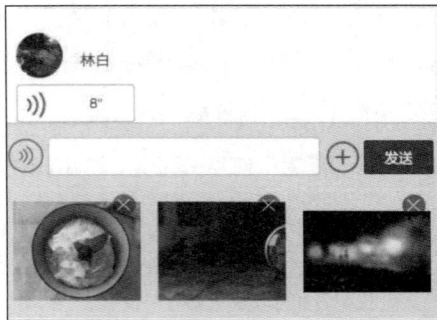

7.2 何谓自定义组件库

目前，所有主流的开发框架均提供对"组件库"的支持。所谓组件库可以这么理解：有些复杂的前端功能如果需要我们自己去实现，可能非常烦琐。比如前面使用的swiper组件，这个组件看似简单，但其实功能非常复杂。它支持定时轮播，可以手动滑动，可以单击轮播点切换滑动，支持循环滚动，还能够让开发者自定义轮播内容。这样复杂的功能，如果让我们自己实现，将大大降低开发效率。

好在微信提供了swiper组件解决了这个问题。但微信提供的组件是有限的，如果有些功能微信没有提供组件，怎么办呢？微信官方很难提供所有开发者需要的组件，因为每个开发者的需求不同。

如果能让每个对微信小程序开发感兴趣的开发者都能提供"组件"，并共享给其他开发者使

用，集众家之长，彼此分享组件，是不是很棒？对此，微信小程序提供了一种机制，让每个想为微信小程序开发组件的开发者都能分享自己的组件，这就是"自定义组件"，而多个自定义组件集合在一起就形成了一个"自定义组件库"。之所以叫"自定义"，是为了和官方提供的原生组件进行区别：所有微信官方提供的组件，我们称之为"原生组件"；而由第三方提供的组件，我们称之为"自定义组件"或者"第三方组件"。

Vant-Weapp就是一款第三方组件库。当然，还有其他一些组件库也可以使用，比如Lin-UI、ColorUI等。本书以Vant-Weapp为例，抛砖引玉，读者也可寻找其他第三方组件库。

此外，本书的重点不是教读者如何使用其他人开发的组件库，使用他人开发的组件库是一件比较简单的事情。本书的重点是要讲述如何自己开发自定义组件。因为自定义组件不仅是一种代码共享机制，更是现代化前端项目的开发组织形式。每一个项目都应该由大大小小的组件构成，这被称为组件化编程。

我们不仅要会用别人的组件，更要学会用自定义组件来构建自己的项目，甚至打造自己的行业组件库，因为组件化的项目更容易维护。

7.3　导入 Vant-Weapp 组件库

Vant组件库分为三个大版本，分别为Vue2版本、Vue3版本和小程序版本。其中小程序版本被命名为Vant-Weapp。

Vant-Weapp的详细开发手册可以参考文档https://vant.pro/vant-weapp/#/home。扫描如图7-2所示的小程序码可以直接查看其示例集。

Vant-Weapp组件库的使用遵守前端通用组件库的使用方式，大多数情况，需要使用npm来安装组件库。

首先，请确保本地已安装了npm。如果没有安装，则先安装Node.js。Node.js的官方网站地址为https://nodejs.org。

读者可安装Node.js最新的LTS版本，npm已内置在Node.js中，如图7-3所示。

图 7-2　Vant-Weapp 小程序码

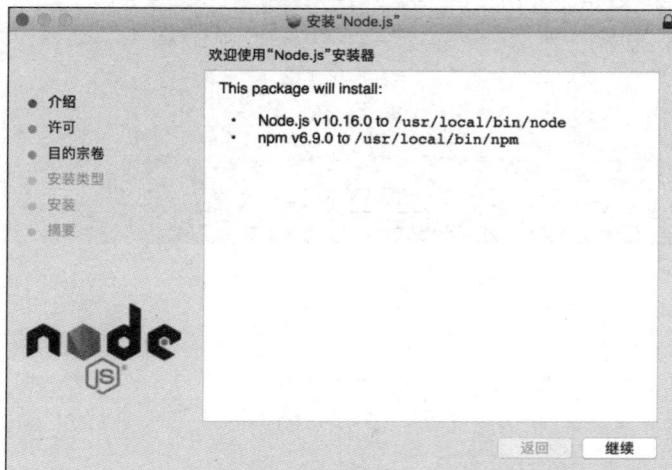

图 7-3　Node.js 安装图示

安装完成后，在命令行中输入以下命令：

```
npm -v
```

命令行的打开方式：

Windows系统可通过【开始】→【运行】→输入CMD来打开CMD命令行；MacOS系统可打开Terminal终端。

以上命令将测试npm是否安装成功。如果输入命令后，终端未出现错误，而是显示了当前npm的版本号，则证明Node.js和npm安装成功，如图7-4所示。

```
(base) apple@appledeMacBook-Pro ~ % npm -v
8.1.0
```

图 7-4　测试 npm 是否安装成功

接着可通过cd命令将命令行目录定位到Orange-Can项目的根目录下，并执行下列指令（见图7-5）：

```
npm init
```

```
Last login: Wed Oct 23 12:16:12 on ttys004
(base) apple@appledeMacBook-Pro Orange-Can % npm init
```

图 7-5　输入 npm init 指令

务必先在终端中定位到项目根目录下再执行npm init命令。

在输入npm init命令后，将进入一个交互式的初始化程序（见图7-6），需要我们输入项目的npm配置信息，比如项目名称、版本号等。读者可以根据自己的项目信息填写，也可以不填写，直接按回车键完成整个流程，这将使用默认的信息来配置项目。

如果后续想修改这些配置信息，可以在项目的package.json文件中直接修改。事实上，npm init就是为了生成package.json文件。

```
(base) apple@appledeMacBook-Pro Orange-Can % npm init
This utility will walk you through creating a package.json file.
It only covers the most common items, and tries to guess sensible defaults.

See `npm help init` for definitive documentation on these fields
and exactly what they do.

Use `npm install <pkg>` afterwards to install a package and
save it as a dependency in the package.json file.

Press ^C at any time to quit.
package name: (orange-can)
```

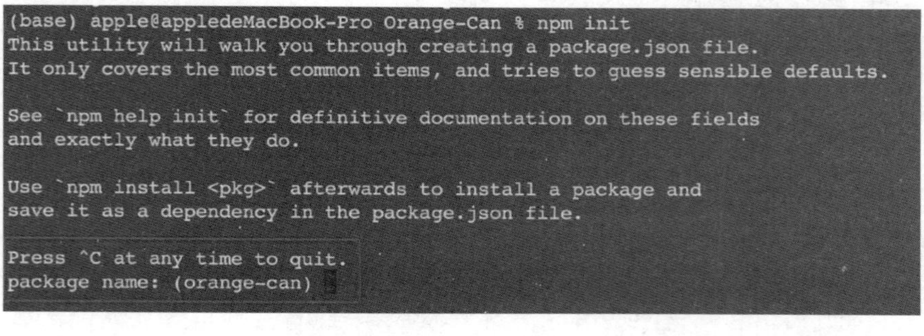

图 7-6　npm init 的交互式程序

npm init执行完毕后，会在当前项目根目录下生成一个名为package.json的文件。此文件并非小程序专有文件，而是现在几乎所有前端框架都需要的npm配置文件。package.json内容如图7-7所示。

在确定文件中的信息无误后，在命令行中输入以下命令：

```
npm i @vant/weapp -S --production
```

注意，上述命令同样要在将终端定位到项目根目录下后再执行。

图 7-7　package.json 中的信息

　　npm i是npm install的简写，意思是安装npm包，后面的@vant/weapp 是安装的包名；-S --production参数是指将npm包的信息写入dependencies中。npm命令是前端工程化常用指令，有兴趣的读者可以自行研究。

　　关于npm的详细信息，可参考https://docs.npmjs.com/。

　　上述命令表示安装稳定版本的Vant-weapp。当看到如图7-8所示的提示时，表示Vant已成功安装。

图 7-8　Vant 安装后的提示信息

　　此时，在项目的根目录下将出现一个node_modules文件夹，如图7-9所示。注意，这个文件夹可能不会在小程序开发工具中显示。这个文件夹用来存放所有的npm包，无须开发者管理，所以小程序默认不显示这个文件夹。如果读者想查看这个目录，可以在操作系统中查看。

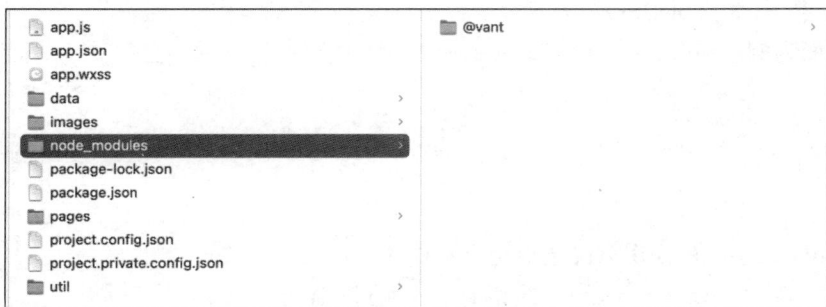

图 7-9　成功安装后出现的 node_modules

　　同时，在node_modules文件夹下出现了@vant文件夹，这就是Vant的组件文件。以下是重点：

　　通常在Web项目（如Vue、React）中，只需执行npm i命令即可完成安装，但对于小程序项目，多出一步操作来：依次单击开发工具中的【菜单】→【工具】→【构建npm】，小程序将启动构建Vant组件库的编译工作。编译完成后，根目录下将出现一个miniprogram_npm目录（见图7-10），此目录中放置了全部的Vant编译后的适配小程序的组件文件。

这里需要指出，我们真正使用的是来自miniprogram_npm下的组件文件，而并非node_modules下的组件文件。当构建完成后，node_modules其实就没有用了。

可以看到，小程序的组件目录结构非常清晰，在此目录下罗列出了所有可以使用的组件，比如button组件、calendar组件、card组件等。至于每个组件如何使用，我们会在后续章节讲解。

> 这里需要说明的是，本书选择使用Vant组件库，并以Vant为例进行演示，所有的小程序组件库都遵守本章所展示的安装示例流程。
>
> 即使不是使用Vant而是使用其他小程序组件库，其基本流程也是如此，先使用npm install安装，再构建npm，最后在小程序中引入组件并使用。

在Orange-Can项目中，我们此时需要构建的是一个图片评论系统。即用户可以选择一些图片进行评论。要完成图片评论，需要支持让用户选择图片并提交图片。这样的功能，微信小程序原生组件并未提供，我们可以使用Vant组件库中的Uploader组件来完成此功能。

Vant组件库中的组件，其实就是自定义组件。本章先来感受一下如何使用他人提供的自定义组件。

小程序使用自定义组件的流程如下：

（1）安装npm组件包。
（2）在JSON文件中定义需要使用的组件，并给组件命名。
（3）在需要使用组件的WXML文件中，引入组件（必须使用第2步中定义的组件名）。

前面我们已经安装了Vant小程序的npm包，现在只需要进行后续两步即可使用Vant的Uploader组件。

首先，需要在页面的JSON文件中定义自定义组件。以post-comment页面为例，在post-comment.json中加入以下代码：

```
{
  "usingComponents": {
    "van-uploader": "@vant/weapp/uploader/index"
  }
}
```

usingComponents字段就是用来配置自定义组件的。在这个配置项下面定义了一个名为"van-uploader"的组件，它的值需要指定为Uploader组件的文件路径。那么Vant的Uploader组件在什么地方呢？

所有npm组件安装后都存放在项目的miniprogram_npm目录下，如图7-11所示。只需要指定这个目录下的对应组件路径就可以了。此外，路径需要指定到文件名，但文件名不需要后缀，比如示例代码中就指定了index，但不需要给出具体的扩展名，这一点同小程序的Page页面类似。

注意，"van-uploader"这个名字可以任意定义，读者并不需要和本书中定义的一样，可以将其

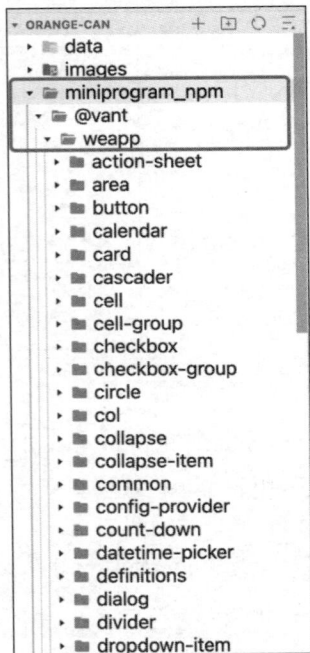

图 7-10　安装好的 Vant 组件库

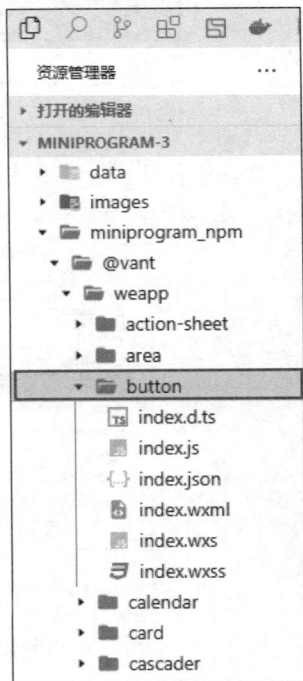

图 7-11　Vant 的 button 组件路径示例

理解为一个变量名。既然是变量名，只要符合规范，就可以随意定义。但要注意，在随后使用自定义组件时，自定义组件的标签名必须和这里定义的名字相同。下面来看看定义组件名的建议规范。

通常，自定义组件命名都遵守以"固定标识-"开头的形式，"-"后面的单词可以自定义。类似地，我们还可以定义van-toast、van-checkbox等自定义组件。这样的好处是，一旦看到以"van-"开头的组件，就知道这是Vant的组件，而非小程序的原生组件。同时，这样的命名也让代码更加美观。但这只是一种建议，并非强制性约束。

定义完成后，就可以在post-comment.wxml中使用这个组件了。在post-comment.wxml中加入下面的代码：

```
<!--加入第三方组件uploader-->
<!--@post-comment.wxml-->
<view hidden="{{!showMediaFlag}}">
<van-uploader
bind:after-read="afterSelectPics"
multiple='{{true}}'
file-list="{{fileList }}"
max-count="3" />
</view>
```

注意，上面的view位于<view class="input-box">这个view的内部，同<view class="send-msg-box">平级。为什么这里使用了van-uploader这个组件名，而不使用uploader或其他的名字？因为这个组件名就是我们刚刚在JSON文件中定义的组件名。前面说过，当使用组件标签时，组件标签名需要同JSON文件中定义的组件名相同。我们在post-comment.json文件中定义的组件名为"van-uploader"，那么这里就需要使用"van-uploader"。

我们还可以看到，使用自定义组件van-uploader的方式和使用image、view等小程序原生组件的方式相同。其实，自定义组件同原生组件在使用上没有任何区别，只不过image等组件是微信提供给开发者的，而类似Vant的组件是第三方提供给开发者的。

再来看看组件上的属性。max-count="3"表示最多只允许一次上传3张图片；multiple决定了用户是否可以一次选择多张图片；file-list定义了选择图片的路径，它是一个数组；而bind:after-read事件是Uploader组件提供的事件，可以获取用户选择的图片的信息。

上述代码中的showMediaFlag变量是用来控制图片选择面板的。当这个变量取值为flase时，面板隐藏；当其取值为true时，面板打开。面板的打开和隐藏是通过单击【+】按钮来操作的，对于【+】按钮，我们在之前的章节中已经附加了一个单击事件，它的处理函数是showMedia()。现在，添加showMedia()函数的代码。

在post-comment.js的data中添加如下代码：

```
data: {
  useKeyboardFlag: true,
  showMediaFlag:false,
  choosedImgs:[]
},

//接着在post-comment.js中完成showMedia方法的定义
showMedia(){
  this.setData({
    showMediaFlag:!this.data.showMediaFlag
  })
},
```

当用户单击【+】后，将动态切换showMediaFlag的取值，从而通过数据绑定的方式显示和隐藏面板。完成以上代码后，当我们单击【+】号，就会从页面底部弹出一个面板来，如图7-12所示。

这个面板的内部其实就是一个van-uploader自定义组件。我们可以尝试单击面板中的相机图标，开发工具将弹出一个图片选择框让我们选择图片。可以一张一张地选择图片，也可以一次性选择多张图片，但请注意，最多只能选择3张。如果想选择更多的图片，应该修改van-uploader的max-count属性，这个属性决定了最多一次可以上传几张图片。

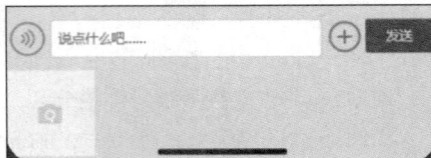

图 7-12　上传图片面板

> 　　读者在编写完上述代码后，单击上传图片的按钮并不会打开文件选择对话框，这是因为用户上传图片需要权限。我们将在第7.5节中讲解权限问题。

在开发工具中，van-uploader组件只能选择图片而不能拍照，但是在真机上运行小程序时，是可以拍照上传图片的，读者可自行扫码在真机上体验相机拍照并上传图片。

但此时，当用户选择图片后，图片并未显示在列表里。还需要在JS文件中获取用户所选择图片的路径，并将图片的路径赋值给van-uploader组件的file-list属性，这样才能将选择的图片显示出来。

那么如何在JS文件中获取用户选择图片的路径呢？可以通过van-uploader组件的after-read事件来获取。在上面的代码中，已经定义了bind:after-read事件，它的事件处理函数是afterSelectPics()。

在post-comment.js中新增如下代码：

```
// 新增after-read事件的处理函数，用于获取和绑定所选图片的路径
// @post-comment.js
afterSelectPics(event){
   const { file } = event.detail;
   this.setData({
     choosedImgs:this.data.choosedImgs.concat(file)
   })
   // this.data.fileList = file
},
```

afterSelectPics()函数的内部非常简单，仅是通过事件对象（event）获取用户所选择的全部图片的路径，并将路径赋值给this.data下面的choosedImgs属性。很多读者可能会困惑：为什么event.detail就能够获取到用户所选择的图片信息呢？其实这并不神秘，这是van-uploader组件内部所实现的，读者无须关心是如何获取到的图片路径，只需要查看van-uploader的文档，文档中会说明所有属性和事件的意义和用法。

此时，虽然在van-uploader组件中实现了选择图片，并可以单击预览图片，但此时图片并未提交到评论内容里。下一步需要将用户选择的图片提交到评论内容里。在真实的项目里，这一步往往是将用户选择的图片提交到服务器中，并存储图片。但在我们的项目里，目前仅需要将数据写入我们模拟的本地数据库。后续在云开发章节，会把图片提交到云存储里。

要实现这个功能，需要修改【发送】按钮的相关代码，将图片提交出去。发送的事件处理函数是submitComment，只需要在这个方法中读取上文所提到的变量choosedImgs并对其做数据绑定即可。在submitComment方法中，其实已经实现了发送文本，这里只需要将choosedImgs加入发送对象comment中即可。修改submitComment的部分代码：

```
// 将图片也提交到评论内容中
// @post-comment.js
```

```
content: {
  txt: this.data.keyboardInputValue,
  img:this.data.choosedImgs.map(i=>i.url)
},
```

我们只添加了一个img属性,值就是之前所获取的图片的路径choosedImgs。这里建议读者用console打印一下choosedImgs变量(见图7-13),这有助于更清晰地知道我们需要choosedImgs中的哪些数值。

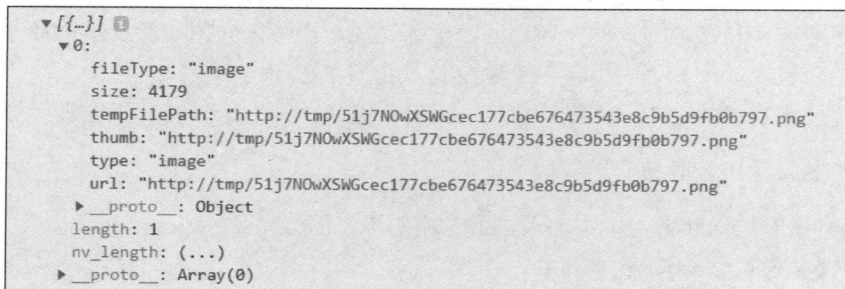

图 7-13 　choosedImgs 的取值

很明显,我们不需要所有的属性,只需要其中的url属性。因此,在代码中,我们使用了一个map函数将url属性取出来。

完成上述代码后,再单击【发送】按钮,就可以将图片发送到评论区中了。这里要注意,由于在submitComment方法中有一个判断:

```
// @post-comment.js
if (!newData.content.txt) {
  // 如果没有评论内容,就不执行任何操作
  return;
}
```

因此不能发送空消息。我们还需要在文本输入框里输入任意的文本,才能将图片和文本发送出去。如果读者不喜欢这种逻辑,可以取消上述判断。

如果代码没有问题,应该已经可以将图片和文本发送出去了,但我们的代码还没有写完。当图片和文本发送出去后,还需要清除掉van-uploader组件中所显示的图片,并关闭整个van-uploader组件所在的面板。

在之前的章节中,其实有一个函数resetAllDefaultStatus专门来做发送完成后的清理工作。现在我们需要进一步完善这个函数,修改代码如下:

```
// 修改重置状态函数
// @post-comment.js
resetAllDefaultStatus() {
  //清空评论框,清空image-picker并关闭面板
  this.setData({
    keyboardInputValue: '',
    choosedImgs:[],
    showMediaFlag:false
  });
},
```

我们会发现,这个函数就是对一些状态变量进行了“置空”操作,恢复到了默认状态。注意,对choodedImgs变量进行空数组([])的设置可以将van-uploader组件内的图片清空。

现在我们仅仅使用了几行代码就完成了这么复杂的图片选择和拍照功能。读者可以尝试不使用

van-uploader组件，自行实现上述功能。自定义组件的意义非常重大，Vant提供了大量的组件可以帮助开发者快速开发。我们将在后续章节中详细介绍Vant的其他重要组件。

7.4 实现录音与语音消息的发送

到目前为止，文字和图片评论的发送功能已全部完成，接下来介绍如何发送语音评论。
微信最新的录音功能十分强大，甚至可以控制录音的声道和码率。
语音评论需要麦克风的支持。如果计算机上没有麦克风，那么可以在真机上进行测试。

首先，常见的发送语音的操作过程如下：

（1）切换到语音发送状态（单击输入框最左侧的声音图标）。
（2）按住【按住说话】按钮。
（3）说话。
（4）松开【按住说话】按钮，语音消息自动发送。

要实现按住和松开这两个动作，需要使用小程序的touchstart和touchend事件。对于touchstart事件，我们已注册了事件函数recordStart()（录音开始）；而对于touchend事件，我们已注册了recordEnd()函数（录音结束）。下面在post-comment.js中实现这两个事件的事件函数。

```
// 开始录音
// @post-comment.js
recordStart() {
  this.setData({
    recodingClass: 'recoding'
  });
  this.rMgr.start()
},

//结束录音
recordEnd() {
  this.setData({
    recodingClass: ''
  });
  this.rMgr.stop()
},
```

上述代码非常简单，按住录音按钮后将执行recordStart()函数。该函数绑定了变量recodingClass，这个变量将改变录音按钮的样式，使其变成正在录音的样式。当录音结束时，将调用recordEnd()，并还原样式。

但有一个疑问：this.rMgr是从哪里来的呢？在最新版的录音API中，微信提出了一个全局录音管理器（RecorderManager）的概念，通常来说这个管理器全局只能有一个。这里的rMgr就是我们在其他方法中定义的全局管理器，当我们调用它的start()方法时就开始录音，当我们调用它的stop()方法时就结束录音。

下面我们就来定义和初始化RecorderManager。首先在post-comment.js中新增一个方法：

```
// 初始化全局录音管理器对象
// @post-comment.js
initRecordMgr() {
```

```
// 初始化录音管理器
var rMgr = wx.getRecorderManager()
this.rMgr = rMgr
rMgr.onStart(() => {
  console.log('start record')
})

rMgr.onStop((res) => {
  console.log('stop record', res)
  const { tempFilePath,duration } = res

  //发送录音
  this.submitVoiceComment({
    url: tempFilePath,
    timeLen: Math.ceil(duration / 1000)
  });
})
},
```

在这个方法中，我们通过调用wx.getRecorderManager()初始化了一个rMgr录音管理器，因为它是全局的，所以将其保存到this变量中，以方便其他方法使用它。在老版本的API中，对于录音的播放与结束是使用回调函数的方式来监听的；但在新版中采用了事件机制来监听录音的开始与结束。在上述代码片段中，rMgr.onStart和rMgr.onStop均是事件监听函数，它们接收一个回调函数来处理相应的播放/结束状态。当我们调用rMgr的start或者stop方法时，对应的回调函数就会被立刻执行。

对于这两个回调函数，采用了ES6的箭头函数的写法。ES6的箭头函数非常有用，建议读者去了解一下。箭头函数实际上是一种匿名函数，编写起来更为方便。如果不使用箭头函数，可以在Page中定义一个方法，然后将方法名传递到onStart或者onStop中，显然这非常麻烦。因此还是采用箭头函数这种方式来定义回调函数。

录音开始时不需要做任何处理，但在录音结束时，通过回调函数中的res变量可以获取录音文件的地址和录音时长。

在rMgr.onStop的回调函数的最后部分，调用了this.submitVoiceSomment，这个方法将帮助我们发送语音消息。下面来实现这个方法。在post-comment.js中增加以下代码来实现语音评论的发送：

```
//提交录音
// @post-comment.js
submitVoiceComment(audio) {
    const newData = {
        username: "青石",
        avatar: "/images/avatar/avatar-3.png",
        create_time: new Date().getTime() / 1000,
        content: {
            txt: '',
            img: [],
            audio: audio
        },
    };

    //保存新评论到缓存数据库中
    this.dbPost.newComment(newData);

    //显示操作结果
    this.showCommitSuccessToast();

    //重新渲染并绑定所有评论
    this.bindCommentData();
```

发送语音评论的思路与发送文本、图片的思路几乎一样。首先新增一条评论数据，并将audio对象存入评论的audio属性中，audio对象中包含了语音的URL和时长；然后调用DBPost的newComment方法将评论数据保存到缓存数据中；接着弹出操作结果提示；最后重新渲染评论列表。

语音不可以和文字、图片混合在一条评论中，只能单独作为一条评论。

最后需要注意，我们定义了initRecordMgr方法，但并没有调用它。我们应当在Page的onLoad中调用initRecordMgr方法。在onLoad中调用这个方法的代码如下：

```
// 在初始化函数中调用
// @post-comment.js
onLoad: function(options) {
    // ... 省略若干代码
    this.initRecordMgr()

    // 绑定评论数据
    this.setData({
      comments: comments
    });
},
```

完成全部代码后，单击输入框最左侧的切换录音按钮，输入框将变成如图7-14所示的样子。

图7-14　切换录音效果

此时，如果按住【按住说话】按钮，小程序可能会弹出一个授权框，如图7-15所示。

单击【确定】按钮，就可以授权小程序使用本机上的麦克风；单击【取消】按钮，则拒绝小程序使用麦克风。单击【确定】按钮后，继续按住【按住说话】按钮（不要松开），就可以进行录音了。松开后，评论区立刻会出现一条语音消息。

单击【取消】按钮后，会发现既不能录音也不能发送语音消息。而此时无论怎么单击【按住说话】按钮，都不会再次弹出授权框。怎么办？可以单击开发工具的工具栏中的【清缓存】，并单击下拉菜单中的【清除授权数据】。清除后，再次单击【按住说话】按钮，就可以弹出授权框了。

小程序中有很多功能需要用户授权，通常来说，调用操作系统硬件、获取用户敏感信息等都需要用户授权。如果在真机上进行授权，小程序将弹出图7-16所示的面板。

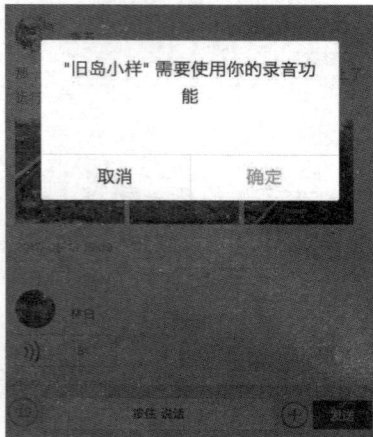

图7-15　模拟器上需要授权的效果

图7-16　真机上需要授权的效果

真机上的授权界面体验相当好。

7.5 微信隐私接口调用指南

微信对于部分涉及用户隐私的接口，要求非常严格，比如调用麦克风接口、获取地理信息位置接口等。原则上，开发者必须在小程序后台的【设置】选项下的【用户隐私保护指引】中进行相应的申请，然后等待审核通过后才能调用这些隐私接口。图7-17显示了申请过程。

服务内容声明		
用户隐私保护指引	审核中	基于微信提供的 标准化用户隐私保护指引，根据小程序实际情况进行更新。小程序发布后即向c端用户展示。了解详情

图 7-17　申请正在审核

如果没有做相应的申请或者申请未通过，当调用这些隐私接口时，小程序会提示如图7-18所示的错误信息。

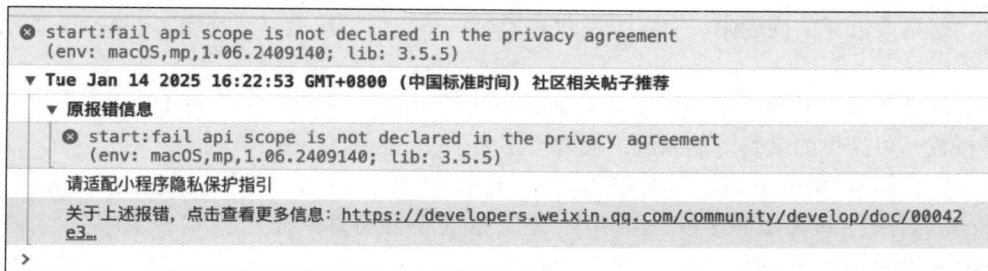

```
⊗ start:fail api scope is not declared in the privacy agreement
  (env: macOS,mp,1.06.2409140; lib: 3.5.5)
▼ Tue Jan 14 2025 16:22:53 GMT+0800 (中国标准时间) 社区相关帖子推荐
  ▼ 原报错信息
    ⊗ start:fail api scope is not declared in the privacy agreement
      (env: macOS,mp,1.06.2409140; lib: 3.5.5)
    请适配小程序隐私保护指引
    关于上述报错，点击查看更多信息: https://developers.weixin.qq.com/community/develop/doc/00042
    e3…
>
```

图 7-18　接口没有权限时的错误提示

建议读者提前对隐私接口进行申请，具体申请流程可参考本书第15章。

无论如何，当小程序上线时，都必须通过这些审核方能使用。但在开发阶段，如果暂时不想申请这些权限，可以在开发工具中退出登录，以游客身份打开开发工具。这种情况下可以直接调用record录音接口。

此外，还有一种方案可以暂时忽略此限制：开发者可以将微信开发工具的【基础调试库】调低一点，比如调到2.30.4，如图7-19所示。

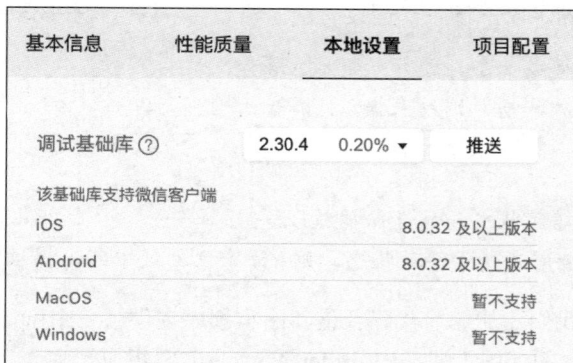

基本信息	性能质量	本地设置	项目配置
调试基础库 ⑦		2.30.4　0.20% ▼	推送
该基础库支持微信客户端			
iOS			8.0.32 及以上版本
Android			8.0.32 及以上版本
MacOS			暂不支持
Windows			暂不支持

图 7-19　调整版本库

设置以后,这个版本或以下版本都无须申请接口调用权限。这里强调一下,上述两种方案只适合临时测试录音或者其他需要授权的接口。开发者还是应该尽量在小程序后台申请相应的接口调用权限。

7.6　用户拒绝授权后如何再次拉起授权

小程序还有一个经典的问题:当用户拒绝授权后,又想再次使用录音功能,此时无论用户如何单击录音按钮,都不会再次弹出授权框来,这就导致用户既不能授权,也不能使用录音功能。

在开发工具中,可以使用工具自带的【清缓存】来强制清除缓存,实现再次拉起授权框。也就是说,一旦用户拒绝了授权,小程序就会记住用户的选择,不再弹出授权框来打扰用户。但如果清除了【授权缓存】,那么微信可以二次拉起授权框,询问用户是否授权。

但问题是真机上没有【清缓存】这种工具,那小程序如何处理二次拉起授权框这种情况呢?这是一个非常经典的问题,几乎每个开发者都会遇到,所以务必要了解清楚这个问题的解决方案。

首先,用户其实可以自己打开小程序右上角的胶囊按钮,里面有一个【设置】页面,可以在里面允许授权。但这个方案的问题是,有多少用户知道可以在胶囊按钮里打开授权?恐怕95%的用户都不知道。

另外一个方案是,小程序可以通过wx.openSetting()这个API将用户引导到【设置】页面,让用户自己打开授权。以这里的录音功能为例,大概思路如下:

首先调用wx.getSetting()接口来获取用户是否对录音进行了授权,如果没有,则调用wx.openSetting()来打开【设置】页面。用户可以在这个页面重新开启授权。关于wx.getSetting和wx.openSetting的用法比较简单,但整个用户授权的逻辑较为复杂,本书第15章将详细梳理授权的相关问题和流程。

不仅仅是录音的授权,所有小程序的授权都可以通过这种方式二次拉起。

7.7　播放语音消息

在7.4节中,我们仅实现了发送语音的功能,在评论区中的语音还不能播放。下面来实现评论列表中语音的播放与暂停功能。

语音评论的播放需要满足以下场景。假设有两条语音——A语音和B语音,当单击A语音时:

- 如果A语音处于未播放状态,就开始播放A语音。
- 如果A语音处于播放状态,则结束播放A语音。

当单击B语音时:

- 如果B语音处于未播放状态,就开始播放B语音。
- 如果单击B语音时A语音处于播放状态,则A语音立刻被中断,播放B语音。

只有清楚这个逻辑,我们才能编写代码。最新的小程序提供了一个InnerAudioContext对象来管理音频的相关操作。这个对象的使用方式和RecorderManager非常相似。

首先还是初始化InnerAudioContext。在post-comment.js中新增以下方法:

```
// 录音播放管理器
// @post-comment.js

initAudioMgr(){
  // 初始化录音管理器
const aMgr = wx.createInnerAudioContext()
  aMgr.autoplay = true
  this.aMgr = aMgr
  this.playing = false

  aMgr.onPlay(() => {
    console.log('start play')
    this.playing = true
  })

  aMgr.onEnded(()=>{
    console.log('ended play')
    this.playing = false
  })

  aMgr.onStop((res) => {
    console.log('stop play')
    this.playing = false
  })
},
```

这个方法类似于之前的录音对象的初始化。我们通过wx.createInnerAudioContext()来创建一个全局唯一的aMgr对象，接着设置aMgr.autoplay = true，开启audio管理器的自动播放属性，随后将其保存到this中。同时，我们需要有一个全局变量this.playing来记录当前全局是否有音频正在播放（为什么需要这个变量，读者可以思考一下）。

由于在初始化的时候没有音频播放，因此this.playing的初始值设置为false。随后，我们设置了若干事件监听函数，用来监听音频的播放、停止和自然停止（指音频自然播放完成，区别于用户主动暂停）这3个状态。同时在每个事件监听函数中，都必须设置playing的状态。比如开始播放需要设置为true；结束播放需要设置为false。

注意，这段init代码需要在Page的onLoad函数中调用才能生效。在onLoad函数中加入以下代码：

```
// 在初始化函数中调用
// @post-comment.js
this.initAudioMgr()
```

当用户单击语音消息后，会触发之前绑定的playAudio事件处理函数（建议读者回顾一下post-comment.wxml中的代码）。现在我们来实现这个函数，在post-comment.js中添加下面的代码：

```
// 新增播放函数
// @post-comment.js
playAudio(event) {
const url = event.currentTarget.dataset.url
  // 如果正在播放
  if (this.playing) {
    if(url == this.aMgr.src){
      // 如果url相同则结束播放当前音频
      this.aMgr.stop()
    }
    else{
      // 如果url不同则说明用户单击了另外的音频
      // 则立即播放新音频
```

```
        this.aMgr.src = url
    }
}

//如果没有播放，那么立即播放
else {
    this.aMgr.src = url
}
}
```

　　这个方法的逻辑有一些复杂，但注释已经写得很清楚了，读者可以根据注释来分析一下。注意，这段代码中的stop()调用将触发init函数中响应的onStop()回调。

　　由于我们已经开启了audio的自动播放功能，因此无须显式调用aMgr.play()，只需将音频地址赋值给aMgr.src属性即可开启音频播放。

　　完成以上代码后，用户就可以正确地播放和结束播放语音了。鉴于本章中的代码已经足够复杂了，因此没有实现语音"暂停"这个功能。这个功能其实也是可以实现的，留给读者自己思考和实现吧。

7.8　文章计数功能

　　到目前为止，我们已经完成了文章的收藏、评论和点赞功能，下面完成文章计数功能。每次进入post-detail页面，当前文章的阅读数需要增加1次。在post-detail.js中增加一个阅读数加1的　方法。

```
//阅读数+1
// @post-detail.js
addReadingTimes(){
    this.dbPost.addReadingTimes()
}
```

　　post-detail.js中的addReadingTimes()方法中再一次用到了DBPost中的addReadingTimes()方法。在db.js的DBPost类下新增以下方法：

```
//阅读数+1
// @db.js
addReadingTimes(){
    this.updatePostData('reading')
}
```

　　接着在DBPost类的updatePostData()方法中增加一个case 'reading'，来处理阅读数加1的情况。

```
// @db.js
case 'reading':
    postData.readingNum++
    break;
```

　　编写完以上代码后，记得在post-detail.js中的onLoad方法中调用一下addReadingTimes()方法。

```
// 初始化addReadingTimes
// post-detail.js
onLoad(options) {
    // 省略若干代码
    this.setData({
        post: this.postData
    })
```

```
    this.addReadingTimes()
  }
```

　　完成以上代码后，每次单击进入文章的详情页，阅读数都会加1。需要注意的是，本项目并没有实现实时刷新。进入某篇文章的详情页面后，再返回文章阅读列表页面，此时阅读列表中的阅读数并没有加1，当我们刷新项目或者下次进入小程序时，文章列表的阅读数才会被更新。

7.9　本章小结

　　本章引入Vant-Weapp组件库，优化开发效率与界面一致性。通过录音功能与语音消息的集成，结合微信隐私接口调用规范，实现多媒体交互功能。针对用户授权问题，提出拒绝后的二次拉起方案，并基于组件库完成文章计数功能。章节强调组件库的灵活应用与微信API的合规使用，兼顾功能实现与用户体验，为复杂场景开发提供标准化解决方案。同时，本章也给出了微信隐私类接口（地理位置、相机调用等）的通用处理流程，此流程适合几乎所有的微信的隐私接口，读者可以借鉴。

第 8 章

完善文章页面

8

本章是Orange-Can项目"文章"部分的收尾和完善，其中包括小程序很重要的分享功能以及animation（动画）的使用。

8.1 分享功能

目前，微信小程序可以分享给好友和群聊。早期版本的小程序不可以分享到朋友圈，当前版本在满足一定条件后，也可以将小程序页面分享到朋友圈。

在当前小程序中，每个页面的右上角都有一个如图8-1所示的胶囊按钮。

图 8-1　胶囊按钮

胶囊按钮分为两部分，左侧的省略号是一个快捷菜单按钮，单击后将在小程序的底部弹出如图8-2所示的原生分享菜单。

由于当前页面并未设置分享，所以菜单中关于"分享"的功能是灰色的，无法单击，并且显示为"当前页面未设置分享"。那么如何设置这个页面的分享功能呢？我们以post页面为例，来详细描述小程序如何实现分享的功能。

小程序提供了一个用于设置页面分享的方法：onShareAppMessage()。在post.js中添加以下方法：

```
// 小程序的分享接口函数
// @post.js
onShareAppMessage(res){
 }
```

注意，这个方法是属于Page页面的，也只有在Page函数中才能生效，并且它是一个"空"方法。但即使只是一个空方法，也可以实现分享的功能。读者现在可以再次单击右上角的省略号按钮，底部将弹出一个菜单来，如图8-3所示。

可以看到，【发送给朋友】的图标已经点亮了。用户单击此图标可以将当前页面发送给朋友，朋友打开后可以直接进入当前小程序页面。

因此，如果只是想实现简单的转发，那么加上这个空方法即可。

图8-2 原生分享菜单

图8-3 分享图标已点亮

注意，小程序的分享是以页面为单位的，并不是以整个应用程序为单位。也就是说，每个页面都可以定义自己的分享。用户打开分享的链接后是可以直接抵达我们指定的页面的。这样，用户在单击分享链接后，可以快速访问分享的页面，而不是每次点开链接都打开小程序的首页。理解这一点，对于产品设计非常重要。

8.2 onShareAppMessage()详解

当我们设置了onShareAppMessaeg()后，页面就会出现分享的功能。这很容易让开发者认为，这是一个小程序提供的API。但它并不是API，这个方法其实是页面Page中的一个函数，它和我们前面调用的wx类方法（如wx.showToast等）是不同的。wx类的方法才是小程序的API。

在小程序文档中，onShareAppMessage()也被归类在诸如onLoad、onShow等页面函数中，而非归类于API中。

实际上，这个方法真正的作用是监听用户分享事件，它以on开头，实际上是一个事件监听函数。无论用户通过何种方式触发了转发机制，小程序都会调用onShareAppMessage()，并给这个函数传递一个res参数。而之所以提供这个监听函数，是为了让用户自定义转发内容。

当然，微信会提供一个默认的页面转发内容和形式，但如果需要更加个性化的转发形式，比如自定义转发链接的封面图（见图8-4），那么onShareAppMessage()就可以发挥它的作用。

可以这么理解onShareAppMessage()函数：它监听用户转发操作，当用户转发时，会触发这个函数的执行；同时，它接收一些参数，开发者可以根据参数来决定分享的内容，从而提供个性化的页面内容和形式。

注意，小程序的分享链接不是普通的文本链接，而是一个带有标题、封面图片的区域链接。

当小程序执行onShareAppMessage()时，页面还没有被分享。此时，只是用户触发了分享的行为，实际上分享的链接还没有发送出去。只有当onShareAppMessage()函数执行完成后，才会真正发

图 8-4 小程序的分享链接

送链接给朋友。这也给了我们一个在函数中修改默认转发样式的机会。我们可以在onShareAppMessage()中定义分享的标题和封面图片。

onShareAppMessage()的参数res包含以下几个属性：

- from: 转发事件来源，取值为字符串类型。它有两个值：button和menu。当用户单击右上角的胶囊按钮分享时，from取值为menu。而如果用户是通过小程序的button组件进行分享的，那么from取值为button。button和menu就是我们后面要讲解的两种分享模式。
- target: 取值为Object对象类型。如果from的值是button，则target是触发这次转发事件的button对象，用户可以获取到这个对象的相关属性；否则target取值为undefined。
- webViewUrl: 当页面中包含web-view组件时，返回当前web-view组件的URL。web-view组件是一个容器，里面可以嵌入HTML页面。这个概念来自iOS和Android App开发，当原生开发比较复杂时，可以通过WebView组件把整个HTML网页嵌入App中，这样开发者只需开发一个网页，就可以在Web、iOS和Android三端运行。但是，目前小程序的WebView组件不对个人开发者开放，需要企业资质的小程序才能使用WebView组件。

onShareAppMessage()可以返回一个Object对象，这个对象中的属性将决定分享的内容。Object对象可以包含以下属性：

- title: 转发的标题，如果不修改，title默认是当前小程序名称。
- path: 分享页面的路径（即用户单击分享链接后直接打开的小程序页面），默认值就是当前页面。我们也可以通过设置这个参数，实现在当前页面分享其他页面的效果。
- imageUrl: 自定义封面图。图片可以是本地文件路径、代码包文件路径或者网络图片路径。支持PNG及JPG。显示图片长宽比是5:4。如果不设置，小程序将自动截取页面内容作为转发封面图片。

onShareAppMessage()实际上是给了开发者一次自定义转发内容的机会，如果有特殊的转发需求，可以在这里定制；如果没有，那么直接保持一个空的onShareAppMessage()即可。

8.3　分享到朋友圈

早期，小程序页面只能分享给好友和群聊，不能分享到朋友圈。但当前版本的小程序已经可以分享到朋友圈了。

小程序页面默认分享到朋友圈的功能没有打开，开发者需主动设置【分享到朋友圈】。要启动分享到朋友圈，需满足两个条件：

（1）首先，页面需设置【发送给朋友】。也就是说，需要首先打开分享给朋友的功能（参考8.2节的onShareAppMessage()）。

（2）满足条件（1）后，可以通过onShareTimeline()函数来打开【分享到朋友圈】功能。同分享给朋友类似，分享到朋友圈也可自定义标题、封面图等。

满足上述两个条件的页面，可被分享到朋友圈。因此，想实现分享到朋友圈，我们需要研究一下onShareTimeline()函数。其实这个函数同8.2节的onShareAppMessage()的使用方式几乎一致。一个控制分享给朋友和群聊，一个控制分享到朋友圈。onShareTimeline()的功能同样是用来监听页面右上角菜单中【分享到朋友圈】按钮的行为，并自定义分享内容。只有定义了此事件处理函数的页面，其胶囊按钮弹出菜单才会显示【分享到朋友圈】按钮。

onShareTimeline()事件处理函数需要返回一个Object对象，用于自定义分享内容。不同于onShareAppMessage()，onShareTimeline()不支持自定义页面路径。返回的Object对象可包含的属性如表8-1所示。

表8-1　返回的Object对象可包含的属性

属　　　性	说　　　明	默　认　值
title	自定义标题，即朋友圈列表页上显示的标题	当前小程序名称
query	页面路径中携带的参数，如path?a=1&b=2的"?"后面部分	当前页面路径携带的参数
imageUrl	自定义封面图片路径，可以是本地文件或者网络图片。支持PNG及JPG，显示图片长宽比是1:1	默认使用小程序Logo

这里要特别说明，将某个小程序页面分享到朋友圈和分享给朋友，在分享效果上还是有很大区别的。分享到朋友圈会有很多的限制。

实际上，为了保护用户体验，分享到朋友圈分享出去的不是一个全功能、可操作的小程序，而仅仅是一个页面，这个页面被微信称为单页面。单页面的特点是它几乎只能用于阅读，而不能用于操作。

可以这么理解，分享到朋友圈功能仅适合分享"内容型"的小程序页面，比如我们Orange-Can项目中的文章就适合分享。但它不适合分享一些需要大量交互的页面，比如电商、购票等小程序的页面，因为这些页面需要用户进行大量交互操作。

限于篇幅，关于单页面的具体约束，这里不详细介绍，读者可以查看相关文档。下面仅简要做一些约束说明。图8-5是一个被分享到朋友圈的小程序"单页面"。

不同于常规的小程序页面，单页面模式小程序有以下特点：

（1）单页面小程序主要是为了阅读，所以大量交互操作功能会被禁用。官方建议被分享到朋友圈的页面，不要加入大量的交互操作功能。

（2）单页面模式下，页面不能自定义顶部导航栏和底部操作栏。

（3）底部会有一个"前往小程序"的提示按钮，用户单击该按钮可以直达真正的小程序页面。

（4）如果当前页面配置有tabbar选项卡，则选项卡不会显示。

（5）页面不能使用wx.redirectTo等路由函数跳转。

（6）无法使用wx.login等登录功能。

（7）无法使用支付、获取用户信息等诸多开放功能。

总之，单页面模式是为了阅读而产生的模式，不适合做交互性强的操作，这点需要开发者深入理解。

图 8-5　单页面模式的小程序页面

8.4　两种分享模式

小程序中有两种转发模式，一种是通过系统自带的胶囊按钮；另一种是自定义转发。那么，什么是自定义转发呢？

小程序右上角的转发菜单其实是非常隐蔽的，大多数情况下，对小程序不熟悉的用户很难发现这个转发按钮。想想，有多少普通用户知道胶囊按钮有隐藏的菜单呢？

转发分享其实是一个非常重要的功能，它对于产品的推广和裂变有重要意义。如何在页面非常显眼的位置自定义一个页面元素来引导用户分享和转发呢？比如要在页面中间实现一个非常显眼的"分享"按钮，该怎么做？

读者可能会期望微信有这样的一个API，通过调用这个API就可以实现分享功能。比如使用下面的代码就可以进行分享操作：

```
onTapShare(event){
  wx.share({
    success(){
    },
    fail(){
    }
  })
}
```

注意，以上代码是伪代码，只是我们期望的分享形式，它并不能运行。

当用户单击页面上的某个标签（比如一个button组件）后，就触发onTapShare()函数，进而调用微信的wx.share进行分享，从而将页面分享出去。

这种API式的分享方案看似非常合理，但微信的自定义分享功能并不是这样设计的。下一节就来介绍微信的开放能力，其中包含了自定义分享功能。

8.5　微信开放能力解析

微信的开放能力是一种很重要的能力，以下介绍的"能力"都属于开放能力：

- 客服功能（contact）。
- 分享功能（share）。
- 获取用户信息（getUserInfo）。
- 获取用户头像（chooseAvatar）。
- 打开App（launchApp）。
- 意见反馈（feedback）。

各能力后面的英文名称，代表开放能力的open-type取值。

开放能力从表面上看非常适合使用函数来调用，但在小程序中，开放能力的接口并不是通过API函数的方式给出的，而是通过button组件来实现的（所有开放能力都绑定在button组件上）。

为什么不通过调用函数来实现这些能力呢？原因在于，微信认为，API的调用过于随意，这将给用户不好的体验。

举个例子，假设小程序需要获取用户的头像，如果通过函数（假设名为chooseAvatar()）给出这个功能，那么开发者可以在页面的onLoad中调用chooseAvatar()获取用户信息，甚至可以不经过用户同意就获取到了用户头像。但头像属于用户隐私数据，微信不可能让开发者不经过用户同意就直接获取用户头像，所以调用chooseAavatar()后，微信会弹出一个对话框，让用户选择是否同意获取。那这里就会出现一个体验不好的情况，无论用户是否同意，都会被这个对话框打扰，还需要去关闭对话框。读者可以想一想，当你进入一个小程序后，不停地弹框让你确认是否允许，是不是很讨厌。

因此，这些需要用户同意或拒绝的功能，都没有被设计成API函数的形式，而是用了另外一种形式给出这些能力。微信将这些开放能力与button组件进行了绑定。所有的同意/拒绝对话框都需要在用户单击button组件后弹出，这就减少了对用户的打扰。那么区别是什么？

函数的调用是开发者发起的，但button的单击是用户自己发起的，用户如果不想让开发者获取信息，可以不去单击button组件，这自然就不会弹出对话框。但如果是API函数的形式，开发者就可以自己随意弹出对话框。

因此，它们的区别就在于函数形式下对话框的弹出发起方是开发者，而button组件形式下，对话框的弹出发起方是用户自己。这在体验上是有很大差别的。

早期小程序确实将这些开放能力都设计成了API函数的形式，但在新版本中，小程序回收了这些开放能力的API函数版本，统一要求必须使用button组件来使用开放能力。

总体来说，函数式的调用过于随意和开放，存在着被"滥用"的情况。所以微信统一使用button组件来给出微信开放能力。但绑定在button组件上的缺点就是，提高了开发者的开发成本。在某些复杂的场景下，这个授权流程其实非常复杂。

现在，我们来实现一个自定义的分享按钮。在post-detail.wxml页面底部的工具栏中新增一个分享按钮：

```
<!-- 新增分享按钮 -->
<!-- @post-detail.wxml -->
<button open-type='share'>分享</button>
```

新增分享按钮后的效果如图8-6所示。

单击【分享】按钮确实可以直接弹出分享菜单来，但这个按钮不太美观。如果用一张图片来代替这个分享按钮呢？最终我们想实现的效果图，如图8-7所示。

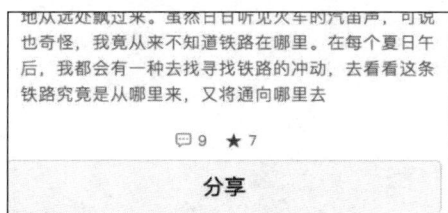

图8-6　新增分享按钮后的效果

图8-7　分享图标

这不就是在评论和收藏图标后面增加了一个分享图标吗？这个分享图标其实是一个button组件。为什么不能在这里使用image组件显示一张图片呢？下面是重点：

因为单纯的image组件是无法触发微信开放能力的，只有button组件才能触发微信分享。那么现在的问题就是，如何把button组件改成图片的样子？

这当然有很多的方法，考验的是读者的CSS功底。但要想把一个原生的button组件变成图片的样子还是有些麻烦。读者可以先自己尝试把button改成一张分享图片的样子。这需要一些额外的CSS技巧。因为微信原生的button组件会自带一些边距、边框等CSS属性。这些属性会影响到我们设置的图片。先来尝试下，在post-detail.wxml的工具栏里加入一个button组件：

```
<!-- @post-detail.wxml -->
<view class="tool">

    <view>
        <button open-type="share">
        <image src='/images/icon/wx_app_share.png' class='button-image'></image>
        </button>
    </view>
</view>
```

如果不加入任何的CSS，则效果如图8-8所示。

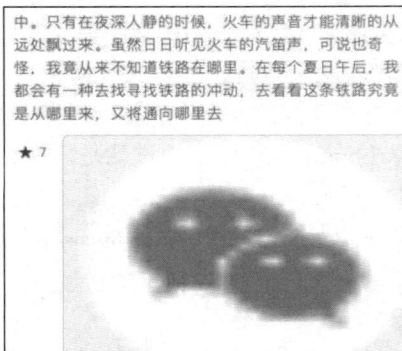

图 8-8　未加入 CSS 的分享图标

尝试加入CSS：

```
/** @post-detai.css **/
button {
    background-color:white;
    padding:0rpx;
    width:48rpx;
    height:48rpx;
}

.button-image{
    width:48rpx;
    height:48rpx;
}

button::after {
    border:none;
    border-radius:0;
}
```

可以看到，上述代码并不只是设置image的大小，还有一些额外的CSS，用来消除原生button组件的样式的影响。比如将button组件的padding设置为0，并用::after来取消默认边框线。

读者以后如果遇到类似的需要消除button组件样式的问题，可以参考上面的CSS代码。

8.6　事件对象中 target 和 currentTarget 的区别

截至目前，post-detail页面已经完成了全部功能，但在post页面还有点小小的功能需要补充：既然可以单击文章列表页面的文章跳转到文章详情页面，那么文章列表页面顶部的swiper组件也应该能够单击跳转。

首先对post.wxml页面的swiper组件做一些小的修改，在每个swiper组件的image元素上设置需要跳转的文章id（设置data-post-id属性）。

```
<!-- @post.wxml -->
<swiper catch:tap="onSwiperTap" vertical="{{false}}" indicator-dots="true"
autoplay="true" interval="5000">
  <swiper-item>
   <image src="/images/post/post-1@text.jpg" data-post-id='3' />
  </swiper-item>
  <swiper-item>
   <image src="/images/post/post-2@text.jpg" data-post-id='4' />
  </swiper-item>
  <swiper-item>
   <image src="/images/post/post-3@text.jpg" data-post-id='5' />
  </swiper-item>
</swiper>
```

注意，该id必须是已存在的文章id，否则跳转后无法获取文章详细信息。按照一般的思路，跳转到文章详情页面需要在每个swiper-item组件上注册一个tap事件，从而保证单击每一张图片都可以响应该事件。这样做当然是可以的，但设想一下，如果swiper组件下有十几个元素呢？这样一个一个地去绑定事件是不是太麻烦了？

这里使用之前讲过的冒泡事件，不在每个swiper-item的image上注册事件，而只在swiper上注册一个onSwiperTap事件。无论单击哪个swiper-item的image，单击事件都将通过冒泡机制传递到swiper-item的父节点swiper上。因此，我们只需要在swiper组件上捕获这个单击事件，而无须在每个子元素上监听单击事件。

在post.js中编写事件响应函数onSwiperTap。

```
// swiper组件的单击事件处理函数
// @post.js
onSwiperTap(event) {
constpostId = event.target.dataset.postId;
  wx.navigateTo({
    url: "post-detail/post-detail?id=" + postId
  })
}
```

代码非常简单，思路就是获取文章id后通过wx.navigateTo导航跳转到post-detail页面。需要注意的是，在获取文章id时，使用的并不是event.currentTarget，而是event.target。在冒泡事件中，target指的是事件最开始被触发的元素，而currentTarget指的是捕获事件的元素。

放在我们的代码中，target指的是image元素，而currentTarget指的是swiper元素。单击swiper时实际上单击的是image组件，事件由image一级一级地传递到swiper组件中，最后被注册在swiper组件上的onSwiperTap捕获。

因为只在image元素上才设置有文章id，从currentTarget（swipier）元素中是无法获取到文章id的，所以我们必须使用event.target来获取文章id。保存并运行代码，发现单击swiper组件的不同图片可以跳转到对应的文章详情页面。

8.7 本章小结

本章围绕文章页面的分享功能展开，详解onShareAppMessage的调用逻辑及两种分享模式（直接分享与转发）。通过微信开放能力实现朋友圈分享，并剖析事件对象中target与currentTarget的差异，帮助开发者掌握用户交互中的事件绑定与调试技巧，提升小程序社交传播能力。

第 9 章

Component组件化编程

9

Component自定义组件可以说是这两年小程序最重要的特性支持，它直接改变了小程序的开发方式。之前使用的Vant-Weapp就是用自定义组件的方式实现的。那么如何在小程序中编写一个自定义组件？这就是本章要介绍的内容。

9.1 小程序的 tab 选项卡

从本章开始，我们将着手编写Orange-Can项目的电影部分。电影部分与文章部分属于同一级别，我们需要使用小程序提供的tab选项卡来实现电影、文章和设置3部分的切换。图9-1是我们需要的效果。

图 9-1　底部选项卡效果

对于选项卡，我们不需要自己编写代码实现。小程序提供了现成的tab选项卡，我们只需要在app.json中配置一些参数即可实现tab选项卡的效果。

tab选项卡的配置是通过app.json文件中的tabBar选项来实现的。在配置tab选项卡之前，我们在pages目录下新建一个名为movie的文件夹，并在它的下面新建一个名为movie的页面；接着，在pages目录下新建名为setting的目录并在其下新建名为setting的页面。

随后，我们来配置tab选项卡，在app.json中添加如下代码：

```
{
    "pages":[

    ],
    "tabBar": {
        "borderStyle": "white",
        "selectedColor": "#4A6141",
        "color": "#333",
```

```
        "backgroundColor": "#fff",
        "position": "bottom",
        "list": [
        {
            "pagePath": "pages/post/post",
            "text": "文字",
            "iconPath": "/images/icon/wx_app_news.png",
            "selectedIconPath": "/images/icon/wx_app_news@HL.png"
        },
        {
            "pagePath": "pages/movie/movie",
            "text": "光影",
            "iconPath": "images/icon/wx_app_movie.png",
            "selectedIconPath": "images/icon/wx_app_movie@HL.png"
        },
        {
            "pagePath": "pages/setting/setting",
            "text": "设置",
            "iconPath": "images/icon/wx_app_setting.png",
            "selectedIconPath": "images/icon/wx_app_setting@HL.png"
        }
        ]
    }
}
```

tabBar配置项决定了选项卡的选项个数和样式。通常，它有以下若干子配置项：

- list：选项卡列表，是一个数组，接收一组Object对象，每一个Object对象对应tab选项卡的一个选项。在上述代码中，由于我们需要3个选项卡项目，所以在list属性下配置了3个Object对象。
  - color：选项未选中时的文字颜色。
  - selectedColor：选项选中时的文字颜色。
  - backgroundColor：选项背景颜色。
- borderStyle：选项卡上边框的颜色。注意，它只支持black和white两个取值，不能自定义，默认是black。
- position：可选值有bottom和top，指定选项卡位于底部还是顶部，默认为bottom。当选项卡位于顶部时，不显示选项卡的图片，只有文字。

再来具体看看list这个数组。list数组的每一项是一个Object对象，每一个Object对象代表一个选项。小程序规定，选项卡最少必须有两个选项，而最多只能有5个选项。在上面的示例代码中，我们配置了3个选项。选项出现的顺序由数组中Object的顺序来决定。比如示例中，最终选项的顺序为：文字、光影和设置。Object对象包含以下几个子属性：

- pagePath：每个选项指向的页面路径。注意，该路径必须是一个有效的页面路径，且必须预先在app.json的pages中注册，否则配置无效。
- text：选项上出现的文字。
- iconPath：未选中选项时，选项上出现的图片的路径，图片大小限制为最大40KB，建议尺寸为81px×81px。
- selectedIconPath：选中选项时，选项上出现的图片的路径，图片大小限制为最大40KB，建议尺寸为81px×81px。

这里要特别注意，对于pagePath路径，一定不要以"/"开头，即使它们看起来是绝对路径也不要在路径前面加"/"。在pagePath前面加"/"将导致错误。iconPath和selectedIconPath前可以加"/"也可以不加。

此时，保存并运行代码，会发现页面停留在welcome页面，单击【开启小程序之旅】，页面没有反应。

为什么会出现这样的情况？之前介绍wx.redirectTo和wx.navigateTo时，提到过这两个方法只能用于不带tab选项卡的页面。此时由于我们在app.json中配置了选项卡，所以事实上要跳转的post页面已经被设置成了带选项卡的页面，因此无论使用redirectTo还是navigateTo都不能成功跳转，必须使用另外一个路由方法——wx.switchTab()，才能成功跳转到带有tab选项卡的页面。

修改welcome.js页面的onTapJump方法。

```
onTapJump(event) {
    wx.switchTab({
        url: "../post/post",
        success() {
            console.log("jump success")
        },
        fail() {
            console.log("jump failed")
        },
        complete() {
            console.log("jump complete")
        }
    });
}
```

以上代码仅仅是将原先所调用的wx.navigateTo修改成了wx.switchTab。保存并运行代码，此时再次单击welcome页面的【开启小程序之旅】，就可以成功打开post页面。此时的post页面底部出现了一个tab选项卡。可以通过单击【文字】【光影】【设置】进行页面的切换。

9.2　Component 与 Template

现在的小程序已经支持组件化，组件化才是更好的编程方式。那么template和Component有什么不同呢？

我们之前其实也谈到过，template仅仅是HTML和CSS层面的复用，它其实只是一个"占位符"，并不是真正的组件。真正的组件必须是HTML、CSS和JavaScript这3个层面的复用，也就是说必须将骨架、样式和逻辑封装在一起才是组件。template不能封装JavaScript，也就意味着它不能封装业务逻辑。

官方文档中有一段对自定义组件的描述：开发者可以将页面内的功能模块抽象成自定义组件，以便在不同的页面中重复使用；也可以将复杂的页面拆分成多个低耦合的模块，有助于代码维护。自定义组件在使用时与基础组件非常相似。

这段描述非常精准甚至是精彩地描述了自定义组件的作用：第一，自定义组件有很好的复用性。之前使用的Vant自定义组件就很好地体现了这一点；第二，自定义组件可以很好地分离代码，降低代码的耦合度。自定义组件的第二点好处可能是很多开发者没有体会到的。

我们在做项目开发时，所编写的代码块可能并不需要"复用"，那此时还有必要封装自定义组件吗？笔者的观点是：小型的非正式的项目用不用都无所谓；但在中大型的项目中，组件化是非常好的代码分离和隔绝耦合的方式，即使封装的组件可能只被使用了一次。

因为中大型的项目代码非常复杂，如果不把代码分离开，就会造成所有代码都写在Page的JS文件中。可以想象，一个JS文件有1000多行代码是什么概念。

读者也可以再回过头来看看post-comment页面，无论是WXML、WXSS还是JS文件，代码量都非常大。如果我们能够将这些代码拆分成组件，然后在Page中使用这些组件，是不是就可以很好地做到代码分离？

最后，自定义组件其实并不难理解。官方文档描述中的最后一句可以帮助开发者非常好地理解其概念：自定义组件和小程序的原生基础组件（image、button等）非常相似。只不过原生基础组件是微信官方写好的，而自定义组件是我们自己编写的或者是其他开发者"帮你"编写的，比如Vant就是一组其他开发者帮你写好的自定义组件。

9.3 Component 的基础

我们先来制作一个非常简单的小组件，这个小组件可能没有实际意义，但它可以帮助我们熟悉Component的一些基本概念和用法。通常情况下，一个项目里所有的组件都集中放置在一个目录下。当然，这并不是必须的，但这样做会便于我们管理众多的Component。

现在，在项目的根目录下新建一个名为component的目录，然后在这个目录下新建一个子目录：button。我们自己来写一个简单的按钮。它可能没有Vant的button功能强大，但正如之前所说，越简单越容易帮助我们理解Component。

在button目录下新建组件（右击→【新建Component】），接着输入index，开发工具会自动新建4个名为index的文件。这4个文件的类型同页面的4个文件类型是一模一样的。为了行文方便，我们在后续章节中统一将Component自定义组件简称为组件。

读者可能会奇怪，我们在新建页面时都会用页面的名称，比如post、post-detail来命名页面文件名，但组件却用的是index，这是为什么呢？这是因为组件的文件名称并不代表"组件名"，而是取决于引用组件时所定义的名称。下面的代码在引用Vant时已经用过：

```
{
    "usingComponents": {
        "van-uploader":"@vant/weapp/uploader/index"
    }
}
```

组件真正的名字其实是在引用组件页面的usingComponents里定义的，它和组件的文件名没有关系。比如，上面的代码将Vant的uplodaer组件定义成了"van-uploader"，读者也可以定义成其他的名字。

由于组件名和文件名无关，因此为了方便，通常会把组件的4个文件的名字统一成index。如果读者想把文件命名成其他的，比如button.wxml、button.wxss等，也是可以的。

打开component/button/index.wxml，在其中添加以下代码：

```
<view class="journey-container">
  <text class="journey">开启小程序之旅</text>
</view>
```

在对应的index.wxss中添加以下代码：

```
.journey-container{
    margin-top: 200rpx;
    border: 1px solid #EA5A3C;
```

```
    width: 200rpx;
    height: 80rpx;
    border-radius: 5px;
    text-align:center;
}

.journey{
    font-size:22rpx;
    font-weight: bold;
    line-height:80rpx;
    color: #EA5A3C;
}
```

这两段代码基本取自welcome页面，没有做任何修改，它就是欢迎页面的【开启小程序之旅】按钮的骨架和样式。好了，我们第一个Component自定义组件就完成了。是不是很简单？组件虽然编写好了，但我们还没有用它。怎么用呢？

我们尝试用这个组件替换welcome页面上原来的【开启小程序之旅】按钮。记不记得之前在使用Vant时是如何在页面中引用组件的？我们在welcome.json中添加以下代码：

```
{
  "usingComponents": {
    "o-button":"/component/button/index"
  },
  "navigationStyle": "custom"
}
```

上述代码引用了我们自己编写的button，并将其命名为o-button，其中o是Orange-Can的首字母。

打开welcome.wxml，注释掉原来的view组件，将原来的按钮更换成o-button：

```
<!-- @welcome.wxml -->
<o-button />
<!-- <view catch:tap='onTapJump' class="journey-container">
  <text class="journey">开启小程序之旅</text>
</view> -->
```

替换完成后，welcome页面还是保持了原来的样子，但实际上现在的按钮已经变成了一个组件。我们尝试单击这个按钮，发现它并不会跳转到post页面去。

请读者仔细对比上面的代码，特别是注释掉的代码。在以前的view组件上我们绑定了onTapJump这个单击事件，但o-button上什么都没有。那我们就在o-button上加上一个catch:tap = "onTapJump"，加上后就可以调用welcome.js中的onTapJump跳转到post页面了。

9.4　Component 的属性

现在的o-button太简单了，它完全没有体现组件的优点和优势。下面来尝试完善一下。

首先，o-button可不可以动态地显示中间的文本？目前，o-button组件中的"开启小程序之旅"是一段固定的文本，但如果这个按钮想要用到其他地方，我们可能需要更换文本。

这个需求其实就体现了组件非常重要的意义，组件能够在不同的地方显示不同的文本，而不是只能显示某个固定的文本。例如，在A页面显示"开启小程序之旅"，在B页面显示"结束小程序之旅"。

如果不使用组件，那么我们需要在A、B两个页面各编写一个button，用来显示不同的文本。但这样很麻烦。

如果按照组件的思想，我们就不需要在不同的页面重复编写button，只需要传递一个参数，A页面传递"开启小程序之旅"，B页面传递"结束小程序之旅"。这种行为是不是很像函数？如果读者还是不能很好地理解，可以把组件和函数进行类比，它们的行为和意义非常相似。

那么如何向组件传递参数呢？其实我们在使用原生或者Vant组件时，向它们传递了很多的参数。组件的参数是通过"属性"来传递的，可以回顾一下之前在使用swiper、van-uploader组件时是不是在标签上写了很多的属性？

```
<van-uploader
    bind:after-read="afterSelectPics"
    multiple='{{true}}'
    file-list="{{fileList }}"
    max-count="3" />
```

max-count、multiple都是van-uploader组件的属性，我们向max-count传递3，组件最多就允许上传3张图片。

那么我们如何在o-button中加上属性呢？比如，我们希望o-button可以这么用：

```
<o-button text="我是人间惆怅客" />
```

当设置text属性后，按钮文本就会变成"我是人间惆怅客"。但目前，如果我们直接加上text属性，文本并不会改变。因为我们还没有在o-button内部定义属性，所以o-button根本不认识text属性，自然无法显示text的文本。

9.5　Component 的 JS 文件结构

自定义组件的WXML、WXSS以及JSON文件和Page页面的这3个文件没有太大区别，关键还是在JS文件上有一定的差异。我们还是打开o-button的JS文件来看看自定义组件的默认结构。

```
// @component/button/index.js
Component({
  /**
   * 组件的属性列表
   */
  properties: {},

  /**
   * 组件的初始数据
   */
  data: {},

  /**
   * 组件的方法列表
   */
  methods: {}
})
```

默认代码中的注释已经很明显地表明了它们的作用。注意，页面的JS文件是以Page开头的，但组件是以Component开头的。要定义组件就需要使用Component({})，而不能使用Page({})。

Component内部的属性结构也和Page有些不同。Component比Page多了properties和methods这两个属性。methods很好理解，是用来定义组件内部方法的。那么properties呢？在properties中定义的属性属于"对外"的属性，可以用在组件的WXML标签中。而data中定义的属性属于组件的内部数据，不能作用在WXML标签中。

了解以上的知识后，我们就可以完善o-button了。在properties中添加以下代码：

```
//  @component/button/index.js
properties: {
    text:{
      type:String,
      value:''
    }
},
```

上述代码定义了一个外部属性，名为text。这个属性是一个Object对象，包含两个字段：type和value。type用来设置这个属性的类型，可选值为String、Number、Boolean、Object、Array、null（表示任意类型）。value是属性的初始值。

完成以上定义后，button组件就拥有了text属性。text属性可以用在o-button的标签中。此时，如果将o-button设置成之前的代码：

```
<o-button text="我是人间惆怅客" catch:tap="onTapJump" />
```

会发现welcome页面上的文本并没有变为text的取值。这是为什么呢？其实，o-button的内部已经接收到了文本"我是人间惆怅客"，但在o-button的内部，只是在JS文件中接收到了文本，还没有将这个文本传递到o-button的WXML文件中，文本自然就不会被显示出来。那么如何将数据从JS文件中传递到WXML文件中呢？

同Page页面一样，在Component中也需要使用数据绑定的方式，也就是需要使用setData()函数。在o-button的JS文件中加入以下代码：

```
//  @component/button/index.js
attached(){
    this.setData({
      content:this.properties.text
    })
},
```

以上代码同properties同级别。在attached()函数内部，我们将properties中的text属性绑定到了一个名为content的变量上，这个content变量可以被WXML文件使用。改写o-button的WXML文件：

```
//  @component/button/index.wxml
<view class="journey-container">
  <text class="journey">{{content}}</text>
</view>
```

改写之后，就会发现welcome页面文本已变成了"我是人间惆怅客"，如图9-2所示。

图 9-2　o-button 动态传入文本

再修改一下o-button标签上的text属性，将文本换成"知君何事泪纵横"。

```
<o-button text="知君何事泪纵横" catch:tap = "onTapJump" />
```

相应的页面文本就变化了。读者也可以把text=再次改为"开启小程序之旅"。

9.6 Component 的生命周期函数

Page页面有生命周期函数，同样Component也有生命周期函数，但函数的命名同Page的生命周期函数是不同的。attached就是组件若干生命周期函数中的一个。在o-button的JS文件中加入以下代码：

```
//  @component/button/index.js
attached(){
    this.setData({
      content:this.properties.text
    })
    console.log('attached')
},

created(){
  console.log('created')
},

ready(){
  console.log('ready')
},

detached(){
  console.log('detached')
},
```

以上4个生命周期函数就是Component的主要生命周期函数，我们来看看它们的执行顺序。重新运行代码，调试面板中将输出以下文本：

```
created()
attached()
ready()
```

函数执行的先后顺序需要开发者了解。

- created()：在组件实例刚刚被创建时执行，注意此时不能调用setData（这里划重点）。
- attached()：在组件实例进入页面节点树时执行（通常在这里执行初始化）。
- ready()：在组件布局完成后执行。

这里尤其要注意，created()中不能调用setData()，否则将导致数据绑定无效。可以做一下测试，将o-button.js中的setData()代码从attached()中移入created()中：

```
created() {
    this.setData({
        content: this.properties.text
    })
    console.log('created')
},
```

调整后会发现，按钮的文本不会显示了。这是因为在created()中执行setData()是无效的。如果要执行setData()，最好的时机是在attached()中，这就与在Page的onLoad中执行初始化操作一样。

detached()函数是在组件实例从页面节点树移除时执行，这里没有移除就不会执行。

此外，还有一点是必须说明的，生命周期函数可以直接写在Component下面，也可以写在lifetimes字段下：

```
//component/button/index.js
Component({
  //...
  lifetimes: {
    attached() {
      this.setData({
        content: this.properties.text,
      });
      console.log("attached");
    },
    created() {
      console.log("created");
    },

    ready() {
      console.log("ready");
    },

    detached() {
      console.log("detached");
    },
  },
});
```

但要注意的是，如果在lifetimes和Component中都定义了同名的函数，那么lifetimes中的函数将覆盖Component中的定义。

在最新的小程序版本中，在组件里甚至可以监听到组件所在页面的生命周期函数：

```
pageLifetimes: {
  // 组件所在页面的生命周期函数
  show() { },
  hide() { },
},
```

show()、hide()等都是Page页面的生命周期函数。

有了组件的基本概念后，我们就可以开始后续项目的开发了。组件还有一些很重要的特性没有讲解到，比如自定义事件、外部样式类等。别着急，还是笔者之前的观点，将知识放在应用中学习是最好的方式，组件的一些重要特性将会在后续实战中讲解。

9.7　本章小结

本章系统讲解了组件化编程，对比 Component 与 Template 的适用场景，明确组件的属性定义、JS文件结构及生命周期函数（如 attached/ready）。通过 Tab 选项卡案例实践，强调组件复用对代码维护和扩展性的价值，为复杂页面开发奠定模块化基础。自定义组件对小程序的意义非常大，它可以视作是一种结构化的编程方式，希望读者多使用自定义组件，模块化自己的应用。

第 10 章

电影与自定义组件实战

10

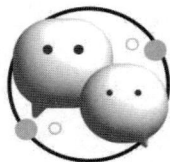

通过前面章节的学习，相信读者已经掌握了自定义组件的定义方法。但那只是理论，如何用自定义组件构建项目，是本章要讲解的核心内容。

本书Orange-Can项目的第一部分【文章】没有使用自定义组件来构建，但对于第二部分【电影】，将完全使用自定义组件来构建。读者可以将【文章】和【电影】部分的写法进行对比，体会使用自定义组件的好处。

10.1　电影模块结构分析

电影页面共有以下几个展示模块：

- 电影首页展示正在热映、即将上映和豆瓣top250三种类型的电影。
- 每种电影只展示最前面的3部。
- 每种电影都有一个【更多】按钮，单击将打开一个新页面，展示该类型下的所有电影。
- 支持电影搜索功能。
- 单击任意一部电影都将打开电影详情页面。

读者可以参考本书彩页中的设计图，直观且详细地了解各个功能模块。

图10-1解释了电影模块中所有页面及构成页面组件之间的结构关系。正方形图例代表页面，椭圆形图例代表组件。读者不需要现在就明白这个结构关系图，只需要在后续章节中时时回顾一下此图即可。箭头线上的数字表示某个页面或者组件需要多少个子组件，没有标注数量的表示只包含1个子组件。

大概解释一下结构关系图：电影功能部分总共有3个页面，分别是首页、更多和详情页面以及1个电影搜索模块（电影搜索不是一个单独的页面）。而每个页面进一步细分，就是组成页面的各个组件。因此，编写页面实际上就是去编写一个个的组件，再由这些组件构成整个页面。

本节仅关注电影首页。电影首页中有一些关键的组件，我们提取图10-2～图10-4所示的3个。

我们基本可以从以上3个示意图中完全解析出组件与组件间的嵌套关系：电影首页由3个movie-list组件构成，每个movie-list组件又由3个movie组件构成，而每个movie组件又包含1个stars组件。

可以看到，组件化编程可以避免编写重复的代码，大量的WXML、CSS和JS代码将被复用。

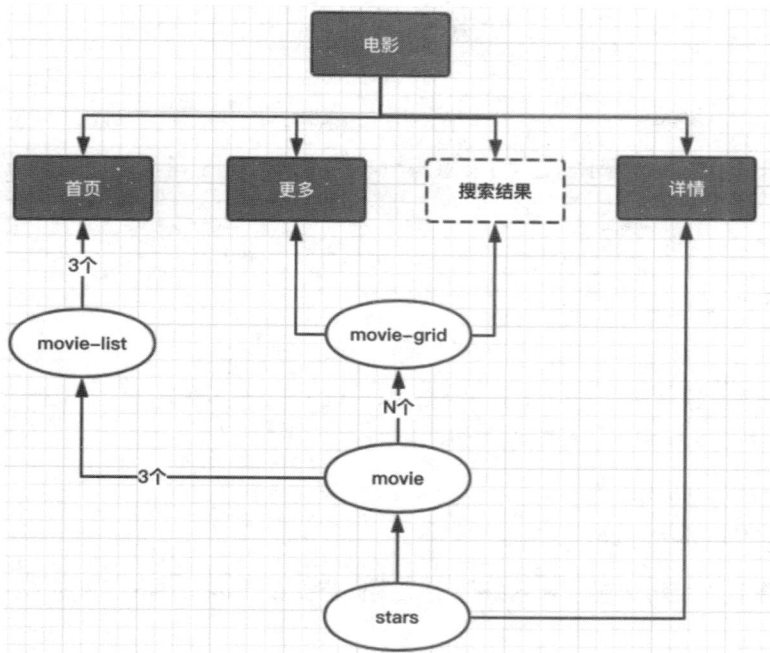

图 10-1　电影部分结构关系图

图 10-2　movie-list 组件

图 10-3　movie 组件

图 10-4　stars 组件

10.2　编写 stars 组件

从上一节中可以看到，stars组件是非常小而基础的，它会被众多其他组件应用。我们在做组件化编程时，有一个基本规则：从最小、最基础的组件开始编写，而不是从最大的那个组件开始编写。

在项目根目录下的component目录中新建一个子目录stars，准备开始编写最小的stars组件，并在目录下新建一个Component（命名为index）。

我们首先来分析一下，这个星星评分组件应该如何来实现。stars组件需要固定显示5颗星星，根据评分的不同，每颗星星的状态可能有以下3种：

- 满星。
- 半星。
- 空星。

举个例子，三星半的stars显示状态为：3颗满星+1颗半星+1颗空星，总计5颗星。可以用数字来表示这3种状态：

- 满星：1。
- 半星：0.5。
- 空星：0。

我们来设计一个数据结构，它可以是一个数组，数组里有5个数字，可能取值为1、0.5和0。这样一个stars组件的状态就转换成了一个数字数组，比如：

- 三星半：[1,1,1,0.5,0]。
- 一星：[1,0,0,0,0]。

有了这个思路后，就可以编写stars组件了。我们需要依次编写stars组件的WXML、WXSS和JS文件。

```
<!-- @/component/stars/index.wxml -->
<view class="stars-container">
  <view class="stars">
    <block wx:for="{{_stars}}" wx:for-item="i">
      <image wx:if="{{i===1}}" src="/images/icon/wx_app_star.png"></image>
      <image wx:elif="{{i===0.5}}" src="/images/icon/wx_app_star@half.png"></image>
      <image wx:else="{{i===0}}" src="/images/icon/wx_app_star@none.png"></image>
    </block>
  </view>
  <text class="star-score">{{score}}</text>
</view>
```

注意，我们在WXML文件中绑定了两个变量_stars和score。{{_stars}}是评分数组，类似于[1,1,1,0,0]；{{score}}表示需要显示的评分数值。

模板中3个image组件使用的是条件渲染wx:if。条件渲染不仅可以使用wx:if和wx:else，还可以多层次地使用，类似于：

```
wx:if
wx:elif
wx:else
```

<block>标签中的代码将循环遍历评分数组，循环一定会执行5次，出现5颗星星，但会根据数据组中当前位的取值是1、0.5还是0来决定星星图片是满星、半星还是空星。这样评分组件的星级就实现了。stars组件的WXSS代码请读者自行复制源码即可。

骨架和样式编写完成后，我们的重点是编写stars的JS文件。在stars的JS文件中添以下代码：

```
// @/component/stars/index.js
Component({
  properties: {
    score: Number,
    stars:{
      type:String,
      value:'00',
```

```
    }
  },

  attached:function(){
    var starsArray = this.convertToStarsArray(this.properties.stars)
    this.setData({
      _stars:starsArray
    })
  },

  data: {
    _stars:"00",
  },

  methods: {
    convertToStarsArray(stars) {
      var num = stars / 10;
      var array = [];
      for (var i = 1; i <= 5; i++) {
        if (i <= num) {
          array.push(1);
        } else {
          if ((i - num) === 0.5) {
            array.push(0.5)
          } else {
            array.push(0);
          }
        }
      }
      return array;
    }
  }
}))
```

在编写组件时，首先必须搞清楚哪些是对外的开放属性，哪些只是组件内部需要使用的属性（不需要对外开放）。stars需要接收两个外部数据：评分（score）和星级（stars）。

- score是10分制，比如一部电影可能是9.2分，可能是8.2分，也可能是5.0分。
- stars是五星制评级，数据格式为50（表示5星）、35（表示3星半）、00（0星或者还没有星级）。

所以我们在properties下定义了这两个属性，这两个属性需要由外部传入组件内部。

很多读者在这里会有疑问，为什么星级是用50、35、00来表示呢？这里简单解释一下，因为服务器返回给我们的星级数据格式就是这种形式。后面我们在向服务器请求数据时就能够明白了。

上述代码中stars这种定义形式之前已讲过，但是score的定义方式好像很奇怪。其实，score的定义方式是一种简写，它等同于下面的定义：

```
properties:{
    score:{
      type:Number,
      value:0
    }
}
```

如果某个属性的初始值就是类型的默认值，那么可以简写。比如，score是数字类型（Number），那么可以简写为score:Number，其value可以省略了。

我们之前讲到过，WXML文件里需要绑定一个数组，比如[1,1,0.5,0,0]，但外部传递到组件里的参数是50、35这种形式，所以需要进行转换。转换函数就是methods中定义的convertToStarsArray()。

我们在生命周期函数attached()中调用convertToStarsArray()进行数据格式的转换。转换完成后必须使用setData()进行数据绑定。

最后，我们需要关注data中定义的_stars。其实去掉_stars代码也是可以运行的，但这里有一个关于良好编码的建议：如果某个数据需要作为数据绑定的变量，那么它不应该凭空出现，建议在data或者properties中定义。这一点在编写Page页面时也是这么建议的，data需要预定义变量。

这里还有一个问题，为什么我们已经在properties中定义了stars，还要在data中定义一个_stars呢？直接把properties中的stars作为绑定变量不可以吗？

properties中定义的stars和data中定义的_stars并不是同一个变量，_stars是经过convertToStarsArray()函数转换后的星级数据（[1,1,1,0,0]形式），而properties中的stars（30形式）是外部传递进来的原始数据，我们需要区分。

现在，stars组件就编写完成了。下面来测试一下这个星星组件。回顾一下，如何在页面中使用stars组件？其实stars组件的使用方式和我们之前使用的Vant组件是一模一样的。

首先，在需要使用stars组件的页面的JSON文件中引用并定义组件。通常情况下，我们会在movie页面的JSON文件中引用stars。但是，假如stars组件在一个项目中会被多个页面引用，如果每个页面都在自己的JSON文件中引用stars，其实很麻烦。能不能在一个地方引用后，其他页面就能够直接使用呢？

这是有方法的。我们可以在app.json中引用stars组件，将其定义为全局组件，这样任何一个页面都不需要再引用，可以直接使用。在app.json中加入以下配置项：

```
{
  "pages":[],
  "usingComponents":{
    "o-stars":"/component/stars/index"
  }
}
```

接着在movie.wxml中直接使用o-stars组件：

```
<!-- @movie.wxml -->
<o-stars stars="35" score="7.6"/>
```

注意stars="35"，这是我们随意传递的一个数据。读者也可以传入50、25等。保存代码后可以看到movie页面显示了这个星星评分组件，如图10-5所示。

★★★☆☆　7.6

图 10-5　评分组件效果

这里要注意，我们并未在movie.wxml中引用o-stars组件，而是直接使用了这个组件。因为在app.json中已经引入了o-stars，以后在项目的任何一个页面中都无须再引用o-stars，直接使用即可。

当然，如果读者不想编写stars组件，也可以直接使用Vant中提供的Rate组件。它的功能更加强大。这里主要是想通过stars组件来介绍如何自己编写组件，所以没有使用Vant组件库里的Rate组件。

10.3　编写 movie 组件

本节将编写movie组件。请读者一定要区分movie组件和movie页面。movie组件是定义在component目录下的，而movie页面是定义在page下的，它们是不同的。

在component中新建一个movie组件，并在movie组件中添加以下代码：

```
<!-- @component/movie/index.wxml -->
<view class="container">
  <image class="img" src="{{coverageUrl}}"></image>
  <text class="title">{{title}}</text>
  <o-stars stars="{{stars}}" score="{{score}}" />
</view>
```

从设计图中可以看到，每个movie组件都包含有一个stars组件。我们之前都是在页面中使用组件，那么可以在组件中再使用组件吗？

当然可以，而且和在页面中使用组件没有什么区别。上述代码的第5行就直接使用了o-stars组件。那我们还需要在使用o-stars之前在movie.json中引用这个组件吗？不需要了，因为我们已经将o-stars定义成了全局组件。

同时，movie组件绑定了coverageUrl、title两个变量。而由于我们要使用o-stars组件，这个组件也需要传递两个参数：stars和score。这4个数据从哪里来呢？还是从外部传递到movie组件里来。

所以在movie的JS文件中定义4个外部属性：

```
// @component/movie/index.js
Component({
  properties: {
    score:Number,
    stars:String,
    coverageUrl:String,
    title:String
  },

  data: {

  },

  methods: {

  }
})
```

请读者自行到源码中复制movie组件的WXSS代码。

最后，还是在movie页面中引入并使用这个movie组件（有点绕口，请注意区别）。在movie页面的JSON文件中添加下述定义（movie组件并不是全局组件，所以需要在页面中引用）：

```
{
  "usingComponents": {
    "o-movie":"/component/movie/index"
  }
}
```

引入后就可以在页面中使用o-movie组件了。打开movie.wxml，加入以下代码：

```
<!-- @pages/movie/movie.wxml -->
<o-stars stars="35" score="7.6"/>
<o-movie score="8.8"
stars="45"
coverage-url="/images/movie/sunrise.png"
title="爱在黎明破晓前"/>
```

由于我们在movie组件中定义了4个属性，因此在使用o-movie组件时就传入了4个模拟的数据。请确保images目录下有sunrise.png这张图片。

保存代码，将看到movie组件显示在页面中，如图10-6所示。

图 10-6　引入 o-movie 的效果

为什么coverageUrl属性变成了coverage-url？

仔细观察上面的代码会发现，我们在JS文件里设置的属性名为coverageUrl，这是典型的"驼峰"（Camel Case）命名方式，但是在标签中使用的是coverage-url，字母都是相同的，但是形式不同。为什么会这样？这是因为JavaScript的命名规范是驼峰命名方式，而HTML中通常用短横线命名法（Kebab-Case）。为了遵循不同语言的规范，小程序会自动将converageUrl同coverage-url对应起来，不会出现不识别、不匹配的情况。

10.4　编写 movie-list 组件

最后，编写movie-list组件。在component下新建movie-list组件。

从设计图中可以看到，movie-list组件包含3个movie组件。直接在movie-list组件中引入并使用movie组件就可以了。在movie-list的index.wxml中加入以下代码：

```
<!-- @component/movie-list/index.wxml -->
<view class="container">
  <view class="inner-container">
    <view class="head">
      <text class="slogan">{{categoryTitle}}</text>
      <view catchtap="onMoreTap" class="more">
        <text class="more-text">更多</text>
        <image class="more-img"
src="/images/icon/wx_app_arrow_right.png"></image>
      </view>
    </view>
    <view class="movies-container">
      <block wx:for="{{movies}}">
        <o-movie score="{{item.score}}"
stars="{{item.stars}}"
coverage-url="{{item.coverageUrl}}"
title="{{item.title}}"/>
      </block>
    </view>
  </view>
</view>
```

movie-list组件比较复杂，这里就不再模拟数据了，有兴趣的读者可以自己模拟一组movies数据，并将movie-list引入页面中进行测试。

movie-list包含了3个movie组件，这也是为什么代码第11~13行用了一个for循环。根据{{movies}}这个数组变量的元素个数，将生成若干个movie组件。由于movie-list组件内部使用了movie组件，因此我们必须在movie-list的JSON文件中引入movie组件：

```
{
  "usingComponents": {
    "o-movie": "/component/movie/index"
  }
}
```

再看看movie-list的JavaScript代码：

```
// @component/movie-list/index.js
Component({
  properties: {
    categoryTitle:String,
    movies:Array
  },

  data: {

  },

  methods: {

  }
})
```

再次强调，在编写组件时，必须想清楚哪些数据只用于内部（放置在data下），哪些数据需要在外部传递（在properties中定义）。从上面的代码中可以看到，categoryTitle和movies数组需要从外部传递。categoryTitle用来显示movie-list的类型（可能的类型有3种：即将上映、正在热映与Top250），movies是一个包含3部电影数据的数组。请读者仔细对比设计图，找到categoryTitle和movies所对应的页面元素。

10.5　本章小结

本章以电影模块为案例，实战自定义组件开发。从 stars 评分组件到 movie-list 列表组件，逐步拆解组件设计逻辑与数据绑定方法。通过模块化封装，实现页面功能解耦，强化组件复用思维，为后续复杂业务场景提供可复用的开发经验。

第 11 章

从服务器获取数据

11

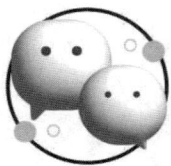

虽然小程序主要是前端技术，基本不涉及服务端编程，但前端总是需要从服务端获取数据。比如，在前面的章节中，我们用模拟的假数据来展现页面效果，这只是为了学习，而在真正的项目中，前端展示的都是真实的数据，这就需要小程序向服务端发送请求，从而获取到真实数据。本章的核心内容就是介绍如何向服务器发送HTTP请求，并处理服务器返回的数据。

11.1 准备从服务器获取数据

在上一章中，我们已经将构建电影页面的组件素材movie、movie-list和stars准备好了，但在测试movie和stars组件时使用的是模拟数据。

小程序只是一个前端工程，它本身没有数据源。数据的管理是由服务端（Python、PHP、Java等语言管理的程序）来控制的。我们通过之前章节的内容可以看到，Post页面所有的数据都只是在前端模拟的本地数据，当然这只是为了便于学习小程序而做的一种简化处理。

但在真实的项目中，和服务器对接是前端开发者必须做的事情。在目前的编程世界里，前端暂时还无法脱离服务器独立运行。为了让读者更好地学习如何在小程序里对接服务器，笔者特意提供了一些电影示例数据，读者可以通过本书提供的API获取这些示例数据。

11.2 小程序的全局变量

电影首页JS文件的编码工作主要做以下3件事情：

（1）调用服务器API获取电影数据。
（2）处理返回数据。服务端返回的数据结构并不一定是我们需要的，所以可能需要加工处理一下。
（3）绑定并显示数据。

以上的页面加载数据步骤（或者说是思维方式）可以应用到所有的项目中。
首先给出服务端数据API基地址：http://t.talelin.com/v2/movie/{category}。
category是一个可选参数，可能的取值有：

- top250：top250电影。
- in_theaters：正在热映的电影。

- coming_soon：即将上映的电影。

　　下面介绍一下小程序中的全局变量。所谓全局变量，其实是一个可以在任何页面、任何组件的JS文件中被访问的变量。如何在小程序中实现这种"全局变量的机制"？其实在小程序中没有特别定义"全局变量"这个概念，但我们可以通过变通的方式来实现。

　　我们之前谈到过，小程序有一个应用程序级别的JS文件，就是app.js。我们可以把全局变量定义在app.js中，然后就可以在其他页面或者组件中访问了。在app.js中新增以下变量的定义：

```
// app.js
App({
  onLaunch () {
     // 省略
  },
  baseUrl:'http://t.talelin.com/v2/',
})
```

　　在上述代码中，我们新增了一个字段：baseUrl。baseUrl是所有API的基地址。注意这不是完整的API地址，当访问特定的服务时，还需要附加一些其他的参数或者路径。

11.3　获取服务端电影分类数据

　　在发起网络请求前，我们需要在小程序的项目设置中勾选【不校验合法域名、web-view（业务域名）、TLS版本以及HTTPS证书】选项。如果不勾选这个选项，就不能在测试和开发阶段发送网络请求。

　　准备好后，我们先测试并学习一下如何调用服务端API。我们将测试代码放在movie页面中。打开movie页面的movie.js文件，在onLoad函数中加入一段访问服务器API的代码：

```
// @movie.js
onLoad() {
   const app = getApp()
   const params = '?start=0&count=3'
   wx.request({
    url: app.baseUrl + '/movie/top250' + params,
    success: (res) => {
      console.log(res)
    }
   })
}
```

　　从服务器获取数据的关键是有一个完整的URL路径，比如：

```
http://t.talelin.com/v2/movie/top250?start=0&count=3
```

　　以上URL可以分为3部分：

　　（1）基地址（http://t.talelin.com/v2/）。基地址已经在全局变量中进行了配置，这里直接获取即可。

　　（2）业务部分（movie/top250）。不同的API有不同的业务部分路径。

　　（3）参数部分（?start=0&count=3）。start用来指定起始数据的位置，count用来指定本次获取的数据的数量，最大值为20。

　　上述代码的主要业务逻辑其实非常简单，主要就是拼凑出一个top250的API访问地址，并通过wx.request()函数来发送HTTP请求获取服务端数据。

注意onLoad()函数中的第一行代码，我们通过getApp()获取到了应用程序的实例app。getApp()是小程序内置的一个方法，无须引用，在小程序全局可以直接使用。通过这个app可以访问我们之前在app.js中定义的全局变量baseUrl。访问方式也非常简单，就是app.baseUrl。

在小程序中，发送HTTP请求的API函数是wx.request()，这个函数有以下两个可选参数。

- url：指定要访问的服务端API地址。
- success：服务器返回结果的回调函数。res就是服务器的返回结果。

我们在success中打印了服务器的结果，可以看到只从服务器中获取了3条数据，这是由params参数决定的。保存代码后，可以在调试面板的Console中看到如图11-1所示的输出信息。

```
▼ {data: {…}, header: {…}, statusCode: 200, cookies: Array(0), errMsg: "request:ok"}
  ▶ cookies: []
  ▼ data:
      count: 3
      start: 0
    ▼ subjects: Array(3)
      ▶ 0: {casts: Array(3), comments_count: 222527, countries: Array(1), directors: Array(1), genres: Array(2), …}
      ▶ 1: {casts: Array(3), comments_count: 182073, countries: Array(2), directors: Array(1), genres: Array(3), …}
      ▼ 2:
        ▶ casts: (3) [{…}, {…}, {…}]
          comments_count: 203861
        ▶ countries: ["法国"]
        ▶ directors: [{…}]
        ▶ genres: (3) ["剧情", "动作", "犯罪"]
          id: 169
        ▶ images: {large: "https://img3.doubanio.com/view/photo/s_ratio_poster/public/p511118051.jpg"}
          original_title: "这个杀手不太冷 Léon"
```

图 11-1　打印服务端返回的结果

11.4　测试：在电影页面中使用 movie-list 组件

通常，从服务器加载回来的数据是不能够被直接使用的，还需要进行一系列的处理。在movie页面的JS文件中加入一个处理函数processServerData()：

```js
// @movie.js
processServerData(data) {
  const movies = [];

  for (let idx in data.subjects) {
    const subject = data.subjects[idx];
    // 只保留标题的前6个字符
    let title = subject.title;
    if (title.length >= 6) {
      title = title.substring(0, 6) + "...";
    }

    const temp = {
      stars: subject.rating.stars,
      title: title,
      score: subject.rating.average,
      coverageUrl: subject.images.large,
      movieId: subject.id
    }
    movies.push(temp)
```

```
  }

  this.setData({
    movies: movies
  });
},
```

以上代码用于处理服务器返回的数据。因为我们向服务器请求的是3条电影数据，所以这里需要用一个for循环来处理数组。而处理的逻辑也非常简单，主要是将服务器返回给我们的数据处理后再包装成了一个对象，并添加到movies数组中。而movies数组就可以用来做数据绑定，填充到WXML文件中。请读者特别注意这里的5个属性stars、title、score、coverageUrl和movieId。前4个属性都被直接使用了，而movieId目前还没有被使用，这个id将在后续的功能中被使用。

在定义了processServerData()后，就可以处理数据并将数据显示在movie页面上了。注意，电影数据可以通过之前编写的movie-list组件来显示。

首先，在movie.json中引入movie-list组件：

```
{
"usingComponents": {
"o-movie":"/component/movie/index",
"o-movie-list": "/component/movie-list/index"
}
}
```

接着，在movie.wxml页面中使用movie-list组件：

```
<!-- @movie.wxml -->
<o-movie-list category-title="Top250" movies="{{movies}}" />
```

下面的思路是，将从服务器获取到的数据传入processServerData()中进行处理。将onLoad的success()函数中原来的console.log代码替换成processServerData()调用：

```
{
  "usingComponents": {
    "o-movie": "/component/movie/index",
    "o-movie-list": "/component/movie-list/index"
  }
}
onLoad() {
  const app = getApp()
  const params = '?start=0&count=3'
  console.log(111)
  wx.request({
    url: app.baseUrl + 'movie/top250' + params,
    success: (res) => {
      this.processServerData(res.data)
    }
  })
}
```

这里需要注意，我们并不是直接将res作为参数传递到processServerData()中，而传递的是res.data。为什么这样传递？读者可以仔细看看服务器的返回数据结构：服务器真实的数据是包装在res.data中的，所以需要通过.data属性来获取真实数据。

保存代码后，运行效果如图11-2所示。

图 11-2　movie-list 组件的显示效果

11.5　小程序中的异步处理模式

在一个完整的小程序中，wx.request方法的使用是非常频繁的，并且可能在不同的页面中被使用。因此，我们应当将这个方法提取成为一个公共的函数。在util.js中加入以下函数：

```
// @util.js
function http(url, callback) {
  const app = getApp()
  wx.request({
    url: url,
    success: (res) => {
      callback(res.data)
    }
  })
}
```

上述函数其实就是一个被封装的wx.request()。注意，http()函数相对于之前的wx.request()，其代码做出了一些改动：除了接收url作为请求URL外，还增加了一个callback参数。由于服务器返回请求结果是异步的，因此我们无法把res通过常规的return关键字返回到http()函数的调用方，只能使用回调函数的方式。

这种传递一个callback参数，在异步函数里调用callback的方式是异步编程最基础的形式。

异步编程属于JavaScript的基础特性，不在小程序编程的讲解范畴内。但我们可以简单总结一下，异步编程最常用的调用方式有以下3种：

- callback：回调函数的方式，就是上面代码用到的方式。
- Promise：非常重要的异步编程解决方案。
- async和await：目前最简洁的异步方案，但它的基础是Promise，它只是一个Promise的语法糖，本质还是使用Promise。

有兴趣的读者可以去了解一下这几种方式的区别。Promise是ES6中的语法，而async和await是ES7提供的关键字。早期版本的小程序很难支持ES6和ES7，但现在，小程序已经支持了Promise，也可以支持async和await。

鉴于JavaScript不是本书重点，为降低学习难度，我们暂时先使用最简单的回调函数的方式来处理异步调用。但笔者强烈建议读者在做项目的时候使用Promise或者async和await。

别忘了http()函数还需要从模块中导出：

```
// @util.js
export {
  getDiffTime,
  http
}
```

有了http()函数后，就不再需要使用wx.request了。现在，将之前movie.js中的onLoad方法修改为下述代码：

```
// @movie.js
import { http } from '../../util/util.js'
onLoad() {
    const app = getApp()
    const params = '?start=0&count=3'
    const url = app.baseUrl + 'v2/movie/top250' + params
    http(url, this.processServerData)
},
```

上述代码和之前的代码没有太大的区别，只是将wx.request()替换成了util中的http()函数。我们将processServerData()作为回调函数传入http()函数中。当从服务器中加载到数据后，http()函数内部的success将负责再次调用processServerData()这个回调函数。

回调函数是最基本的处理异步的手段，但很多习惯了同步开发的读者可能还不太适应，建议再将这两个小节反复研习几遍。

11.6　用 3 个 movie-list 组件构建电影页面首页

在上一节中我们已经实现了显示Top250的电影，读者通过查看设计图应该能够知晓，电影页面实际上是由3个movie-list构成的。因此，只需要再增加两个movie-list就能够构建整个电影页面了。修改movie.wxml代码如下：

```
<!-- @movie.wxml -->
<view class="container">
  <view class="movies-template">
   <o-movie-list movies="{{inTheatreMovies}}" category-title="正在热映" />
  </view>
  <view class="movies-template">
    <o-movie-list movies="{{comingSoonMovies}}" category-title="即将上映" />
  </view>
  <view class="movies-template">
    <o-movie-list movies="{{top250Movies}}" category-title="Top250" />
  </view>
</view>
```

接着来编写movie.wxss中的样式：

```
/* @movie.wxss */
.container {
  background-color: #f2f2f2;
}
.movies-template {
  margin-bottom: 30rpx;
}
```

上述代码在movie页面又增加了2个movie-list，分别是"正在热映"和"即将上映"。这3个movie-list需要输入3组不同的movies数据。

但这3组数据如何获取？还是需要从服务器来获取。理论上讲，我们需要调用3次http()函数，同时再重复调用3次processServerData()。

可以通过一些函数的提取来简化一下代码的写法，关键点在于processServerData()的重构。在这个函数的内部有一些公共的部分可以提取出来，就是for循环部分。下面，将这部分代码提取到util.js中，成为一个名为processServerMovies的函数：

```
function processServerMovies(data) {
  const movies = [];

  for (let idx in data.subjects) {
    const subject = data.subjects[idx];
    let title = subject.title;
    if (title.length >= 6) {
      title = title.substring(0, 6) + "...";
    }

    const temp = {
      stars: subject.rating.stars,
      title: title,
      score: subject.rating.average,
      coverageUrl: subject.images.large,
      movieId: subject.id
    }
    movies.push(temp)
  }
  return movies
}
```

别忘记在export部分导出这个函数。相对于之前页面中的processServerData()函数，它少了setData数据绑定的部分。下面给出整个movie.js的重点代码：

```
import {
  http,
  processServerMovies
} from '../../util/util.js'
Page({
  data: {
    top250Movies: [],
    inTheatreMovies: [],
    commingSoonMovies: []
  },

  onLoad() {
    const app = getApp()
    const params = '?start=0&count=3'
    const top250Url = app.baseUrl + 'movie/top250' + params
    const inTheaterUrl = app.baseUrl + 'movie/in_theaters' + params
    const comingSoonUrl = app.baseUrl + 'movie/coming_soon' + params
    http(comingSoonUrl, this.processComingSoonData)
    http(top250Url, this.processTop250Data)
    http(inTheaterUrl, this.processInTheaterData)
  },

  processTop250Data(data) {
    const movies = processServerMovies(data)
```

```
        this.setData({
          top250Movies: movies
        });
      },
      processInTheaterData(data) {
        const movies = processServerMovies(data)
        this.setData({
          inTheatreMovies: movies
        });
      },
      processComingSoonData(data) {
        const movies = processServerMovies(data)
        this.setData({
          comingSoonMovies: movies
        });
      },
    })
```

　　代码最开始就导入了util模块中的相关方法，便于在页面中
使用。在onLoad()函数中，发起了3个HTTP请求去服务器加载3
种不同类型的电影数据。对于每一类数据，分别传入不同的处
理函数作为回调函数，用来接收服务器的返回数据，然后调用
util中的processServerMovies方法进行数据处理，最后将这些处
理后的数据进行数据绑定。

　　电影首页效果如图11-3所示。

　　本节的代码比较复杂，看起来也比较奇怪，这是由于"异
步"造成的。很多时候编程都用同步的模式，同步代码比较好
处理，但由于小程序的HTTP请求（wx.request）是强制异步的，
而"异步"的代码会造成代码的"割裂"，因此写出来的代码
就显得不那么直观。

　　当然，强制异步并不是小程序的设计问题。实际上几乎所
有的前端框架在和服务端对接时，都需要采用异步的方式，这
是Web编程的一个特点。同步获取服务器数据很大概率会造成
前端线程堵塞，也会让服务端负载过高。

　　因此大多数前端框架在发送HTTP请求时，都使用异步的
方式。

图 11-3　电影首页效果

　　有没有更好的解决方案呢？有，使用Promise或者asnyc和await可以简化上述代码的写法（实际上
Promise和async只是在写法上有所改良，让异步编程看起来更像同步编程，但其本质依然是异步编程）。

11.7　组件化编程意义的探讨

　　我们之前曾谈到过组件化编程的意义，但当时我们对组件化编程还没有一个直观的认识。现在，
我们已经按组件的思想构建了第一个页面。此时再结合这种经验来介绍组件化编程。

组件化编程有两个意义：

（1）组件可以复用。

（2）组件可以将复杂的代码分离成不同模块。

在电影页面的构建过程中，movie和stars组件主要体现了复用的意义（因为在后续项目的开发过程中，还要再次使用stars和movie组件），而movie-list好像并没有体现出复用的意义。

我们可以从设计图中看到，movie-list只会在电影页面中使用，并不会在其他页面中使用。那是否movie-list就没有意义了呢？

并不是，组件分离代码也是非常重要的。可以看看现在电影首页的代码，是不是非常的简单？这完全是封装了movie-list组件的功劳。我们可以想想，如果没有movie-list的封装，这个页面的代码是不是会变得非常复杂？读者可以自己试试不封装movie-list，只使用movie和stars组件来构建整个电影首页。

笔者希望读者能注意代码分离的重要性，因为将代码分离后，我们的项目源码就会变得非常清晰和简洁，同时也有利于日后的维护。

这里还有一些经验可以分享给读者：在封装基于HTTP的网络请求时，最好不要将HTTP请求放置到组件内部，而应该在外部获取数据，并通过属性的方式传递到组件内部。

拿movie页面举例，向服务器的请求并未内置在movie的各种组件中，而是将HTTP请求放置在movie页面中。

为什么不在组件内部发起网络请求呢？因为这将降低组件的灵活性。如果一个组件需要被应用到多个页面或者开放给其他项目使用，那么通常不会把网络请求放置到组件里。开发者应当根据自己的业务自行在页面中请求数据。组件只应当负责数据的展示和一些基础处理，它通常不应包含太多和业务相关的处理逻辑。组件内部逻辑越复杂，其通用性就越低。

理论上，项目越大，业务越复杂，使用组件构建整个项目的收益就越高。

11.8 关于 wx.request()的设置

对于wx.request()，还有以下几个注意事项：

- URL中不能有端口号。
- wx.request()的默认超时时间和最大超时时间都是60s。
- wx.request()的最大并发数是10（这里需要说明，早期版本的小程序限制5个并发数，后改成10个，现在最新版本的文档中没有明确指明并发数量）。

很多读者可能想知道如何在小程序中修改默认的超时时间，答案是在app.json文件中配置超时时间。在app.json中除了我们之前讲到的pages、window、tabBar等常用的配置项外，还有一个networkTimeout配置项。networkTimeout配置项用来配置各类网络请求的超时时间：

- request wx.request的超时时间，单位为毫秒，默认值为60000。
- connectSocket wx.connectSocket的超时时间，单位为毫秒，默认值为60000。
- uploadFile wx.uploadFile的超时时间，单位为毫秒，默认值为60000。
- downloadFile wx.downloadFile的超时时间，单位为毫秒，默认值为60000。

我们可以在app.json中添加以下代码来设置各类请求的超时时间：

```
"networkTimeout": {
  "request": 20000,
  "connectSocket": 20000,
  "uploadFile": 20000,
  "downloadFile": 20000
}
```

通过以上设置，如果服务器在20s内没有响应，那么wx.request()将进入fail回调函数。

除了可以在app.json中配置网络参数之外，现在，小程序也可以在wx.request()调用时设置网络参数：

```
wx.request({ timeout: 5000 })
```

这种方式的优先级会高于app.json配置的方式。

11.9　HTTP、HTTPS 与可信域名

为了保证数据的安全性，小程序强制使用HTTPS通信协议，且所访问的https地址必须已被加入小程序后台账号的可信域名中。图11-4是小程序开发账号的HTTPS可信域名配置的示意图。

图 11-4　小程序开发账号后台关于服务器通信地址的配置选项

通常情况下，我们在开发阶段还未配置HTTPS，大部分情况我们会在上线后才安装HTTPS证书。而在开发阶段，通常都是使用HTTP协议进行通信。那在开发阶段如何访问服务端的HTTP接口呢？

在开发工具中访问HTTP接口的方式是在项目设置中勾选【不校验合法域名、web-view（业务域名）、TLS版本以及HTTPS证书】选项，勾选后开发工具既不要求开发者配置可信域名，也不会检查HTTPS证书。

而要在真机上访问HTTP接口，只需在真机上打开小程序的调试模式即可，调试模式同样不要求配置可信域名。

　　这里要强调一下，这只是开发阶段为了方便调试而采取的一种快捷方法，如果要正式上线小程序，那么必须满足以下3个要求：

　　（1）服务器接口必须是HTTPS协议的。

　　（2）必须拥有一个域名，且已备案此域名。

　　（3）必须在小程序账号后台中配置该服务器的域名。

　　这3个条件缺一不可。

11.10　本章小结

　　本章聚焦服务端数据交互，从全局变量定义到wx.request的异步请求处理，完成电影分类数据的动态加载。通过movie-list组件组合实现首页布局，探讨组件化编程的意义，并详解HTTPS可信域名配置，确保数据安全性与网络请求稳定性。

第 12 章

组件事件与电影搜索

12

组件有两个重要的机制：属性和事件。之前我们已经使用过很多组件的属性，比如image组件的src属性，本章将重点探讨如何实现自定义组件的事件。

12.1　组件的事件

上一章我们只是构建了电影首页，还没有处理首页中的一些单击事件。比如单击任意一部电影，应该能够进入电影详情页面；单击【更多】，应该可以去查看某分类下的所有电影。

我们先来想想当用户单击某一部电影后的处理逻辑。我们需要在用户单击某部电影后跳转到电影详情页面。首先在pages/movie下新建目录movie-detail，然后在此目录下新建电影详情页面movie-detail。

如何在电影首页单击某部电影的封面后跳转到电影详情页面呢？这必然要通过单击事件来完成。但现在的问题是，movie页面是由3个movie-list组成的，我们甚至无法在页面的WXML中找到"movie"这个组件的元素，因为它已经被封装到了movie-list中。因此，自然不能像之前那样直接在页面的元素上绑定事件监听函数了，但我们可以在movie组件内部绑定一个事件。

打开movie组件的index.wxml，在根元素的view组件上绑定一个事件监听函数：

```
<!-- @component/movie/index.wxml -->
<view catch:tap="onTap" class="movie-container">
```

同时，在JS文件中增加这个事件监听函数。

```
// @component/movie/index.js
methods: {
  onTap(event) {
    wx.navigateTo({
      url: '/pages/movie/movie-detail/movie-detail',
    })
  }
}
```

加入以上代码后，我们从电影首页单击某部电影的封面就可以打开该电影的详情页面了。可以看到，这种监听事件的方法和我们在页面上监听事件的方法是没有区别的。

现在还有一个问题，movie-detail页面只有知道电影的id（movieId）才能显示具体的电影详情数据。这个需求与post向post-detail页面跳转时的需求一样。我们会发现，在movie组件的内部，根本拿不到当前电影的id。

读者可以回忆一下，在之前的章节中，其实已经可以在movie-list组件中拿到movieId了。因为每个movie-list接收了一个电影数组，每个数组中包含了电影数据，而每部电影数据中有5个电影属性，其中就有movieId。只需要将这个movieId从movie-list中传到movie组件中就可以了。

现在我们在movie组件的内部新增一个外部属性movieId：

```
// @component/movie/index.js
properties: {
    score: Number,
    stars: String,
    coverageUrl: String,
    title: String,
    movieId:String
},
```

现在movie组件就有了电影id。下面将这个id绑定到wx.navigateTo()的url中：

```
// @component/movie/index.js
methods: {
    onTap(event) {
    wx.navigateTo({
    url: '/pages/movie/movie-detail/movie-detail?id='
    +this.properties.movieId
        })
    }
}
```

虽然增加了movieId属性，但是在movie-list组件中还没有将movieId传入movie中。修改movie-list的WXML代码：

```
<!-- @component/movie-list/index.wxml -->
<o-movie
movie-id="{{item.movieId}}"
score="{{item.score}}"
stars="{{item.stars}}"
coverage-url="{{item.coverageUrl}}"
title="{{item.title}}" />
```

上述代码增加了一个movie-id="{{item.movieId}}"，用来将movieId作为参数传给movie组件。这样，movie-detail页面就可以获取到当前要展示的电影id了。

12.2　组件的自定义事件

上一节虽然成功实现了跳转逻辑，但其实这种做法有一点缺陷。这个缺陷在本项目中可能体现得并不够明显，但我们还是需要提出这个缺陷来。注意，本节代码只是为了讲解自定义事件，只是临时代码，本节结束后，代码需要还原。

首先回到组件的意义：组件是可以复用的，它不应该包含具体的业务逻辑。在上一节中，我们在组件的内部进行了页面的跳转，这其实就是在组件内部包含了一个具体的业务逻辑。可以假想，如果movie组件在其他页面使用时并不需要跳转呢？如果其他页面只是想在单击movie组件时以弹窗的形式展现电影详情而不是跳转页面呢？

上一节的写法让这个组件变得不够灵活，因为它在单击组件后必须跳转到movie-detail页面。因此，最好的解决方案是将跳转页面的逻辑从movie组件内部移除，放到页面中来完成。

如果要从页面中完成跳转逻辑，有一个非常重要的问题就是，如何在页面中监听用户单击movie组件这个事件。只有监听到了单击事件，才能完成页面跳转逻辑。

除此之外，页面还必须知道用户单击的movie组件的id。但是，用户单击了哪个movie组件，只有这个movie组件自己知道。那么现在的问题就是，如何将movie组件的id发送到页面中去。

要解决这个问题，需要用到"自定义事件"。

我们之前监听的事件都是小程序的内置事件，比如tap事件、touch事件，但其实自定义组件也可以有自己的自定义事件。可以想象一下，一个组件难道只能有常见的"单击""拖动"等事件，不能有自己的比如"走路""吃饭"等事件吗？当然可以有。要实现这些小程序没有提供的事件，就必须让组件能够自己定义事件，这就是"自定义事件"。

如何创建一个自定义的事件呢？

我们尝试让movie组件自己定义一个事件：myevent。修改movie组件JS文件内的onTap()函数：

```js
// @component/movie/index.js
methods: {
  onTap(event) {
    console.log(event)
    const eventDetail = {
      movieId:this.properties.movieId
    }
    this.triggerEvent('myevent', eventDetail)
  }
}
```

在组件的内部，可以使用this.triggerEvent()函数来产生一个自定义事件。这个函数的第一个参数是自定义事件的名称，可以随意命名，这里叫myevent；第二个参数是一个Object对象，这个Object对象可以包含一些自定义的数据，这里包含了当前电影的id。

当用户单击movie组件后，会执行onTap()函数，而在这个函数的内部，产生了myevent事件。如何理解myevent事件？很好理解，myevent和我们经常监听的原生事件tap一样，只不过tap通常是微信组件提供的，而myevent是我们自己定义的。与监听tap事件一样，myevent事件同样可以被监听。

下面我们尝试在movie页面的o-movie-list组件上监听myevent事件。修改movie页面的WXML代码如下：

```xml
<!-- @movie.wxml -->
<view class="container">
<view class="movies-template">
<o-movie-list movies="{{inTheatreMovies}}" bind:myevent="onMyEvent" category-title="
正在热映" />
</view>
<view class="movies-template">
<o-movie-list movies="{{comingSoonMovies}}" bind:myevent="onMyEvent" category-title="
即将上映" />
</view>
<view class="movies-template">
<o-movie-list movies="{{top250Movies}}" bind:myevent="onMyEvent"
category-title="Top250" />
</view>
</view>
```

在每个o-movie-list组件上，使用bind:myevent来监听自定义事件，这个形式同监听小程序内部事件的方式一样，都是使用bind或者"cathch+事件名"的方式。处理函数设置为onMyEvent()。接着在movie页面的JS文件中实现onMyEvent()：

```
// @movie.js
// 在movie页面中加入监听函数
onMyEvent(event){
  console.log(event)
}
```

在函数内部打印了event事件对象。截至目前，我们有两个console.log()来打印一些信息，movie组件内部有一个，movie页面内也有一个。

写完代码后，我们尝试单击movie页面上的某部电影，如果movie页面能够监听到myevent事件，那么最终将打印两个event。但结果是只有movie组件内的event被打印了出来，movie页面中的onMyEvent()并没有执行。这说明movie页面并没有监听到myevent事件。这是为什么呢？

我们来梳理一下movie组件、movie-list组件和movie页面的关系，如图12-1所示。

读者首先应当回忆一下JavaScript编程里的"事件冒泡"机制。

movie发出的事件首先只能冒泡到movie-list中，但我们是在电影首页中监听的myevent，并不是在movie-list组件内部监听的。从movie组件到电影首页，中间隔着一个movie-list，所以电影页面是监听不到myevent事件的。

正确的做法是movie-list在监听到myevent事件后，必须将这个事件继续triggerEvent（抛出事件），然后才能将事件发送到电影首页中。

图 12-1　父子组件的关系示意

在movie-list中的o-movie组件上再监听一下myevent事件，代码如下：

```
<block wx:for="{{movies}}">
    <o-movie bind:myevent="onMyEvent" />
</block>
```

同时，在movie-list组件的JS文件中实现这个onMyEvent()函数：

```
// @component/movie-list/index.js
onMyEvent(event){
  this.triggerEvent('myevent',event)
  console.log(event)
}
```

可以看到，在这里我们又一次的trigger了myevent对象。现在我们完整执行代码，可以看到3个event对象信息被打印了出来，如图12-2所示。

图 12-2　event 对象的打印信息

我们可以很清晰地看到整个事件的传递过程，首先是用户单击movie组件产生了tap事件，在tap事件的监听函数中定义了一个自定义事件myevent，并将这个事件"抛出"；在movie-list组件中监听到myevent事件后，又一次"抛出"（trigger）了这个myevent的事件；最终将在movie页面中监听到myevent事件。

最后，我们回顾一下最初的目的：如何在电影页面中调用wx.navigate()跳转到movie-detail页面。要跳转页面就必须知道电影的id，那么如何在电影页面获取用户单击的电影的id呢？

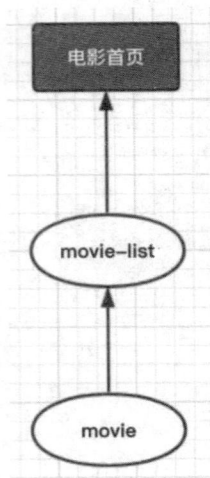

其实，在movie页面捕获myevent事件的回调函数onMyEvent(event)中，就能获取到movieId。这个movieId就在onMyEvent(event)的event参数中，通过event.detail就能获取到。读者可以自行打印测试一下。

在movie页面中获取到movieId后，就可以在页面中调用wx.navigateTo()路由函数跳转到movie-detail页面了。

事实上，这种把业务从组件中抽离的做法是最标准的组件封装方案，但它确实有一些麻烦。本来在movie组件内就可以进行路由跳转，但现在需要多出很多的步骤。

因此，是否将业务从组件中抽离，完全取决于项目的需求。如果一个组件不需要复用，或者在复用时组件内部逻辑是一模一样的（比如在整个Orange-Can项目中，我们只需要movie组件固定跳转到movie-detail页面，不会产生其他逻辑），那么完全可以将跳转页面的逻辑包含在movie组件内部。

请读者将代码还原为本节之前的代码，我们还是将跳转movie-detail页面的逻辑包含在movie组件内部。

很多时候，组件内包含业务会让组件的使用变得更加方便，但这也会降低组件的灵活性和复用性。如何设计组件，必须根据实际的项目情况来决定，没有固定的模式。

12.3　跳转到 more-movie 页面

电影详情页面的实现我们暂时放放，先来实现从电影首页跳转到【更多】页面。在pages/movie目录下新建more-movie目录，然后在此目录下新建more-movie页面。

跳转逻辑我们已经编写过很多次了，无非就是监听单击事件，然后用wx.navigateTo()进行跳转。而在Orange-Can中，当用户单击【更多】按钮的时候，就要进行跳转了。

仔细看设计图，会发现【更多】按钮位于movie-list组件中，所以需要在movie-list中监听单击事件并跳转，如图12-3所示。

在movie-list的【更多】按钮的标签上增加一个监听函数onMoreTap()：

图12-3　单击【更多】按钮可以跳转到 more-movie 页面

```
<!-- @component/movie-list/index.wxml -->
<view catch:tap="onMoreTap" class="more">
  <text class="more-text">更多</text>
  <image class="more-img"
src="/images/icon/wx_app_arrow_right.png">
</image>
</view>
```

在JS文件中实现onMoreTap()函数：

```
// @component/movie-list/index.js
onMoreTap(event) {
  wx.navigateTo({
    url: '/pages/movie/more-movie/more-movie?category='+ this.properties.categoryTitle
  })
},
```

相信读者编写以上代码已经轻车熟路了，但要注意，我们还是需要将category作为参数传递到more-movie页面中。此时，单击【更多】按钮，将跳转到more-movie页面中。

12.4　编写 more-movie 页面

下面来实现more-movie页面，页面效果如图12-4所示。

上述的UI图看起来很复杂，但其实在有了movie组件后，它变得非常简单。整个页面是由多个movie组件构成的，我们只需要把多个movie组件按顺序排列就好。打开more-movie页面，在more-movie.wxml中添加下述代码：

```
<!-- @more-movie.wxml -->
<view class="grid-container">
  <block wx:for="{{movies}}">
    <view class="single-view-container">
      <o-movie movie-id="{{item.movieId}}"
        score="{{item.score}}" stars="{{item.stars}}"
        coverage-url="{{item.coverageUrl}}"
        title="{{item.title}}" />
    </view>
  </block>
</view>
```

页面很简单，因为已经封装了o-movie组件，这里就可以直接使用 o-movie 组件，而不需要再编写了。请读者自行在more-movie.json中引用o-movie组件。

接着编写more-movie的样式代码，在more-movie.wxss中新增下述代码：

图 12-4　more-movie 页面效果

```
/* @more-movie.wxss */
.single-view-container{
   float:left;
   margin-bottom: 40rpx;
}

.grid-container{
   height: 1300rpx;
   margin:40rpx 0 40rpx 6rpx;
}
```

最后是JS文件中的逻辑代码，在more-movie.js中添加以下代码：

```
import {
  http,
  processServerMovies
} from '../../../util/util.js'
const app = getApp()

Page({
  data: {
    movies: [],
    inTheatersUrl: "movie/in_theaters",
    comingSoonUrl: "movie/coming_soon",
    top250Url: "movie/top250",
  },
```

```
onLoad(options) {
  const category = options.category
  let url = app.baseUrl
  switch (category) {
    case '即将上映':
      url = url + this.data.comingSoonUrl
      break
    case '正在热映':
      url = url + this.data.inTheatersUrl
      break
    case 'Top250':
      url = url + this.data.top250Url
      break
  }

  http(url, this.processMoreMovieData)
},

processMoreMovieData: function (data) {
  const movies = processServerMovies(data)
  this.setData({
    movies: movies
  });
},
})
```

上述代码是不是非常眼熟？是的，这段代码几乎和movie页面中的代码一模一样。由于从movie-list中传入过来的category类型是字符串，我们需要将字符串转换成对应的服务端API URL，所以有了上面的switch case语句。

在上述代码中，URL并没有附加params参数，这是因为如果不附加参数，服务器将取默认的参数：start=0&count=20。

保存并运行代码，将显示出more-movie页面。

我们还会发现一个很有意思的现象，单击more-movie页面中的每部电影，都会自动跳转到该电影的详情页面，因为movie组件内部已经包含了跳转逻辑，所以我们在任何一部电影上单击，都能进行跳转。

读者可以想想，如果没有封装o-movie组件，那么每个页面（movie页面、more-movie页面）都需要编写跳转的逻辑。

12.5　电影搜索功能

本节将实现电影搜索功能。

我们并没有使用一个新的页面来编写电影搜索的功能，因为用新页面来做"搜索"是最简单的，但也是体验最不好的。没有用户愿意频繁地跳转页面，每个细小的功能都需要重新打开页面是一件很讨厌的事情。这里建议读者，只有当一个页面非常复杂的时候，才考虑将功能剥离到新页面去。

我们选择将搜索栏放置在movie页面。当激活搜索时，电影资讯面板被隐藏，搜索面板被显示；相反，当退出搜索时，搜索面板被隐藏，电影资讯面板被显示。

下面在电影首页中实现面板的显示与隐藏效果。在movie.wxml中添加以下代码：

```
<!-- 搜索栏 -->
<!-- @movie.wxml -->
```

```
    <view class="search">
      <icon type="search" class="search-img" size="13" color="#405f80"></icon>
      <input type="text" placeholder="星际穿越" placeholder-class="placeholder"
bindfocus="onBindFocus" bindconfirm="onBindConfirm" value="{{inputValue}}" />
      <image wx:if="{{searchPanelShow}}" src="/images/icon/wx_app_xx.png" class="xx-img"
catchtap="onCancelImgTap"></image>
    </view>

    <view class="container" wx:if="{{containerShow}}">
      <!-- 省略若干代码-->
    </view>

    <!-- 搜索结果面板 -->
    <view class="search-panel" wx:if="{{searchPanelShow}}">
      <view class="grid-container">
        <block wx:for="{{searchResult}}">
          <view class="single-view-container">
            <o-movie movie-id="{{item.movieId}}" score="{{item.score}}"
stars="{{item.stars}}" coverage-url="{{item.coverageUrl}}" title="{{item.title}}" />
          </view>
        </block>
      </view>
    </view>
```

在上述代码中，首先添加了一个容器，在该容器的内部实现了一个搜索栏。搜索栏主要由input组件构成，此外，还附加了一个icon组件和一个image组件。input组件的placeholder属性设置了搜索栏的默认占位文字；而placeholder-class属性指定了placeholder样式类，该样式将在随后被添加到movie.wxss文件中。bindfocus事件将实现在鼠标或者手指激活input时显示搜索面板，bindconfirm事件将实现提交搜索信息的功能。xx-img将实现单击图片后关闭（隐藏）搜索面板。

同时，在电影资讯面板上增加一个属性wx:if="{{containerShow}}"，这个属性也是控制电影资讯面板显示/隐藏状态的标识位。

最后，增加了一个搜索结果面板，主要用来显示搜索结果。以上WXML均需要匹配相应的WXSS代码，请读者自行参考源码，并将其加入movie.wxss中。

当编写完以上代码后，保存并运行项目，发现电影首页的电影内容"消失"了。由于我们没有正确地在movie页面的JS文件中设置搜索面板和电影资讯面板的显隐控制变量，因此电影资讯面板默认被隐藏了。下面在movie.js的data变量中增加searchPanelShow与containerShow的默认值。

```
// @movie.js
data: {
    top250Movies: [],
    inTheatreMovies: [],
    commingSoonMovies: [],
    containerShow: true,
    searchPanelShow: false,
    searchResult: []
},
```

除了设置containerShow: true让电影资讯面板显示、searchPanelShow: false让搜索面板隐藏外，我们顺便将搜索结果的初始化变量searchResult也加入data变量中。加入以上代码后，电影资讯面板又一次出现在页面中，同时顶部也保留了搜索栏，如图12-5所示。

现在，当用户激活搜索栏准备输入关键字开始搜索时，我们需要显示搜索面板并隐藏电影资讯面板。之前已经注册在input组件上的onBindFocus事件将实现这个显隐切换效果。

在movie.js中添加事件响应函数onBindFocus()。

```
// @movie.js
onBindFocus (event) {
  this.setData({
    containerShow: false,
    searchPanelShow: true
  })
}
```

这样，当用户单击搜索栏时，面板将切换成搜索面板，如图12-6所示。

图12-5　电影资讯面板显示效果　　　　　　　　图12-6　搜索面板

此外，用户还应可以通过单击搜索框右侧的【X】图片，关闭搜索面板并再次显示电影资讯面板。在movie.js中添加单击【X】图片的事件响应函数onCancelImgTap()。

```
// @movie.js
onCancelImgTap (event) {
    this.setData({
        containerShow: true,
        searchPanelShow: false,
        searchResult: {},
        inputValue:''
      }
    )
  }
```

在上述代码中，我们除了切换两个面板的显隐状态外，同时清空了搜索结果searchResult，保证下次进入搜索面板时，搜索面板不会记录上一次的搜索结果。将inputValue的值设置为空字符串，将保证input组件所记录的用户输入值也一并被清空。

需要注意的是，input组件的输入文本是无法设置字体的，因为在小程序中，input组件是一个被称为Native的原生组件，其中的字体必须使用系统字体，所以无法设置其他字体。在真机上运行时，它也将被设置为真机系统的默认字体。

当用户输入关键字并按键盘上的Enter键或者单击真机上的【确定】按钮后，小程序将触发input组件的bindconfirm事件，并执行已经注册在input上的事件响应函数onBindConfirm()。

在movie.js文件中添加onBindConfirm()函数。

```
// @movie.js
onBindConfirm(event) {
    const app = getApp()
    const keyWord = event.detail.value;
    const url = app.baseUrl +
      "/v2/movie/search?q=" + keyWord;
    http(url, this.processSearchResultData)
},
processSearchResultData: function(data) {
    const movies = processServerMovies(data)
    this.setData({
      searchResult: movies
    })
}
```

非常熟悉的结构，还是先获取数据，然后处理数据并进行绑定。

以上代码完成后，就可以进行搜索了，搜索结果示例如图12-7所示。

由于服务器中的电影数据不多，因此大部分关键字无法搜索到。请读者搜索一些Top250中的电影，比如"星际"这样的关键字，以确保能够搜索到电影。同时，服务器中部分电影的图片数据可能已经移除，所以有些图片无法显示出来。虽然数据上有些缺陷，但这并不影响我们学习小程序的知识。

图 12-7　搜索结果效果图

12.6　实现页面的下拉刷新操作

下拉刷新数据是App中的一个经典操作。本节将介绍如何在小程序中实现下拉刷新数据的功能。在小程序中，不需要自己写代码实现下拉刷新，它已经为我们准备好了下拉刷新数据的相关配置和API。实现一个页面的下拉刷新操作只需要3步：

01 在页面的 JSON 文件中配置 enablePullDownRefresh 选项，打开下拉刷新开关。

02 在页面的 JS 文件中编写 onPullDownRefresh 函数，完成自己的下拉刷新逻辑。

03 编写完下拉刷新逻辑代码后，主动调用 wx.stopPullDownRefresh 函数停止当前页面的下拉刷新。

现在请读者将注意力转移到more-movie页面，尝试在more-movie页面中加入下拉刷新操作。我们先来完成第一步，在more-movie.json文件中加入以下代码：

```
{
    "enablePullDownRefresh": true
}
```

当在more-movie.json中加入以上代码后，more-movie页面的下拉刷新就开启了，效果如图12-8所示。读者可以自行向下拉动more-movie页面，观察下拉的效果。请读者务必注意，JSON文件中配置项的值是boolean类型的true，不要设置为字符串"true"。

图 12-8　下拉刷新数据效果

如果想让项目中的所有页面都启动下拉刷新功能，那么可以在app.json中配置enablePullDownRefresh选项。

接下来完成第二步。当页面打开下拉刷新开关后，每当用户下拉页面都将触发页面的onPullDownRefresh()函数。这就是小程序为我们编写的下拉刷新函数。在more-movie.js文件中编写onPullDownRefresh()函数。

```
// @more-movie.js
onPullDownRefresh(event) {
    http(this.data._currentUrl, this.processMoreMovieData)
}
```

刷新数据的逻辑是重新加载当前页面的数据，所以上述代码将再一次访问服务端API并重新获取当前页面的第1～20条数据。这里有一个问题是，this.data._currentUrl变量是从哪里来的？

我们修改一下more-movie页面的onLoad()函数，在onLoad()函数中将当前页面对应数据的服务端URL地址记录一下。

```
// @more-movie.js
// 以下仅为部分新增代码，全部代码请参考源码
Page({
  data: {
    // 省略若干代码
    _currentUrl: ''
  },

  onLoad(options) {
    // 省略若干代码
    switch (category) {
      // 省略若干代码
    }
    this.data._currentUrl = url
  },
})
```

这样，当下拉刷新时，就可以直接通过this.data._currentUrl来获取服务器数据地址了。

编写完以上代码后，可以反复尝试下拉刷新more-movie页面。当然，从UI上是无法直接看到刷新效果的。我们可以打开【Network】面板，观察每次下拉刷新后是否有向服务器发送请求，如果有向服务器发送请求，就说明onPullDownRefresh()函数被成功触发了。

图12-9显示了3次下拉刷新more-movie页面后【Network】面板的请求发送情况，每下拉一次都会向服务器发送一次请求。

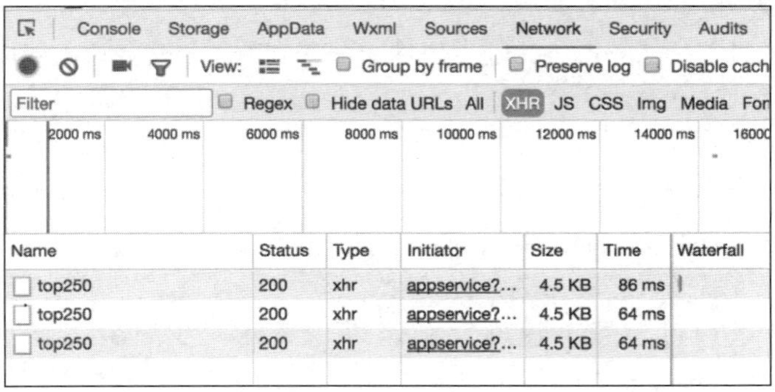

图 12-9 下拉刷新时的网络情况

最后，来完成下拉刷新的第三步，主动停止页面刷新状态。这点可能不太好理解，我们来观察页面下拉刷新时的一些特征：

- 下拉动作开始时，小程序立即向服务器请求数据。通过【Network】面板可以观察到，服务器很快就返回了数据。按照一般的逻辑，服务器返回数据后，立即更新数据，页面应当自动结束刷新状态。但实际上，数据是否返回和小程序是否停止刷新状态没有必然关系。小程序的刷新状态停止需要我们调用wx.stopPullDownRefresh()函数来关闭刷新状态。由于服务器返回数据通常较快，因此我们经常会看到数据已经更新了，但页面下拉刷新的"3个点"（Loading状态）依然没有消失，页面仍然呈现出Loading状态。

- 停止页面刷新状态非常简单，在合适的时机调用wx.stopPullDownRefresh()函数即可。

我们需要考虑的是在什么时候调用wx.stopPullDownRefresh()函数。当然应该是在处理完服务端API返回的数据并再次调用this.setData()重新绑定数据后调用wx.stopPullDownRefresh()函数。在processMoreMovieData()函数的最后加上以下代码：

```
// @more-movie.js
processMoreMovieData(data) {
// ...
  wx.stopPullDownRefresh();
},
```

加上wx.stopPullDownRefresh()后，通过测试会发现，下拉刷新后Loading出现的时间变得很短。这是因为stopPullDownRefresh()就是用来"收起"Loading状态的。一旦调用这个函数，Loading状态马上会关闭。

关于stopPullDownRefresh()还有两点需要特别说明：

（1）即使不调用这个函数，下拉刷新一定时长后，Loading状态也会自动关闭。

（2）理想情况下，只有当页面执行完this.setData()并重新渲染了数据后才能关闭Loading状态。但实际上我们无法确保这一点。因为this.setData()是异步的，在this.setData后调用stopPullDownRefresh()并不意味着this.setData一定已经执行完毕，它有可能还未执行完。这是异步的特点。

12.7　JSON 配置中的 backgroundColor 属性

官方文档中对backgroundColor配置项的解释是"配置窗口的背景色"，但并没有明确解释窗口是什么，处于小程序的哪个位置。

很多开发者都尝试设置backgroundColor，但均无法看到效果，这会让人误以为这个配置选项是无效的。造成这个误解的主要原因是开发工具模拟器中的小程序和真机上的小程序在执行下拉动作时有一些区别。

开发工具模拟器中的小程序是无法向下拉动的（除非设置了下拉刷新），但在真机上，无论是否设置下拉刷新，导航栏以下的页面部分都可以向下拉动。拉动后，在导航栏和页面中间会有一块儿"空白"，backgroundColor可以设置这块儿空白的颜色。

在模拟器中，可以通过设置下拉刷看到这块儿区域。我们做一个测试来看看效果，在more-movie.json文件中增加backgroundColor配置选项。

```
{
    "enablePullDownRefresh": true,
    "backgroundColor":"#000000"
}
```

增加以上配置选项后，再次下拉刷新more-movie.js页面，
将看到如图12-10所示的刷新效果。页面下拉区域背景部分的
颜色变成我们在 more-movie.json 文件中设置的
backgroundColor颜色——黑色。

这个配置项在真机上尤为有用。因为在真机上，无论是否
设置了下拉刷新，页面都可以向下拉动，从而出现一块白色的
区域。通常，我们会将窗口颜色设置成与导航栏相同的颜色，
以增强用户体验。

比如，可以将上述代码中的black更改为导航栏的颜色：

图 12-10　下拉区域出现了黑色

```
{
    "backgroundColor":"#4A6141"
}
```

12.8　实现上滑加载更多数据

上滑加载更多数据是另一个经典的App操作。本节将在小程序的more-movie页面中实现这个经典
的操作。

目前的more-movie页面最多只能显示20条数据，因为服务端API最多只允许我们一次加载20条数
据。若想显示更多的电影数据，则需要实现分步加载数据。

在传统的Web网页上，通常通过分页来实现显示更多数据。在移动端，更常见的操作是不考虑页
码，通过不断地上滑页面来实现加载更多数据。

实现上滑加载更多的关键点在于何时触发"加载更多"操作。很明显，当页面"触底时"，就可
以执行"加载更多"操作了。

小程序在页面的Page方法中提供了一个onReachBottom()函数。onReachBottom()将在每次页面上滑
触底后触发执行。因此，只需编写小程序提供的onReachBottom()函数，即可实现more-movie页面的上
滑加载更多数据功能。

在more-movie.js页面中新增onReachBottom()函数。

```
// @more-movie.js
onReachBottom(event) {
    const totalCount = this.data.movies.length;
    //拼接下一组数据的URL
    const nextUrl = this.data._currentUrl +
      "?start=" + totalCount + "&count=20";
    http(nextUrl, this.processMoreMovieData)
}
```

以上是实现上滑加载更多操作的核心代码。在onReachBottom()函数中，我们拼接了一个nextUrl
作为取下一组电影数据的URL。如何确定nextUrl？需要一个关键的参数，就是下一组数据的起始位置
数值，也就是start参数。

假设当前页面保存了N条数据，那么下一次"加载更多"取数据时的start参数就是N（因为start是从0开始计算的）。现在的问题是如何知道当前页面已经保存了多少条数据？

这里需要做一个假设，假设data里面的movies参数保存了当前页面的全部电影数据（这个假设很重要）。因此可以使用this.data.movies.length来确定start的数值。count指定了最多取20条（当然不指定count也是可以的，因为默认最多取20条）。

既然之前我们假设this.data.movies保存的是当前页面的全部电影数据，那么按照这个假设，每当新增加20条数据后，都需要将新增的20条数据追加到this.data.movies数组中。

修改more-movie.js文件中的processMoreMovieData()函数。

```
// @more-movie.js
processMoreMovieData(data) {
  const movies = processServerMovies(data)
  const totalMovies = this.data.movies.concat(movies);
  this.setData({
    movies: totalMovies
  });
  //...
}
```

修改后的代码将每次新增加的电影数据同已存在的电影数据合并在一起，并再次使用this.setData进行数据更新。this.setData在做数据更新的同时也更新了this.data.movies变量，以确保this.data.movies变量永远记录的是当前页面的全部电影数据。

还有一个小问题是要考虑的，即当more-movie页面多次加载数据后，如何处理下拉刷新操作。假设我们已经加载了5次共100条电影数据，那么此时去下拉刷新more-movie页面，理论上应该更新全部的100条数据，但这样的操作其实是不现实的，我们不可能在刷新时一次取到这100条数据。

因此，我们简化一下处理流程。无论more-movie页面有多少条电影数据，每当执行下拉刷新操作时，都清空所有已存在的电影数据，重新加载最新的前20条数据。根据以上思路，修改onPullDownRefresh函数。

```
// @more-movie.js
onPullDownRefresh(event) {
  this.data.movies = []
  http(this.data._currentUrl, this.processMoreMovieData)
},
```

新增代码将使得下拉刷新触发onPullDownRefresh()函数后将this.data.movies清空。

完成以上代码后，在more-movie页面上滑触底后都将触发onReachBottom事件，从而实现加载更多电影数据。

在测试加载更多数据功能时，建议使用Top250的数据进行测试，它能很好地展现上滑加载更多的效果。

12.9　消除 wx:key 的警告提示

开发者可能经常在小程序开发中遇到如图12-11所示的警告信息。

需要明确，类似这样的提示属于警告性提示，它不是错误，不影响程序的正确执行。

当我们在WXML文件中进行wx:for循环时，经常会出现上述的警告信息。这里我们可以选择是否消除这个警告。那么什么时候需要消除这个警告，如何消除呢？

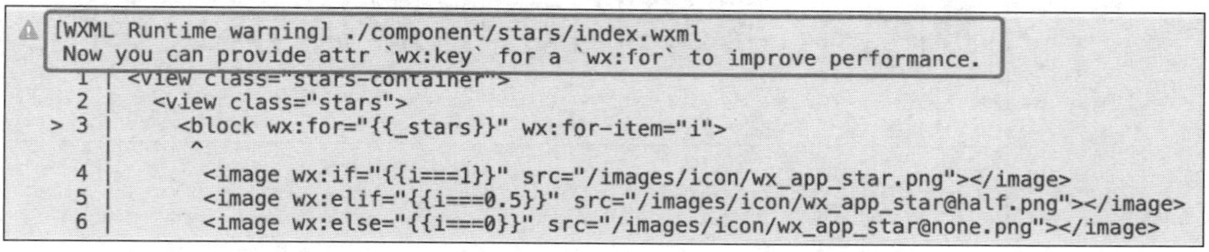

```
⚠ [WXML Runtime warning] ./component/stars/index.wxml
  Now you can provide attr `wx:key` for a `wx:for` to improve performance.
  1 |  <view class="stars-container">
  2 |    <view class="stars">
> 3 |      <block wx:for="{{_stars}}" wx:for-item="i">
    |            ^
  4 |        <image wx:if="{{i===1}}" src="/images/icon/wx_app_star.png"></image>
  5 |        <image wx:elif="{{i===0.5}}" src="/images/icon/wx_app_star@half.png"></image>
  6 |        <image wx:else="{{i===0}}" src="/images/icon/wx_app_star@none.png"></image>
```

图 12-11　wx:key 警告信息

首先，wx:key是用来给页面组件指定唯一标识符的，但这个标识符不是一定要指定的。这个标识符的作用主要是在动态变化（比如向页面插入新的组件）的页面中标识组件，让组件保持自己的位置或者特性。如果没有这个标识符，在重新渲染页面的时候，组件可能会被重新创建，这在某些情况下会影响渲染效率。

组件如果被标记了，那么在渲染时，就可以被小程序进行"校正"，从而在页面中重新定位排序，而非重新创建。这有助于提高小程序的使用体验。

因此，如果我们明确页面仅是一个"静态"的页面，没有组件需要被动态插入，那么可以忽略这个警告。而如果想消除这个警告，可以为wx:key提供一个值。

通常，可以为wx:key提供一个具有唯一性的字符串，比如可以是循环中某个对象的id。例如，在more-movie.wxml中的循环标签上加入wx:key="{{item.movieId}}"：

```
<!-- @more-movie.wxml -->
<view class="grid-container">
  <block wx:for="{{movies}}" wx:key="{{item.movieId}}">
    <view class="single-view-container">
      <!-- ... -->
    </view>
  </block>
</view>
```

这样就可以把警告消除掉了。

12.10　本章小结

本章深入介绍了组件事件与搜索功能，以及自定义事件通信机制及页面跳转逻辑。以下拉刷新、上滑加载为核心，介绍了如何优化用户体验；通过wx:key警告消除与JSON配置调优，提升代码的规范性。本章的实战电影搜索功能，有助于读者巩固前后端数据联动与交互设计能力。

第 13 章

组件化思维构建电影详情页面

13

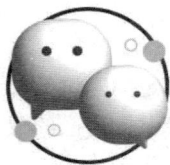

本章探讨的主题是组件化思维。组件的表层作用是方便我们快速完成某个功能，更深层次的作用是将整个项目结构化，即将项目每个部分的功能用组件来划分。一个完整的项目就是由大大小小的组件构成的。

13.1 电影详情页面分析

先思考一下电影详情页面的入口在哪里。其实，任何一个显示电影封面（见图13-1）的地方都应该能够通过单击进入电影详情页面。这些入口遍布在电影首页、电影搜索、更多电影等多个地方。

这个时候，组件化编程的好处就体现出来了，由于我们已经编写了o-movie组件，并且将跳转的逻辑包含在了组件的内部，所以无须在每个页面都重复编写跳转逻辑。

13.2 电影详情页面的骨架和样式

本节我们开始着手编写movie-detail页面的骨架与样式代码。在movie-detail.wxml文件中添加以下代码：

肖申克的救赎...

★★★★★ 9.6

图 13-1 电影封面效果图

```
<!-- @movie-detail.wxml -->
<view class="container">
 <image class="head-img" src="{{movie.movieImg}}" mode="aspectFill" />
 <view class="head-img-hover">
  <text class="main-title">{{movie.title}}</text>
  <text class="sub-title">{{movie.country + " · "+movie.year}}</text>
  <view class="like">
   <text class="highlight-font">
    {{movie.wishCount}}
   </text>
   <text class="plain-font">
   人喜欢
   </text>
   <text class="highlight-font">
    {{movie.commentCount}}
   </text>
   </text>
   <text class="plain-font">
```

```
        条评论
      </text>
    </view>
  </view>
  <image class="movie-img" src="{{movie.movieImg}}" data-src="{{movie.movieImg}}"
catchtap="viewMoviePostImg"/>
  <view class="summary">
    <view class="original-title">
      <text>{{movie.originalTitle}}</text>
    </view>
    <view class="flex-row">
      <text class="mark">评分</text>
      <o-stars stars="{{movie.stars}}" score="{{movie.score}}" />
    </view>
    <view class="flex-row">
      <text class="mark">导演</text>
      <text>{{movie.director.name}}</text>
    </view>
    <view class="flex-row">
      <text class="mark">影人</text>
      <text>{{movie.casts}}</text>
    </view>
    <view class="flex-row">
      <text class="mark">类型</text>
      <text>{{movie.generes}}</text>
    </view>
  </view>
  <view class="hr"></view>
  <view class="synopsis">
    <text class="synopsis-font">剧情简介</text>
    <text class="summary-content">{{movie.summary}}</text>
  </view>
  <view class="hr"></view>
  <view class="cast">
    <text class="cast-font"> 影人</text>
    <scroll-view class="cast-imgs" scroll-x="true" style="width:100%">
      <block wx:for="{{movie.castsInfo}}" wx:for-item="item">
        <view class="cast-container">
          <image class="cast-img" src="{{item.img}}"></image>
          <text class="cast-name">{{item.name}}</text>
        </view>
      </block>
    </scroll-view>
  </view>
</view>
```

上述代码比较长，想做练习的读者也可以自行编写。

第29行代码引入了星星评分组件o-stars，由于o-stars是全局组件，因此无须在movie-detail.json中再次引用。

骨架代码中并没有什么新鲜的知识，唯一值得关注的是使用了一个scroll-view组件。这个组件用于横向展示多张演员图片，这些演员图片会"突破"手机尺寸的限制，因此会出现横向滚动条。图13-2展示了scroll-view的横向滚动效果。

scroll-view组件的scroll-x和scroll-y属性分别设置组件的横向和纵向是否出现滚动条，如果想使用横向scroll-view，就设置scroll-x="{{true}}"。scroll-view组件的横向排布要注意以下几个要点：

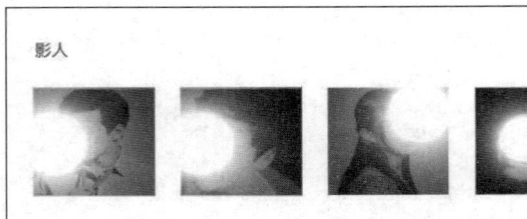

图 13-2　横向滚动效果图

- 如果使用view作为容器，那么设置display:flex和flex-direction:row是可以使view下的子元素自动成水平排列的，这是Flex布局的基本特点。但当scroll-view作为容器时，如果其下多个子元素是块级元素（比如view），那么对scroll-view设置display:flex和flex-direction:row，不会使子元素自动水平排列。
- 如果想让scroll-view下的view元素水平排列，一种可行的方法是将子元素view设置为inline-block或者inline-flex。
- scroll-view下的子元素有可能会出现换行的情况，需要在容器上设置white-space:nowrap。

这里顺便提一下，scroll-view中的bindscrolltolower事件也可以用来实现加载更多数据（类似于Page页面的onReachBottom()）。当scroll-view滚动到底部或者右边时将触发这个事件，实现原理请参考more-movie页面的onReachBottom()函数。

movie-detail的WXSS代码非常多，请读者去源码中查看和复制。由于现在并没有编写页面的逻辑文件，因此暂时无法看到页面的显示效果。

13.3　编写电影详情页面的业务逻辑代码

现在编写movie-detail页面的业务逻辑代码。在movie-detail.js文件中添加以下代码：

```
// @movie-detail.js
import {
  http,
  convertToCastInfos,
  convertToCastString
} from '../../../util/util.js'

Page({
  data: {
    movie: {}
  },

  onLoad(options) {
    var app = getApp();
    var movieId = options.id;
    var url = app.baseUrl +
      "movie/subject/" + movieId;
    http(url, this.processDetailData)
  },

  processDetailData(data) {
    console.log(data)
    if (!data) {
```

```
      return;
    }
  var director = {
    avatar: "",
    name: "",
    id: ""
  }
  if (data.directors[0] != null) {
    if (data.directors[0].avatars != null) {
      director.avatar = data.directors[0].avatars.large

    }
    director.name = data.directors[0].name;
    director.id = data.directors[0].id;
  }
  var movie = {
    movieImg: data.images ? data.images.large : "",
    country: data.countries[0],
    title: data.title,
    originalTitle: data.original_title,
    wishCount: data.wish_count,
    commentCount: data.comments_count,
    year: data.year,
    generes: data.genres.join("、"),
    stars: data.rating.stars,
    score: data.rating.average,
    director: director,
    casts: convertToCastString(data.casts),
    castsInfo: convertToCastInfos(data.casts),
    summary: data.summary
  }
  this.setData({
    movie: movie
  })
  }
})
```

整个代码逻辑非常简单，同之前more-movie、movie页面的处理逻辑类似。

获取电影详情数据的URL为movie/subject/{subjectID}。

需要注意的是，服务器返回的一些数据可能出现空值的情况。有些空值只会让数据无法显示，但程序不会报错；而有些空值则会直接导致程序终端异常。对于第二种空值，一定要做容错处理。比如上述代码中对directors就进行了数据处理，主要是判断directors有没有可能出现空值。

在以上代码中，又调用了两个util函数：convertToCastString()和convertToCastInfos()。现在，在util模块中编写这两个函数。

```
// @util.js
//将数组转换为以 "/" 分隔的字符串
function convertToCastString(casts) {
  var castsjoin = "";
  for (var idx in casts) {
    castsjoin = castsjoin + casts[idx].name + " / ";
  }
  return castsjoin.substring(0, castsjoin.length - 2);
}

function convertToCastInfos(casts) {
  var castsArray = []
```

```
for (var idx in casts) {
  var cast = {
    img: casts[idx].avatars ? casts[idx].avatars.large : "",
    name: casts[idx].name
  }
  castsArray.push(cast);
}
return castsArray;
}
```

最后记得使用module.exports输出这两个函数。

```
export {
  getDiffTime,
  http,
  processServerMovies,
  convertToCastInfos,
  convertToCastString
}
```

保存并运行代码，单击任意一张电影海报都可以跳转到movie-detail页面，并正确显示该电影的详情数据。

13.4 预览电影海报

电影海报是比较精美的，可以尝试在movie-detail页面中新增一个预览电影海报的功能。单击悬浮在项目背景上的电影海报，将打开一张电影海报大图。如图13-3所示，框选的区域就是触发单击事件的区域。

在之前编写文章评论时就已经讲解过图片预览。同时，在编写movie-detail.wxml 文 件 时 已 经 在 这 个 image 组 件 上 注 册 了 viewMoviePostImg()事件。现在只需要实现viewMoviePostImg()事件响应函数即可。在movie-detail.js文件中添加viewMoviePostImg()函数。

```
// @movie-detail.js
//预览电影海报
  viewMoviePostImg (event) {
    var src = event.currentTarget.dataset.src;
    wx.previewImage({
      current: src,
      urls: [src]
    })
  }
```

图 13-3 单击区域

这里需要对上述代码做一些解释。预览图之所以能够显示出来，是因为调用了微信提供的API，wx.previewImage()。只要调用这个API，即可弹出预览图。这个API中可以传入多张图片的路径，支持显示多张图片。

那么，如何获取到需要预览的图的URL呢。由于缩略图的image组件上本身就绑定了src属性，这个属性就是图片的URL，因此只需要在JS中获取到这个src的值即可。

viewMoviePostImg()是一个单击事件的监听函数，所以在事件参数event中可以获取到image组件，即先通过event.currentTarget，再通过下面的dataset即可获取到src属性。

如果读者还是不太明白，最好的方式是亲自打印看一下event属性的取值。

保存代码，尝试单击项目背景上的海报，将打开一张大图。电影详情页面是非常值得分享的内容，读者可自行用我们之前讲到的分享API实现电影详情页面的分享功能。

13.5　设置电影页面的导航栏标题

所有配置或者动态设置导航栏标题的方法在之前的章节中已详细讲解过了，本节就不再赘述，直接给出配置代码。

首先，配置电影首页的导航栏标题。在movie.json文件中新增以下代码：

```
{
    "navigationBarTextStyle": "white",
    "navigationBarTitleText": "光 影"
}
```

接着，设置more-movie页面的导航栏标题。由于more-movie页面的导航栏标题需要根据当前展示的电影类型来动态设置，因此不能通过JSON配置的方式来完成设置，需要在more-movie.js页面中添加以下代码，以保证more-movie页面的导航栏标题被设置为当前的电影分类：

```
// @more-movie.js
data: {
// ...
_currentUrl: '',
_navigateTitle: '',
},

onLoad (options) {
    const category = options.category;
    this.data._navigateTitle = category;

    //省略若干行代码
  }
```

将category电影类型暂时保存在data变量中，再在more-movie.js的onReady()函数中读取这个变量，并动态设置导航栏标题。

```
//@more-movie.js
onReady () {
    wx.setNavigationBarTitle({
      title: this.data._navigateTitle
    });
  }
```

最后，还需要将电影详情页面的导航栏标题动态设置为当前显示的电影的标题。在movie-detail.js文件的processDoubanData()中新增一小段代码。

```
// @movie-detail.js
processDetailData(data) {

    //省略若干行代码

    this.setData({
        movie: movie
    });
    wx.setNavigationBarTitle({
```

```
        title: data.title
    });
  }
```

编写完以上代码后，3个电影页面的导航栏标题就全部设置完成了。

13.6　修复 o-stars 组件显示无效的问题

其实，在电影页面中o-stars组件的显示是有问题的。读者应该可以看到，5个星星都显示的是灰色，如图13-4所示。这显然是不合理的，那么问题到底出在什么地方呢？

图 13-4　o-stars 组件呈灰色

在o-stars组件内部有这样一段代码：

```
// @component/stars/index.js
attached(){
    var starsArray = this.convertToStarsArray(this.properties.stars)
    this.setData({
      _stars:starsArray
    })
  },
```

问题就出在这里。如果在attached生命周期函数中打印或者调试就会发现，this.properties.stars的值是默认值('00')，而并非从组件外部传递进来的值。也就是说，并没有成功获取到从movie-detail页面中传递的属性值，这就导致出现5个星星都是灰色的情况。

这个错误是一个很典型的组件生命周期理解不清晰的问题，所以我们有意将它单独拿出来做修改，以引起读者的注意。那么，为什么在attached生命周期函数中this.properties.stars的值是默认值，而并不是从外部传入的属性值呢？

首先，properties属性值需要在组件外部对属性赋值时才会更新，如果attached生命周期函数的执行时间点发生在组件外部对属性赋值之前，那么在attached执行的时候，它内部所获取的properties属性值必然是默认值（因为properties属性值还没有更新）。

知道原因后，修复这个错误就比较简单了。我们需要一个监听器，当组件的properties属性被更新时，再获取stars属性值，并进行数据处理和数据绑定。

小程序提供了observers监听器来实现类似的功能：

```
// @component/stars/index.js

Component({
  properties: {
    score: Number,
    stars:{
```

```
            type:String,
            value:'00',
         }
      },
   data: {
   _stars:"00",
   },
   observers:{
      "stars"(stars){
         var starsArray = this.convertToStarsArray(stars)
         this.setData({
            _stars: starsArray
         })
      }
   },
```

　　首先，请注释或者删除原o-stars组件index.js中的attached函数，再添加以上代码中的observers对象代码。

　　observers可以定义一系列的属性监听器，每当properties或者data属性下的字段被改变时，就将触发observers中定义的监听器。在上述代码中，我们其实定义了一个关于stars字段的监听器，每当stars字段被改变时，就将触发定义在stars字段上的function函数。

　　因此，当我们从o-stars组件外部对stars属性进行赋值时，相当于改变了stars属性的值，就会执行对应的监听函数，从而触发后续的处理逻辑，并进行数据绑定。此时，重新运行小程序会发现，星星显示无效的问题已经被修复了，如图13-5所示。

　　这里提出一个问题，为什么score分数属性不存在这个问题，可以正确地显示呢？

　　注意stars属性的特殊性：这个属性并不是直接被绑定到WXML上的，而是先进行一次处理（调用convertToStarsArray()函数进行处理），再将处理过后的数据进行绑定。这一点不同于score属性（score属性并不需要进行转换）。

图 13-5　修复后正确显示的 o-stars 组件

　　正是由于这个特点，导致score属性可以正确显示，而stars属性却无法显示。因此，这里特别提醒读者注意，当我们要在自定义组件内部对某个属性进行处理和绑定时，请不要在生命周期函数中进行转换和绑定，而应该在数据监听器里进行相关的处理和数据绑定工作。

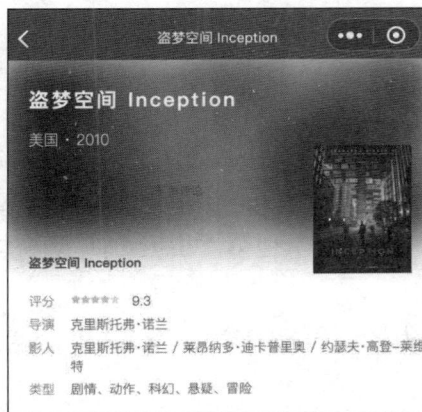

13.7　本章小结

　　本章介绍了基于组件化思维构建电影详情页，整合骨架搭建、海报预览、导航栏标题设置等功能。通过修复 o-stars 组件显示问题，强调调试与兼容性处理；最终实现页面业务逻辑与视图层的高效协同，体现组件复用与问题解决的综合能力。

第 14 章

深入使用Vant组件库

14

在前面的章节中，我们已简单使用过部分Vant组件。对于Vant组件的使用，其实是有技巧的，比如，当Vant组件默认的接口不能满足需求时，应该怎样扩展Vant组件库？

本章将归纳和讲解Vant组件里的一些通用技巧，这些技巧不仅适用于Vant组件，对于绝大多数小程序组件库也是适用的。

14.1 Vant 的特点

在前面的章节中，即使没有深入讲解Vant，但依然可以很好地使用它。这是因为Vant是基于微信小程序原生语法实现的组件库，它遵循简洁、易用的设计规范。

不同于其他第三方组件库，Vant是完全基于小程序的原生组件库。

14.2 Vant 使用指南

本书基于Vant-weapp的1.11.6版本来讲解Vant的安装和使用，但不保证以后不会发生安装方式的变更。一切均以Vant文档中的安装方式为准（文档总是记录着最新的资料）。

由于Vant是原生小程序语法的组件库，因此可以直接将组件的代码复制到项目中，无须做任何编译。但这并不意味着我们总是需要使用这种很麻烦的复制/粘贴的方式。Vant也可以通过npm的方式直接安装。大体上来说，使用Vant的方式有以下两种：

（1）复制Vant源码中dist目录下面的相关组件。

（2）通过npm的方式直接安装使用。

先来介绍第一种方式。先给出Vant的相关资料地址：

```
https://portrait.gitee.com/vant-contrib/vant-weapp
```

那么如何通过复制代码的方式来使用Vant呢？读者可以访问Vant的源码仓库，然后下载或者克隆（clone）完整的项目工程。工程目录结构如图14-1所示。

随后，进入工程目录中dist目录里，里面就是所有Vant已经编译好的组件，复制dist内的全部组件或者有选择地复制部分组件，并将其粘贴到自己项目的任意目录中即可。例如，可以复制到根目录下的vant目录内。复制完成后，就可以像在Orange-Can中使用Vant一样来开发自己的项目了。

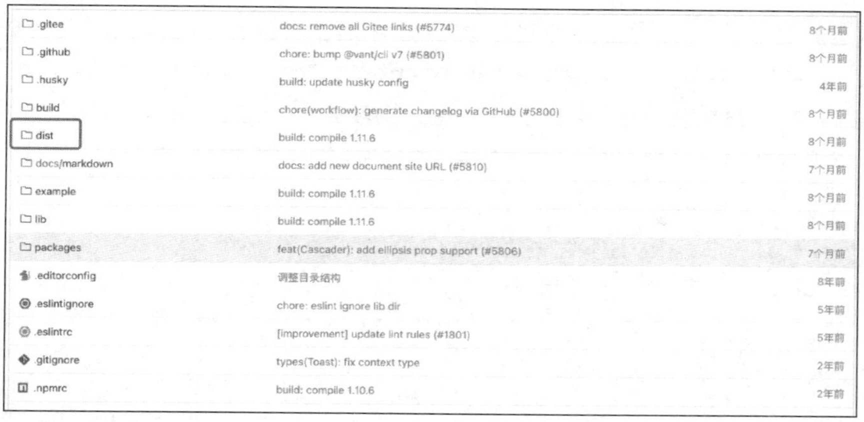

图 14-1　Vant-Weapp 项目源码结构示意图

这里要特别说明的是，如果只是复制部分组件，那么可能会出现一些依赖错误，因为Vant的组件与组件之间是存在依赖关系的，比如van-button组件就会依赖van-icon组件。组件的依赖关系可以在index.json中看到，比如van-button的JSON文件如下：

```
{
  "component": true,
  "usingComponents": {
    "van-icon": "../icon/index",
    "van-loading": "../loading/index"
  }
}
```

很明显，它要依赖icon和loading组件。

因此，即使只使用van-button组件，也需要将它所依赖的组件同时复制到目录中。如无特殊需求，建议直接复制全部的组件。当然也可以只复制要使用的组件，但同时也要把该组件依赖的其他组件复制进去。

对于第二种通过npm直接安装使用Vant的方式，已在7.3节中介绍过了，这里就不再赘述。

大部分情况下，应该优先使用npm的方式来安装第三方小程序组件库。

14.3　构建设置页面

下面重点讲解几个Vant组件的示例，方便读者深入了解Vant的特性，以及一些小程序组件的高级特性。

先来构建【设置】页面。我们通过完成【设置】页面，来进一步了解Vant组件及其高级应用。

设置页面已经讲解tabbar时创建好了，现在来编写设置页面的基础结构和功能。先来整体预览一下设置页面的真机图，如图14-2所示。

图 14-2　设置页面效果图

　　顶部显示当前用户的微信头像、微信昵称等信息；下面紧跟着的分别是操作面板、设备面板、API
面板以及其他杂项面板。每个面板下包含若干种小程序常用功能，单击可执行或演示相应的功能。关
于设置页面中的其他功能下一节再讲解，本节主要通过构建设置页面来进一步讲解Vant的使用。

　　首先实现设置页面的骨架和样式。在setting.wxml中加入以下代码：

```
<view class="container">
  <view class="category-item personal-info">
    <view class="personal-sub">
      <image class="avatar" src="{{avatarUrl}}" />
      <view class="user-name">
        <text>{{nickname}}</text>
      </view>
    </view>
    <van-button bind:click="onGetUser" size="mini" color="#4A6141" plaintype="primary">
点我</van-button>
  </view>

  <view class="setting-container">
    <view class="category-item">
      <van-cellbind:click="onJumpToMask" icon="/images/icon/van-logo.png"
title="Vant-Weapp" is-link />
    </view>
    <view class="category-item">
      <van-cell icon="/images/icon/wx_app_clear.png" title="缓存清理" is-link />
    </view>
    <view class="category-item">
      <van-cell-group>
        <van-cellicon=" /images/icon/wx_app_cellphone.png"is-link title="系统信息" />
        <van-cellicon=" /images/icon/wx_app_network.png" is-link title="网络状态"
border="{{ false}}" />
      </van-cell-group>
    </view>
  </view>
</view>
// @setting.js
const defaultAvatarUrl = '/images/demo/user.png'
Page({
  data: {
    showUserPannel: false,
    avatarUrl: defaultAvatarUrl,
    nickname: '',
  },
})
```

　　setting.wxss的样式代码请读者自行去源码中复制。上述代码绑定了两个变量：avatarUrl和
nickname。我们在setting.js中添加这两个变量：

```
// @setting.js
const defaultAvatarUrl = '/images/demo/user.png'
Page({
  data: {
    showUserPannel: false,
    avatarUrl: defaultAvatarUrl,
    nickname: '',
  },
})
```

有了骨架和样式后，整个设置页面如图14-3所示。

设置页面中引用了3个Vant的组件：van-cell、van-cell-group和van-button。请确保项目的Vant目录下有这几个组件。要使用组件，还需要在setting.json中进行引用：

```
{
  "usingComponents": {
    "van-button": "@vant/weapp/button/index",
    "van-cell": "@vant/weapp/cell/index",
    "van-cell-group": "@vant/weapp/cell-group/index"
  }
}
```

van-button 是 Vant 提供的按钮组件；而 van-cell 通常和 van-cell-group联合使用，是Vant提供的单元格组件，其作用是提供一个个van-cell（行列表）。而若干个行列表可以放置在一个van-cell-group中形成一个分组。在上述代码中，我们有3个van-cell-group分组。

请读者首先注意页面中van-button这个Vant组件。我们在van-button组件上设置了4个属性：size、plain、color和type。这4个属性均属于基础属性，size指定了按钮的大小是"微型"，plain设置按钮的样式为"镂空"，type指定了按钮的类型为"主要"，而color指定了button的整体颜色（边框、字体等颜色）。当然，无论是size还是type属性，都还有其他可选值，读者可以参考文档，调整参数看看不同参数的效果。

再来看看van-cell组件，我们为van-cell设置了3个属性：icon、tilte和is-link。

图 14-3　设置页面编码后的初步效果

- icon指定了单元格左侧的图标，而图标既可以直接使用Vant提供的icon组件名（可参考Vant的icon组件），也可以使用自己提供的图片，比如在本案例中使用的就是自己提供的图片（使用路径指定）。
- title属性指定了单元格所显示的文本，比如"缓存清理""网络"等文本。
- is-link实际上等同于is-link = "{{trule}}"，这种省略写法我们之前讲解过。当is-lnk为true时，将在单元格的右侧显示一个箭头。

我们来总结一下，大多数情况下，使用第三方组件，只需设置一些简单的属性即可完成一个较为复杂的页面。这有助于我们快速开发程序。如果不使用第三方组件，而是自己来编写上面的页面，其实还是比较麻烦的。

14.4　Vant 组件的样式定制概述

对于UI类组件来说，最难做到的就是组件样式的自定义。组件有自己的默认样式，但开发者在使用组件时总是对样式有自己独特的需求。一个好的组件库应尽可能灵活支持各种样式的自定义，但样式总是千奇百怪，再好的组件库也无法完全实现完美的自定义样式。如果要尽可能支持自定义样式，就必然要开发更加基础和灵活的接口。但问题是，过于灵活的自定义样式接口也将造成组件上手难度的提高，使用起来会非常烦琐。总而言之，组件越基础，接口越灵活，功能就越强大，使用难度就越大。但反过来，组件设计得越高级，使用起来就越简单，其功能和灵活性相应地就会变弱。

这是一个悖论，无法解决，只能调和与折中。

Vant组件库的好处在于，提供一套漂亮的默认样式，让那些对样式要求不高的开发者可以非常方便地直接使用Vant。即使全部使用默认样式，也可以搭建出好看的项目。

对于那些对UI有独特需求的开发者，Vant提供了两种解决方案：外部样式类和插槽（Slot）。我们将在本节介绍这两大特性，从而更好地使用Vant。

对于组件的基础属性，比如button的尺寸、大小、颜色等，读者可参考文档（见图14-4），本书就不再赘述了。

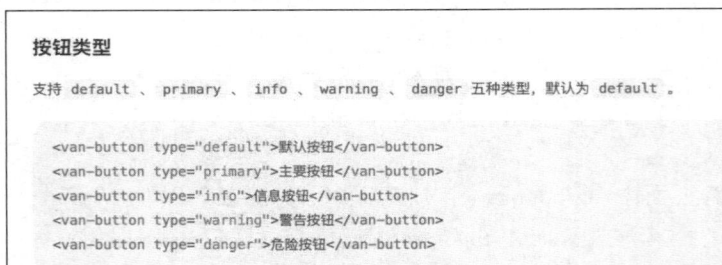

图 14-4　Vant 文档中的属性及对应效果

14.5　组件的外部样式类

对于设置页面，实际上当前的效果和设计图的效果有一些差别，主要在于设计图中的【点我】按钮比当前的【点我】按钮要大一点。在各类UI设计图中，每个元素都有其规定的尺寸，对比设计图，当前的【点我】按钮明显偏小。

我们去Vant的文档中看一下，有没有哪个属性可以设置按钮的高和宽。可以发现，Vant并没有提供height和width属性来设置高宽。其实，Vant的button组件的高宽默认是不能通过属性来设置的，因为button组件的高宽取决于其按钮内部的文本长度和高度。比如"点我"只有两个字，其按钮宽度就较小；如果换成"快来点我"，那么按钮相应就会变大，这是一种自适应的方式。

自适应的方式可以让我们无须设置按钮的宽和高，使用起来非常方便，但也有缺点：我们无法自己去定义按钮的宽度和高度，也无法随心所欲地定制按钮的样式。因为组件默认提供的属性总是有限的，不可能覆盖所有的样式需求。

开发者要想随心所欲地定制样式，必然只能自己编写样式。下面我们尝试来编写一组样式。

```
<!-- @setting.wxml -->
<van-button class="click-btn"
    size="mini" color="#4A6141"
    plain type="primary">点我</van-button>
```

在上述代码中，仅给van-button添加了一个样式"click-btn"。接着在setting.wxss中编写该样式。

```
/* @setting.wxss */
.click-btn {
    width: 120rpx ;
```

```
        height: 50rpx ;
    }
```

该样式希望通过样式表来设置按钮的宽度和高度，但事实上，当我们运行后发现，这个样式不会生效。这是为什么？主要原因在于，小程序的DOM结构是基于一种叫作"Shadow DOM"的模式，对于自定义组件，无法通过普通的样式定义来设置样式。但小程序提供了一种叫作"外部样式类"的机制，专门来解决这个问题。

外部样式类的样式定义和普通样式类基本没有区别，但在设置外部样式类时，不能使用"class=click-btn"，而需要使用另外的方式。在Vant中，它提供了一个外部样式类的接口，名为"custom-class"，通过设置这个接口可以让自定义组件接收样式类。修改一下代码。

```
<!-- @setting.wxml -->
<van-button custom-class="click-btn"
    size="mini" color="#4A6141"
    plain type="primary">点我</van-button>
```

上述代码仅将原有的"class="修改为了"custom-class="。

再次运行代码，发现依然没有效果。这主要是因为CSS是有优先级的，在自定义组件内部，它本身已经设置了height和width，而我们尝试去外部设置height和width，这会使得组件不知道到底应该采用内部的height还是外部的height。

微信文档中明确指出，一个组件如果既有外部样式又有内部样式，这两个样式的优先级是不确定的。因此，要想使外部的样式覆盖组件内部的样式，需要提高外部样式的优先级。提高优先级的方式是在CSS样式属性后加"!important"（这本身就是CSS里的一种提高优先级的方式）。修改CSS样式表：

```
/* @setting.wxss */
.click-btn {
    width: 120rpx !important;
    height: 50rpx !important;
    display:flex !important;
}
```

外部样式类是一种非常强大的自定义样式机制，它可以让开发者随心所欲地定制自定义组件的样式。当然，很多读者会提出，为什么不能直接修改van-button组件内部的样式源码，从而实现自定义的效果呢？

从技术上说，这是可行的，但这严重违背了编程的"开闭原则"。当我们使用第三方提供的组件、函数、类时，尽可能不要去修改"别人"的代码，而是通过扩展的方式来实现自己的需求。

关于外部样式类，注意以下4点：

（1）外部样式类的属性名并不一定都是custom-class。此名仅是Vant组件库定义的外部样式类名。不同的组件库会有不同的外部样式类名。

（2）一个组件提供的外部样式类可能不只一个，多个外部样式类通常用于设置组件内部不同区域的样式。比如，van-button就提供了3个外部样式类：custom-class、loading-class和hover-class，分别用来设置根节点样式、加载图标样式、当按钮按下时的样式。

（3）当外部样式类不生效时，大部分可能是因为样式优先级的问题。CSS里有很多可以解决优先级的方法，并不一定非要使用"!important"，凡是能够提高外部样式优先级的方案都是可以的。样式的优先级调整和修改技巧不属于小程序特有，也不属于Vant特有，完全是CSS的基础知识。如果不了解样式优先级，建议去看看这个重要的CSS知识。

（4）除了使用外部样式类来进行组件样式自定义之外，还可以使用CSS变量的方式。外部样式类并非唯一的方案。但笔者认为，外部样式类是逻辑最清晰的一种方案，推荐使用。

14.6   插槽

外部样式类对于改变既有组件及组件内元素的样式是极其有用的，但只有外部样式类依然无法很好地满足开发者自定义组件的需求。假如开发者希望改造组件内部的结构，比如想在van-button组件内部嵌入一个音频播放器，该怎么办？这种异想天开的需求并不是不存在，事实上在一个优质的小程序中，各种需求都是可能的。

这种非常具有个性化色彩的需求，可以通过一种叫作插槽（slot）的机制来实现。这是自定义组件除了外部样式类外的第二个"大杀器"。

我们来编写一个示例，从而了解插槽的使用方式和意义。首先在setting目录下新建一个目录overlay-demo，然后新建overlay-demo页面。

当用户单击Vant-Weapp单元格时，将跳转到overlay-demo页面。在<van-cell title="Vant-Weapp">单元格上绑定一个事件监听函数：

```
<van-cell
    bind:click="onJumpToMask"
    icon="/images/icon/van-logo.png"
    title="Vant-Weapp" is-link />
```

同时，在setting.js页面中添加onJumpToMask()函数：

```
//@setting.js
onJumpToMask(event){
  wx.navigateTo({
    url: 'overlay-demo/overlay-demo',
  })
}
```

此时，单击Vant-Weapp单元格就可以跳转到overlay-demo页面了。

下面在overlay-demo页面中编写如图14-5所示的效果，这种效果在电商小程序中是非常常见的需求。这个效果可以通过使用Vant的overlay（遮罩）组件来快速实现。

打开overlay-demo.wxml，在其中放置一个van-overlay组件。overlay可以弹出一个遮罩层，图14-5中深灰色部分就是遮罩层。遮罩层的作用主要是作为弹出层显示一些浮动的元素。

```
<!-- @overlay-demo.wxml -->
<van-overlay show="{{ show }}">
</van-overlay>
```

van-overlay组件的show属性决定了overlay是否显示。我们的需求是：当进入overlay-demo页面时立即显示遮罩；单击【X】按钮可以关闭遮罩。

可以在overlay-demo.js中增加下述代码，它将能够实现显示遮罩的效果。

```
// @overlay-demo.js
Page({
  data: {
    show: false,
  },
  onLoad() {
```

```
  this.setData({
    show: true
  });
},
});
```

　　此时当在设置页面单击vant-weapp单元格进入overlay-demo页面后，将立即出现一个遮罩，如图14-6所示。

　　我们再来观察一下最终页面效果图中要实现的效果。实现这样的效果并不难，但问题是Vant作为一个开放的组件，要面对的是开发者千奇百怪的需求：有的开发者的需求可能是效果图中所显示的样子，但有的开发者的需求可能是另外的样子；有的开发者的需求是遮罩上只有2张图片和一个关闭按钮，但有的开发者可能需求在遮罩上放置更多的元素。

图14-5　遮罩效果图

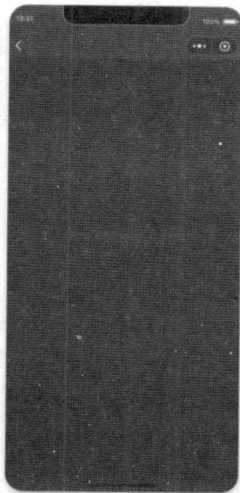

图14-6　进入页面后打开的遮罩层效果

　　这种需求是不确定的，组件不能假设用户只需要2张图片，用户真实需求可能更加复杂。那怎么来解决这个问题呢？插槽就是用来解决这种问题的。

　　所谓插槽就是一个组件本身不确定的位置，而这个位置里的元素由开发者自己决定。overlay组件只提供一个舞台，而舞台的内容交给开发者自己来定义。overlay组件是比较基础的组件，没有做过多内容的假设，内容区域完全交给开发者。

　　那么插槽如何来写呢？很简单，在overlay组件的<>和</>中间的位置编写自己的WXML内容就可以了。例如：

```
<!-- @setting.wxml -->
<van-overlay show="{{ show }}">
<view>
</view>
</van-overlay>
```

　　在<van-overlay></van-overlay>之间的就是插槽的区域，当前放置了一个<view>。这种写法读者肯定非常熟悉，因为小程序大量的原生组件就是这样来使用的。

　　我们来完善插槽的内容：

```
<!-- @setting.wxml -->
<van-overlay show="{{ show }}">
```

```
  <view>
  </view>
</van-overlay>
<!-- @setting.wxml -->
<van-overlay show="{{ show }}">
  <view class="container">
    <image class="badge" src="/images/demo/badge.png" />
    <image class="close" src="/images/demo/close.png" />
  </view>
</van-overlay>
```

现在，插槽的内容更加丰富了，我们在view下面放置了两张图片。插槽内容的样式也可以完全由开发者自己定义，比如class="container"，class="badge"，还可以给每个元素绑定事件。总而言之，写一个组件的插槽内容，和我们写正常的WXML代码没有区别。

接着需要编写一些样式，这些样式可以写在页面的WXSS文件中：

```
/* @setting.wxss */
.badge{
    width:550rpx;
    height:700rpx;
}

.close{
    margin-top:55rpx;
    width:55rpx;
    height:55rpx;
}

.container{
    display: flex;
    flex-direction: column;
    align-items: center;
    justify-content: center;
    height: 100%;
}
```

运行代码看看效果，如图14-7所示。

那么如何关闭当前的overlay呢？可以为【X】按钮添加一个单击事件：

```
<!-- @overlay-demo.wxml -->
<image bind:tap="onClose" class="close"
    src="/images/demo/close.png" />
```

并编写onClose()函数：

```
// @overlay-demo.js
onClose(){
  this.setData({
    show:false
  })
}
```

再次单击【X】按钮，就可以关闭遮罩了。

其实Vant的用法非常简单，难点就在于外部样式类和插槽，一旦掌握了这两个"杀器"后，就会发现使用Vant可以编写出千奇百怪、样式独特的UI。

图 14-7　遮罩效果

最后，要特别强调，外部样式类和插槽不是Vant特有的，几乎所有的第三方组件在自定义组件和样式时都提供了这两种方式。

我们在编写自己的通用组件时，也可以多使用外部样式类和插槽，以提高组件的灵活性。

14.7　本章小结

本章通过实战"设置页面"，深度讲解了Vant组件库的高级用法：外部类、插槽。剖析了Vant的设计理念与集成方法，强调第三方组件库对开发效率的提升作用，并通过样式覆盖与插槽灵活配置，实现了界面差异化与功能扩展。

第 15 章

新版小程序重要API精讲 15

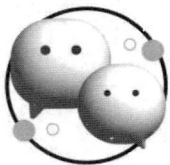

在小程序中，有一类涉及用户隐私信息的接口，比如获取用户信息、用户设备麦克风、地理位置信息等。这些隐私类接口在调用时，有一些复杂的规则，开发者如果没有深刻理解其背后的逻辑，很容易错用接口。但好在此类接口均有一些通用规律。本章将挑选几个非常有代表性的小程序API来讲解，目的是帮助读者理清楚这些接口的通用调用流程，并能够做到举一反三。

15.1 授权与获取用户信息（新版）

Orange-Can只是一个简单的项目，但即使是复杂的项目也无法将小程序的全部知识点都用到。这里，我们优先选择一些非常重要的API来讲解。

获取用户信息接口是wx.getUserInfo()以及wx.getUserProfile()。这两个接口非常重要，因为他可以获取到用户的一些基本信息。小程序历史中这个接口的使用机制被更改过多次。

之所以更改多次的原因是因为很多开发者不遵守微信提倡的开发规范，给小程序用户带来了不好的体验。修改多次的原因在于强制开发者遵守相关规范，减少对用户的打扰。

目前，wx.getUserInfo()和wx.getUserProfile()并没有被废弃，但请注意，在新版本的微信中已不能再获取用户信息了。

让我们回到设置页面，继续探讨用户信息获取的相关问题。

我们期望的效果是，在打开设置页面时，应该能够自动获取到用户的头像、昵称等信息，然后显示在设置页面顶部。但当我们进入设置页面时，用户的头像并没有显示出来，而呈现的是默认头像，昵称也没有显示出来。同时，为什么设置页面的顶部要放置一个【点我】按钮？

我们做一个测试，在setting.js中加入以下代码：

```
// @setting.js
onLoad(options) {
  console.log('I am here')
  wx.getUserProfile({
    success: (res) => {
      console.log('I am there')
      console.log(res)
    }
  })},
```

上述代码的意图是，在进入setting页面后自动调用wx.getUserProfile()获取用户的信息。但运行程序后会发现，只会打印"I am here"，并不会打印"I am there"。这说明wx.getUserProfile()根本没有执行。在早期版本的小程序中，这是可以的，但现在微信不允许这种主动调用 API 获取用户信息的方式了。那么如何获取用户的头像和昵称并显示出来呢？目前，微信给出的策略是，需要用户自己填写表单来把信息提交给开发者。听起来很复杂，没关系，用代码来说话。

目前，setting 页面的顶部有一片区域，其中放置了两个和用户有关的组件：用户头像（avatarUrl）、用户昵称（nickname）。但目前为止，还无法显示这些信息。

那么，什么叫"需要用户填写表单来获取其信息"？简单来说就是除非用户自己填写，否则开发者不能获取用户的头像和昵称。

事实上，微信最开始提供的是 wx.getUserInfo() 函数，开发者直接调用就可以获取用户信息了；接着微信又推出了 wx.getUserProfile()，用于替代 wx.getUserInfo()。现在这两个函数都无法再获取用户信息，而它们之所以还没有被废弃是因为它们还可以获取用户的加密数据（encryptedData）。用户加密数据并非明文，需要解密才有意义，较为复杂。

微信为了方便用户快速提交自己的头像和昵称，提供了一些便捷的方案。下面来实现一下这个功能。首先需要一个额外的面板来让用户选择头像和填写昵称，当用户单击【点我】按钮时将弹出这个面板，效果如图 15-1 所示。

此面板可以使用 Vant 提供的 Popup 弹出组件。在 Popup 组件上，用户可以在头像处单击上传一张头像图片，也可以输入昵称。当用户输入完成后，单击任意空白处即可提交当前信息。这样开发者就能拿到用户的信息了，随后将用户信息上传到服务器保存。在 Orange-Can 中，后台服务器不能提交数据，只能获取数据，所以我们将用户的头像和昵称或其他信息都在前端显示出来。但在真实项目中，我们往往会将用户的头像和昵称保存到服务器中，下次用户再打开小程序就无须输入了。事实上，这有些类似于注册会员的操作。

图 15-1　用户信息输入面板

我们来实现这个 Popup 面板。在 setting.wxml 中加入 Popup 的骨架代码：

```
<!-- 用户信息采集面板 -->
<!-- @setting.wxml -->
<view class="container">
  <!-- 省略 -->
</view>
<van-popup position="top" show="{{ showUserPannel }}" bind:close="onClose">
  <view>
    <button class="avatar-wrapper" open-type="chooseAvatar"
bind:chooseavatar="onChooseAvatar">
      <image class="default-avatar" src="{{avatarUrl}}"></image>
    </button>
  </view>
  <van-cell-group>
    <van-field value="{{ value }}" placeholder="请输入昵称" bind:blur="onGetNickname"
type="nickname" />
  </van-cell-group>
</van-popup>
```

当用户单击【点我】按钮时会弹出 Popup 面板。这是通过切换一个名为 showUserPannel 的变量来实现的显示/隐藏效果。在setting.js中定义这个变量，并在【点我】按钮的单击函数onGetUser()中将showUserPannel的值设置为true。onGetUser()代码如下：

```
// @setting.js
// 新增字段showUserPannel
// 新增onGetUser()函数
data:{
    showUserPannel:false
}
onGetUser(){
    this.setData({showUserPannel:true})
},
```

这样，当用户单击【点我】按钮后，PopUp面板就从顶部滑动下来了。PopUp面板中的组件有两个：

- button：主要用来上传用户头像。
- van-field：主要用来输入用户的昵称或其他信息。

这里读者可能会觉得奇怪，上传头像不应该选择一个和image相关的组件吗？输入用户信息不应该选择一个和input相关的组件吗？

这也正是用户信息采集的难点。首先，之所以需要使用小程序原生组件button来采集用户头像，是因为只有button组件可以直接采集到用户的小程序头像。分析一下button组件代码：

```
<button class="avatar-wrapper" open-type="chooseAvatar"
    bind:chooseavatar="onChooseAvatar">
    <image class="default-avatar" src="{{avatarUrl}}"></image>
</button>
```

button组件之所以能够快速采集用户头像，是因为它设置了一个微信提供的属性open-type。open-type主要是为了让button组件具备一定的微信开放能力，比如"选择用户头像"就是其中的一种能力。open-type是一个可选的枚举类型，当值为chooseAvatar时，可以让用户选择其微信头像。除此之外，还有其他若干种开放能力（不完全，全部能力可参考文档）：

- contact：打开客服会话框。
- share：打开分享转发。
- openSetting：打开设置页面。

可以这么理解button组件的这些特殊能力：有一些微信提供的重要能力，比如涉及用户信息采集、用户转发页面、设置、客服等功能，微信强制和button组件绑定在一起，只有当用户单击了button后才会触发这些能力。

在早期版本的小程序中，这些能力都是以函数的形式给出的。但由于函数的调用和触发过于随意，微信收回了这些能力，将这些能力的调用改成了必须用户单击button才能触发。

这样做的好处是，以往开发者可以随意调用函数获取这些能力，开发者是能力获取的主动方；现在只有用户单击button才能使用这些能力，用户变成了主动方，只要用户不单击button，开发者永远无法使用这些能力。

之所以在button中包裹了一个image，主要是为了让用户看到他选择的图片。运行代码，单击Popup上的灰色图片，将弹出如图15-2所示的面板。

我们需要解释一下这个面板的功能。这个面板主要是为了让用户选择一张图片作为头像提交给开发者。但微信也提供了一个快速选择当前自己微信头像的选项。这就是使用chooseAvatar开放能力的好处。用户可以快速选择自己当前的微信头像，也可以选择另外上传一张图片作为头像。

再看van-field组件。这个组件并非小程序原生组件，它主要是对原生input组件的封装。之所以使用van-field而不是input，只是因为van-filed的样式更好看。

使用van-field可以直接视作在使用小程序的input组件。input组件同样有一些原生能力，这里我们使用了input组件的nickname能力。为了使用这个能力，在代码中，我们将van-field的type属性设置为了nickname。

```
<!-- type属性被设置为了nickname -->
<van-field value="{{ value }}"
placeholder="请输入昵称" bind:blur="onGetNickname"
type="nickname" />
```

nickname可以在用户输入昵称时，由微信自动弹出用户的微信昵称，方便用户快速选择已存在的微信昵称，而不是让用户重新输入一遍。当然，用户也可以选择不使用微信昵称，而是自己输入其他名字。效果如图15-3所示。每当用户在输入框输入名字时，底部就会弹出微信昵称。单击昵称后，微信会自动将昵称填入input中。

图15-2　上传头像选择面板

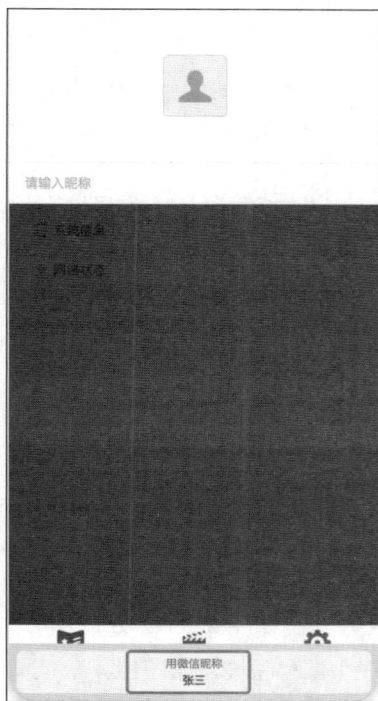

图15-3　快速输入微信昵称

从以上两个行为（选择头像和填写昵称）可以看到，微信现在直接取消了开发者直接获取用户信息的能力，转而要求用户自己去填写。为了减少烦琐的步骤，微信提供了两个快速输入头像和名字的方案。现在的问题是：当用户输入完毕后，如何获取用户输入的头像和名字？这个问题，微信的两个组件button和input已考虑到了。

button组件通过设置事件bind:chooseavatar可以在其回调函数中获取用户的头像图片地址。在我们的代码里，定义了一个onChooseAvatar()函数作为事件的回调函数；而input组件没有提供特定的获取昵称函数，但在任意的input组件事件回调函数中都可以拿到用户的名称。比如：

- bind:blur：input组件失去焦点时触发回调函数。
- bind:change：input组件内的输入值改变时触发回调函数。
- bind:confirm：单击键盘上的Enter键或者手机键盘上的【确认】按钮时触发。

在本案例中，我们选择的是当input失去焦点时触发回调函数，所以在van-field上设置了事件bind:blur = "onGetNickname"。

剩下的任务就是来完成onChooseAvatar()和onGetNickname()这两个函数。在setting.js中编写代码：

```javascript
// @setting.js
onChooseAvatar(event) {
    console.log(event)
    this.setData({
        avatarUrl: event.detail.avatarUrl
    })
},
onGetNickname(event) {
    this.setData({
        nickname: event.detail.value
    })
}
```

无论是用户选择的头像，还是用户提交的昵称，都可以在事件回调函数的event对象中获取到。读者可以通过console.log(event)看一下这个event对象。在本案例中，当在两个回调函数中获取到avatar和nickname后，我们直接将其进行数据绑定，并显示在了页面中。但在真实项目中，通常会将用户相关数据保存到自己的服务器，下次如果用户是以登录状态进入小程序，就可以直接显示该用户的昵称和头像。

最后还剩下一个问题，如何关闭Popup面板。我们选择当用户单击Popup以外的区域时关闭面板。这可以使用Popup提供的bind:close事件来实现。为<van-popup>的bind:close事件指定一个函数onClose()，在JS文件中实现该函数：

```javascript
// @setting.js
onClose() {
    this.setData({ showUserPannel: false });
},
```

在该函数中，将控制变量设置为false，这样面板就会关闭了。如果已经选择了头像和昵称，那么关闭Popup面板后，setting页面的顶部会出现头像和昵称，如图15-4所示。

目前，只能通过这种间接的方式收集用户的基础信息。

图15-4　显示用户提交的资料

15.2　缓存清理

关于缓存，我们在第6章中已使用过。在第6章中，主要是将一些数据写入缓存中。缓存主要用来存储一些前端的临时数据，但有时缓存数据也需要清除掉。

在各种App中，比如微信、抖音，其实在设置里都提供了清除缓存的功能。那么，在小程序中如何清除缓存？

在第6章中，我们使用了wx.setStorageSync()函数将数据写入缓存中。同样地，小程序提供了wx.clearStorage()和wx.removeStorage()函数来清除全部缓存和移除指定缓存。

微信关于缓存的操作API函数提供了同步和异步两个版本，比如清除缓存的函数，就提供了wx.clearStorage()和wx.clearStorageSync()两个版本。所有同步函数都有后缀Sync，这是一个约定俗成的命名方案。

在setting页面的【缓存清理】单元格（van-cell）上增加一个单击回调函数clearStorage()：

```
<!-- @setting.wxml -->
<van-cell bind:click="clearStorage"
    icon="/images/icon/wx_app_clear.png"
    title="缓存清理" is-link />
```

接着在setting.js中实现clearStorage()函数：

```
//@setting.js
clearStorage(){
    wx.clearStorageSync()
}
```

在该函数中，我们调用了微信提供的清除所有缓存的API：wx.clearStorageSync()。现在有一个问题，我们怎么知道调用这个函数后缓存是否清除成功？这个函数的返回值为void，即没有返回值，那么自然就无法通过返回结果来判断是否成功。

正确的做法是，使用try-catch语句来捕捉异常，如果没有捕捉到异常，则说明清除成功，否则清除失败。修改代码：

```
clearStorage() {
  try {
    wx.clearStorageSync()
  } catch (e) {
    // do something
  }
}
```

15.3　交互型组件

下面为清除缓存功能做一些交互反馈。当清除成功时提示用户成功，否则提示失败。我们无须自己编写提示面板，小程序提供了一个非常适合短暂交互的组件——Toast（轻提示）。

对于Toast组件，它的使用方式和我们之前使用的image、text组件不同。它其实更像一个函数，可以直接在JS里调用，也无须在JSON中引入组件。

修改代码：

```
clearStorage() {
  try {
    wx.clearStorageSync()
    wx.showToast({
      title: '成功',
      icon: 'success',
      duration: 2000
    })
  } catch (error) {
    wx.showToast({
```

```
        title: '失败',
        icon: 'fail',
        duration: 2000
    })
    }
 }
```

上述代码尝试清除所有缓存，如果成功，则使用toast组件提示成功，否则提示失败。

当然，除了一次清除全部的缓存，微信也提供了清除指定缓存项的函数：wx.removeStorageSync()。只需在这个函数中传入缓存项的名字，即可删除该缓存项。

15.4　获取系统信息

获取系统信息的接口调用非常简单。早期，小程序提供了一个wx.getSystemInfo()函数来获取系统、设备信息。但在目前新版本中，该函数已经停止维护了（但可以使用）。微信提供了另外若干个函数来代替wx.getSystemInfo()。常使用的函数为wx.getDeviceInfo()。

首先，在setting.wxml中的【系统信息】单元格上添加一个单击函数：

```
<van-cell bind:click="showDeviceInfo"
    icon="/images/icon/wx_app_cellphone.png"
    is-link title="系统信息" />
```

在setting.js中加入下列代码：

```
showDeviceInfo(){
    const info = wx.getDeviceInfo()
    console.log(info)
}
```

当用户单击【系统信息】时，将在控制台打印出系统的信息，如图15-5所示。

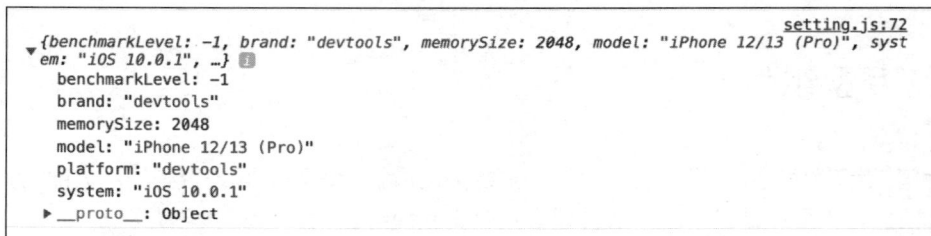

图 15-5　设备信息

注意，当前是在开发工具中获取系统的信息，它实际上获取的是模拟器的机型。读者可以通过改变模拟器机型来得到不同的系统信息。

15.5　获取网络信息

在setting.wxml中的【网络信息】单元格上添加一个单击函数：

```
<van-cell bind:click="showNetworkInfo"
    icon="/images/icon/wx_app_network.png"
```

```
    is-link title="网络状态"
    border="{{ false }}" />
```

在setting.js中加入下述代码：

```
showNetworkInfo () {
  wx.getNetworkType({
    success: (res) => {
      wx.showToast({
        title: res.networkType,
        icon: 'none'
      })
    }
  })}
```

当用户单击【网络信息】单元格后，会弹出网络的类型："wifi"。

小程序提供了wx.getNetworkType作为获取当前网络状态的接口。获取网络状态是一个异步方法，方法回调函数中可以接收一个res参数，使用res.networkType可以获得当前移动设备的网络状态。网络状态的可能取值有6种：- 2g、- 3g、- 4g、- Wifi、- none、- unknown。

15.6　获取地理位置信息

小程序提供wx.getFuzzyLocation()来获取当前模糊地理位置信息，同时也提供了wx.getLocation()来获取精确地理位置信息。开发者可根据自己的需要自行选择。这里我们以wx.getFuzzyLocation()为例，说明这两个函数的用法。

在setting.wxml中增加两个单元格：

```
<!-- setting.wxml -->
<van-cell bind:click="getLocation"
    icon="/images/icon/wx_app_lonlat.png"
    is-link title="当前位置"  />
<van-cell bind:click="scanQRCode"
    icon="/images/icon/wx_app_scan.png"
    is-link title="二维码"  />
```

在setting.js中编写getLocation()函数：

```
// @setting.js
  wx.getFuzzyLocation({
    type: 'wgs84',
    success(res) {
      const latitude = res.latitude
      const longitude = res.longitude
      consolel.log(res)
    },
    fail(e) {
      console.log(e)
    }
  })}
```

wx.getFuzzyLocation()中需要传入一个type参数。type指定返回的地理位置信息的坐标系，默认是WGS84坐标系。除了WGS84，还可以将type的值设为GCJ02。WGS84为国际标准GPS坐标，GCJ02是中国测绘局订制的地理信息系统坐标系。如果开发者在获取当前位置后还想调用微信内置地图（调用

wx.openLocation（））查看这个位置，那么请选用GCJ02。如果使用WGS84作为坐标系并调用微信内置地图，那么定位点的mark和实际位置是有偏差的。

当然，在上述代码的基础上尝试运行程序，大概率函数会进入fail(e)里，然后得到一个错误信息。这是因为对于地理位置这种极其敏感的用户信息，微信有严格的审核流程。想要上述代码成功获取到位置信息，还需要有以下几个配置：

（1）需要在小程序后台申请开通模糊地理位置获取权限，如图15-6所示。每个API都需要单独申请，申请通过后方可使用地理位置接口。

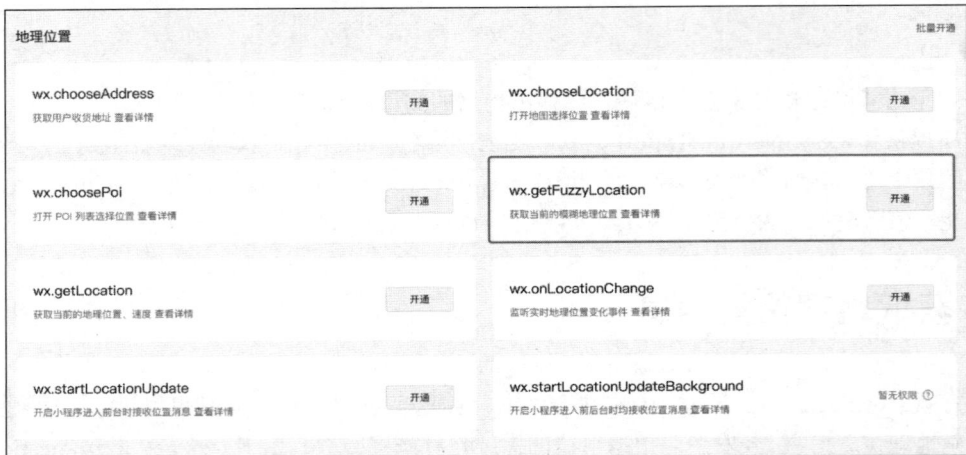

图 15-6　接口权限申请

（2）需要在项目的app.json中明确标明需要使用此接口：

```
"requiredPrivateInfos":[
"getFuzzyLocation"
]
```

（3）需要用户同意小程序获取地理位置，如图15-7所示。

有了以上3个配置后，wx.getFuzzyLocation()才能调用成功。

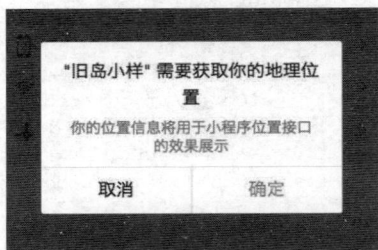

图 15-7　弹出授权提示

15.7　扫码

扫码不仅包括扫描常见的二维码，还包括扫描一维码。扫码功能对于主打线下的小程序非常重要，开发者可以充分利用扫码功能做出各种个性化、场景化的业务功能。微信提供了wx.scanCode()用于扫描二维码。在setting.js中加入以下函数：

```
// @setting.js
  wx.scanCode({
    success(res) {
      console.log(res)
    },
    fail(e) {
      console.loog(e)
    }
  })}
```

如果扫码成功，则执行success()；如果扫码失败，则执行fail()。通常扫码有两种形式：

（1）调用手机相机扫码。

（2）从相册选择一张图片进行扫码。

默认的wx.scanCode()两种形式都支持，但如果只想让用户用相机扫码，可以增加onlyFromCamera参数：

```
wx.scanCode({
    onlyFromCamera: true,
    success (res) {
        console.lcg(res)
    }
})
```

为了看到扫码结果，我们进一步完善scanQRCode()函数：

```
// @setting
scanQRCode () {
 wx.scanCode({
   success (res) {
     console.log(res)
     wx.showModal({
       title:'扫描二维码/条形码',
       content: res.result
     });
   },
   fail (res) {
     wx.showModal({
       title: '扫描二维码/条形码',
       content: '扫码失败，请重试'
     });
   }
 })
}
```

上述代码在扫码成功时弹出提示框，并打印扫描到的信息；在扫码失败时，则进入fail()函数中，提示扫码失败。完成以上代码后，在setting页面单击【二维码】，就会打开一个对话框，让我们选择一张二维码/条形码图片；如果是在真机上，就会打开相机让我们扫描二维码。

开发者可从真机上扫描二维码或者从模拟器中选择二维码图片进行扫码测试（二维码需要自备）。

扫描二维码后，将弹出一个对话框显示二维码的内容，本示例显示了唐代诗人元稹的《离思五首·其四》，如图15-8所示。

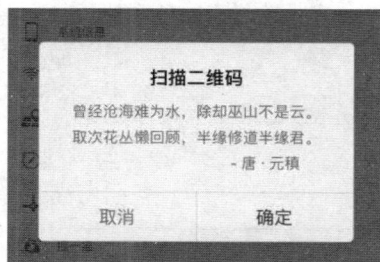

图 15-8　扫码后的结果

15.8　用户授权与授权二次拉起

在第7章中，我们曾经讨论过一个问题：当用户想提交语音信息时，为了能够录制用户的语音，需要调用手机的麦克风权限。

我们可能会认为，调用权限仅需一个函数即可。但事实上，微信对于用户隐私信息的保护非常严格，所以它有一套完整的授权流程以及授权拒绝后二次拉起的规范和流程。

作为开发者，我们需要熟悉所有授权接口的调用方法，以及用户拒绝后如何二次拉起授权。下面以"保存图片到相册"为案例进行授权流程的讲解，其他需要授权的行为可参考此流程。

首先，保存图片或者上传图片均需要用户授权，这涉及读取用户的系统相册。这类需要授权的行为都属于读取用户隐私信息，需要用户同意。

微信提供了一个接口wx.saveImageToPhotosAlbum()来完成写入图片。在最新版本的小程序中，如果想要调用这个接口，开发者首先必须在小程序后台申请这个接口的调用权限，审核通过后方能调用，否则会提示如图15-9所示的错误。

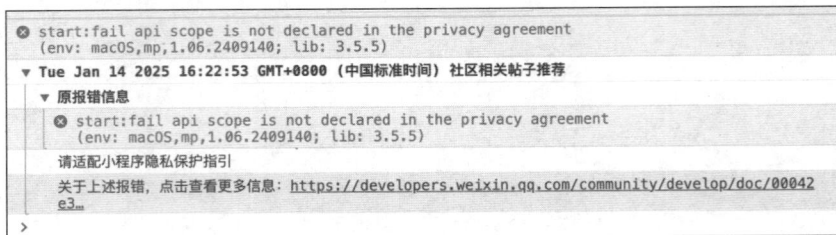

图 15-9　小程序拒绝调用隐私接口

如果在开发阶段暂时不想申请权限，也可以在开发工具中将调试基础库版本调低一点，如图15-10所示。

在较低版本中，小程序可以在没有申请权限的情况下调用隐私接口。但这里强调，正式上线小程序时，还是要申请权限并通过审核。

申请流程如下：

（1）登录小程序后台。

（2）选择小程序→账号设置。

（3）选择服务内容声明→用户隐私保护指引。

（4）单击【去完善】。

随后进入表单填写流程，按照流程操作即可。图15-11中的接口均需要通过审核后才可以调用。

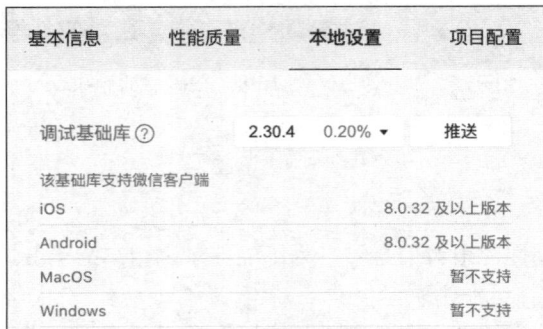

图15-10　调试基础库版本号

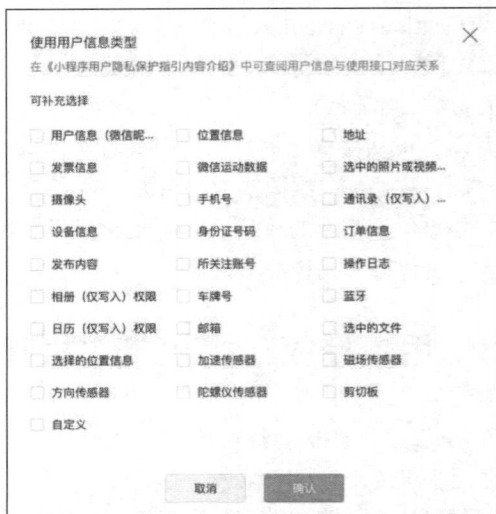

图15-11　众多需要申请才能调用的接口

提交表单后，需要等待微信审核。审核通过后，微信上会收到成功通过的消息。在确保可以调用隐私接口后，在setting.js中加入如下代码：

```
// @setting.js
getSetting(){
  wx.saveImageToPhotosAlbum({
    filePath: '/images/movie/sunrise.png',
    success(res) {
      console.log(res)
    },
    fail(e) {
      console.log(e)
    }
  })}
```

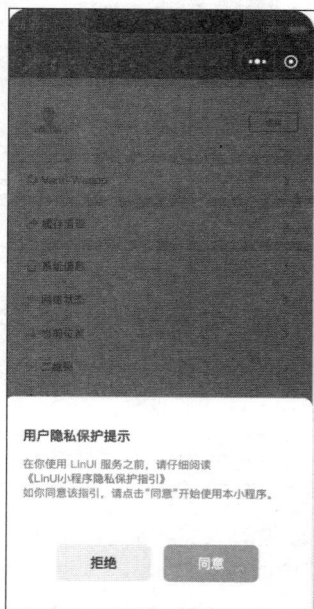

图 15-12　用户隐私保护条款

这段代码直接尝试将一张图片写入用户相册中。如果用户从未拒绝、也未同意过此权限操作，则微信会弹出一个提示框，如图15-12所示。

如果用户同意此隐私条款，就单击【同意】按钮，继续下一步；如果不同意，可以单击【拒绝】按钮。

当用户单击【同意】按钮后，小程序会进一步询问用户是否允许使用某个具体的权限，如图15-13所示。此时，用户单击【允许】按钮，wx.saveImageToPhotosAlbum()函数才能真正执行成功。

当用户允许此次授权后，将弹出系统的保存图片提示框，如图15-14所示。

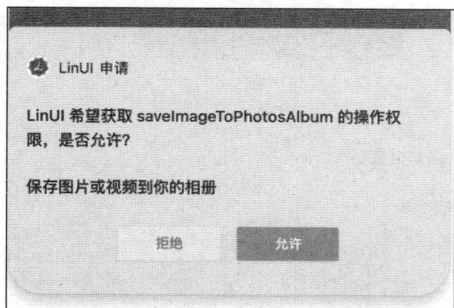

图15-13　用户需要再次允许具体接口授权

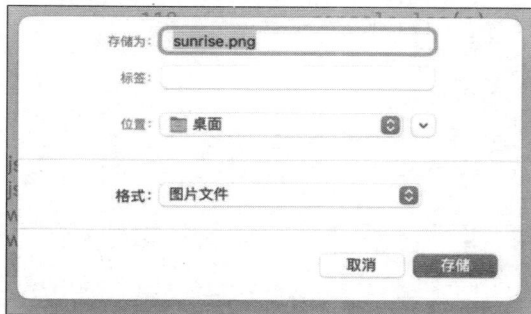

图15-14　系统保存图片提示框

如果用户在整个流程中拒绝了授权怎么办？这个也不难，可以提示用户如果拒绝，则无法保存图片，然后结束整个业务流程。

这里就有个问题，如果用户曾经拒绝过授权，现在又想进行授权，如何二次拉起授权呢？可能我们会想到——再拉起一次授权对话框让用户选择授权即可。

但这里比较麻烦的是，如果用户曾经拒绝过某种授权，那么微信就不会再弹框提示用户进行授权。这样设计是为了防止小程序不断弹框，打扰用户。

因此，这里的重点是：对同一种权限，微信只会弹框一次询问用户是否同意，如果用户拒绝，后续无论小程序再怎么申请，微信都不会弹框询问。实际上，当用户拒绝某种权限的申请后，微信就记录下了这种拒绝，下次就不再弹框了——除非我们能够清除掉用户的授权缓存数据。

一旦清除掉授权数据，微信就不知道用户曾经拒绝过本授权，就会再次弹框询问用户是否同意授权。如何清除掉授权数据呢？在开发工具中，可以很方便地清除授权缓存数据，如图15-15所示。但在真机上，清除授权数据不是一件容易的事儿，需要引导用户去设置页面打开授权，而这个设置页面的入口并不是那么直观。

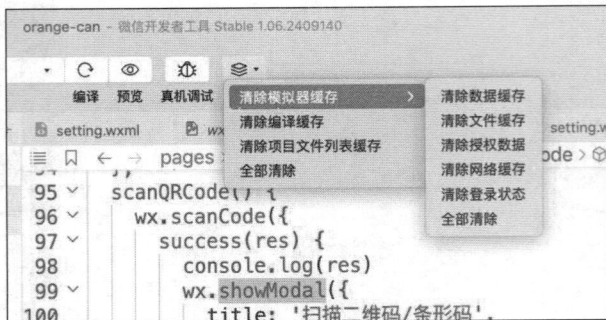

图 15-15　通过开发工具清除授权缓存数据

用户如果对小程序比较熟悉，可以无须开发者引导，自行去设置页面打开授权。小程序提供了统一的设置页面，单击右上角的胶囊按钮，通过弹出框即可进入【设置】页面，如图15-16所示。

设置页面将显示曾经请求过的授权，这些授权都是滑动开关，用户可以随时开启和关闭授权，如图15-17所示。

图15-16　进入【设置】页面

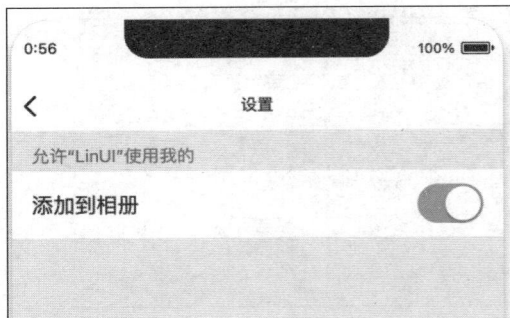

图15-17　打开或者关闭授权

注意，设置页面并不会显示小程序的所有可选授权，只会显示开发者曾经申请过的授权。比如，开发者曾经向用户申请过相册权限，那么这里只会显示"添加到相册"授权。用户可以在这里选择关闭或者开启权限。

此外，微信还提供了一个wx.openSetting()函数来自动打开小程序设置页面。这样用户就不需要自己去寻找设置页面了。但这个函数的使用是有限制的，开发者不能任意调用。简单来说，这个函数必须在用户单击button后触发，而不能由开发者主动调用。

讲到这里，读者应该发现微信对于这类弹窗函数的限制了：几乎所有的需要弹窗的函数都必须由用户单击button来触发，而不允许开发者主动调用。

我们来做一个测试，暂时将setting.js中的getSetting()函数更改一下：

```
// @setting.js
// 暂时修改
```

```
getSetting(){
    wx.openSetting({
        success (res) {
            console.log(res.authSetting)
        }
    })
})
```

此函数成功调用后将弹出设置页面。它之所以能调用，是因为getSetting()函数是由用户单击【设置】按钮来触发的。如果尝试将wx.openSetting()放置在类似于onLoad()的页面生命周期函数中，它是无法调用的；因为生命周期函数不是由用户触发的。

基于上面的分析，可以将getSetting()代码修改一下：

```
// @setting.js
// 此段代码无效，仅为演示错误用法
getSetting() {
    wx.saveImageToPhotosAlbum({
        filePath: '/images/movie/sunrise.png',
        success(res) {
            console.log(res)
        },
        fail(e) {
            console.log(e)
            wx.openSetting({
                success(res) {
                    console.log(res.authSetting)
                },
                fail(e) {
                    console.log(e)
                }
            })
        }
    })
}
```

这段代码的本意是：

（1）用户首先尝试去调用图片保存函数。

（2）此时会弹出授权框。

（3）用户同意授权，则保存成功。

（4）用户拒绝授权，那么进入fail()。

（5）在fail函数中，尝试调用wx.openSetting()打开设置页面，让用户再次授权。

看起来逻辑是正确的，但运行代码后会发现，当用户拒绝授权后，是不会弹出设置页面的。因此这样做是不可行的。那么正确的逻辑是怎样的呢？下一节我们会详细介绍这个问题的解决办法。

15.9　通用授权处理流程

以"保存相册"为例，给出一段通用的授权拒绝/二次拉起的方案代码。其他授权也可参考此流程。

```
// @setting.js
// 通用授权流程/二次拉起授权方案
getSetting() {
    wx.saveImageToPhotosAlbum({
```

```
filePath: '/images/movie/sunrise.png',
success(res) {
    wx.showToast({
        title: '保存成功',
    })
},
fail(e) {
    console.log(e)
    if (e.errno === 104) {
        wx.showModal({
            title: '授权提示',
            showCancel: false,
            content: '请先同意隐私协议',
        })
        return
    }
    wx.getSetting({
        success(res) {
            console.log(res)
            if (!res.authSetting['scope.writePhotosAlbum']) {
                wx.showModal({
                    title: '授权提示',
                    showCancel: false,
                    content: '请从右上角胶囊按钮的设置里打开相册授权',
                })
            }
        }
    })
}
})
}
```

要实现比较完美的流程，需要处理各种分支情况：

（1）需要处理用户拒绝隐私协议的情况，如图15-18所示。

（2）需要处理用户拒绝授权的情况，如图15-19所示。

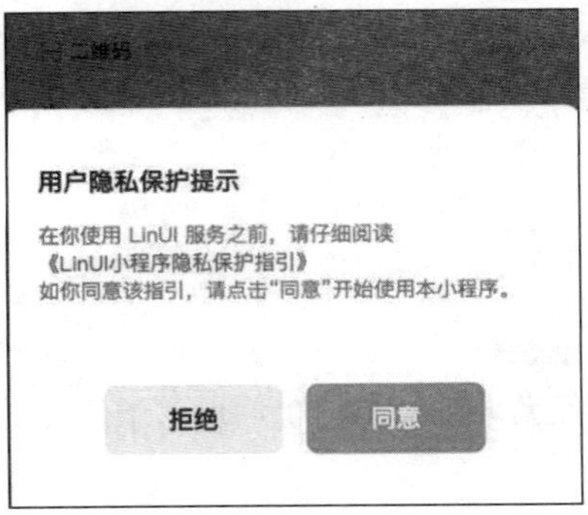

图15-18　拒绝隐私协议的情况

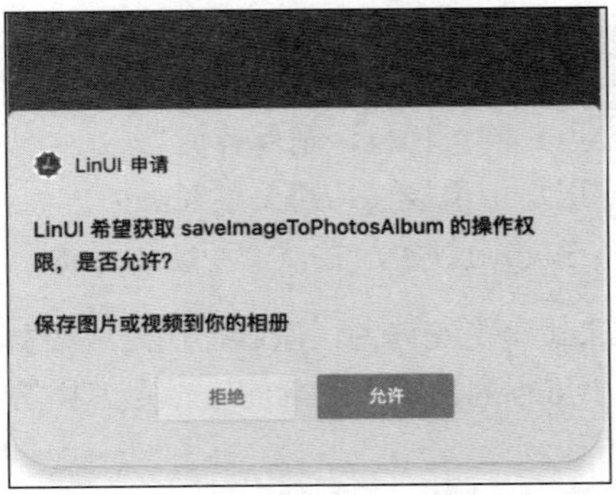

图15-19　拒绝授权的情况

（3）需要处理用户在保存相册时，没有单击【存储】按钮，而是单击【取消】按钮的情况，如图15-20所示。

代码流程分析如下：

（1）首先尝试调用wx.saveImageToPhotosAlbum()函数保存图片。

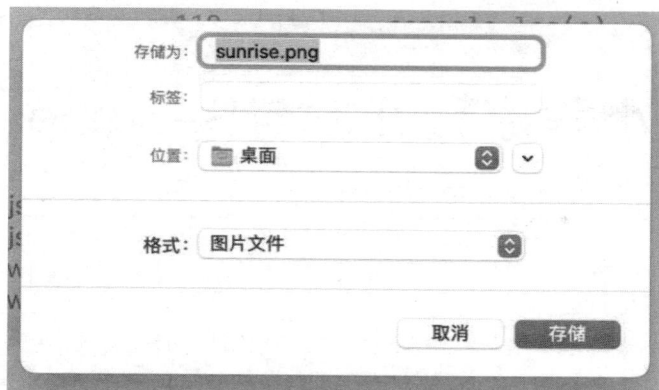

图 15-20　用户取消了保存图片的情况

（2）此时如果用户已经授权了保存相册权限，那么直接弹出保存图片对话框，用户保存成功则弹出轻提示，提示保存成功。

（3）如果没有授权，则弹出隐私协议或提示授权框。

（4）如果用户同意授权，则继续弹出保存图片对话框；如果用户不同意，则进入fail()函数。

（5）在fail()函数中将调用wx.showModal()弹出一个模态对话框。

（6）失败分为3种情况：

● 用户拒绝隐私协议。

● 用户拒绝授权保存相册。

● 用户取消了保存。

（7）对应3种不同的失败情况，分别进行处理：

● 如果用户拒绝的是隐私协议，则提示应先同意隐私协议（errno为104代表拒绝了隐私协议）。

● 如果用户拒绝了授权保存相册，则应提示进行授权（这种情况应使用wx.getSetting()函数获取用户的所有授权情况，其中'scope.writePhotosAlbum'代表用户是否授权了相册权限：true表示授权，false表示未授权）。

● 如果用户取消了保存，则不做任何提醒。

整个流程较为复杂，却是一个通用流程，任何权限的获取都可以参考这个流程。

此外，微信还提供了一个wx.openSetting()函数，可以直接打开授权界面，无须用文字引导用户手动去打开设置页面。

15.10　本章小结

本章系统地讲解了新版小程序的核心API，涵盖用户授权流程（含二次拉起）、缓存管理、交互组件使用及系统/网络/地理位置信息获取等能力。重点剖析了扫码功能与通用授权处理逻辑，帮助开发者掌握用户隐私保护与权限请求的规范化实现。

第 16 章

小程序云开发与Serverless

16

最近几年流行一种被称为"无服务器"的开发理念。无服务器并不是说完全不需要服务器，它其实是一种尽量弱化服务端编程的编程模式。小程序的云开发就属于无服务器的一种。云开发可以帮助小程序开发者快速上线应用，甚至无须学习复杂的服务器编程，也可以独立完成一个项目。本书将用两章来介绍小程序云开发，本章先介绍其基础概念和基本操作，下一章会涉及一些云开发的高级核心技巧。

16.1 小程序云开发与 Serverless 的概念

在介绍云开发之前，我们需要对小程序云开发和Serverless的概念有一个大致的了解。

从概念范围上来讲，Serverless>云开发>小程序云开发。Serverless中文意为无服务器架构，指的是开发者实现的服务端逻辑运行在无状态的计算容器中。

基本概念比较绕口，我们用通用Web概念来讲述一下：

> 通常一个典型的Web应用程序至少应该由前端和服务端两部分组成，服务端负责存储、管理并向前端提供数据，而前端负责展现数据。虽然现在的Web应用程序远比这个经典的B/S（Browser/Server，即浏览器/服务器）模型要复杂得多，但大体上来说，现在的Web程序依然属于B/S的范畴。

我们简单回顾一下服务器技术的发展历史。在很早的时候，当我们开发了一个Web程序后，如果想部署这个Web程序让其他人使用，可能需要进行以下的操作：

- 硬件环境：自己购买一台计算机，自己申请域名，自己开通外部网络、申请外网IP地址。
- 软件环境：安装服务端的操作系统（Linux、Windows）、搭建服务端数据库（MySQL）、存储（静态资源服务器）、WebServer（Nginx、Apache）等。
- 为了管理这些环境，通常还需要在本地安装各种管理工具，以便于可视化管理：
    - 对各种服务端软件进行配置。
    - 将自己的代码部署到服务器上。
    - 在产品运行期间，需要不断地维护服务端。

随着云计算的普及，为了部署自己的应用，我们只需购买腾讯云/阿里云的各种云端环境，而无须再购买各种硬件设备，但是依然需要在云端安装各种服务器软件，进行各种复杂的配置。

云计算在一定程度上实现了可伸缩性，例如，当我们只需要双核CPU的服务器、4GB的内存时，就只需要购买相应的设备；当我们觉得性能不够时，只需要进一步将双核增加到4核，将4GB内存扩展到8GB。而借助Serverless架构则不需要开发者了解具体的服务端环境、规格，甚至不需要知道服务器是什么操作系统，是双核还是4核，是4GB还是8GB内存；也不需要知道服务器的WebServer是什么、数据库安装在哪里。简单来说，我们只需要写代码，然后把代码传到"云"上就可以直接运行，其他什么都不用管。

需要注意的是，Serverless架构依然需要我们编写服务端代码，也许某一天人工智能强大到能帮我们写好所有代码，否则自己的业务逻辑仍需要自己来编写。

Severles的学术性定义晦涩难懂，还可以引申出各种深奥的概念，比如FaaS和BaaS、硬件虚拟化、真正可伸缩的弹性计算等，但对于开发者来讲，Serverless最大的优点就是免运维，服务端的一切和代码无关的操作都不需要我们关心，我们只需要写自己的代码即可。

16.2　小程序云开发模式

腾讯云围绕Serverless架构设计了一套云开发模式，小程序云开发就是Serverless在小程序上的具体应用。

在学习一种新的开发方式前，我们必须从整体上理解这种模式的结构和特点。读者在阅读下面的内容时，请时刻注意其与传统Web开发模式的差异。

云开发所提供的各种能力如下：

- 云开发无须开发者关心服务器。
- 云端已内置了数据库，用于开发存储数据。
- 云端已内置了存储，用于存储图片等静态资源，无须开发者自己搭建。

此外，云开发也无须申请域名和配置HTTPS证书，因为所有对服务端的数据访问都已内置在了云开发SDK（Software Development Kit，软件开发工具包）中，无须显式发送HTTP请求。因此，对于数据库和存储的操作非常方便。

那么前端如何访问数据库和存储呢？主要有两种模式：

（1）从前端小程序中直接访问。

（2）通过云函数访问。

从小程序中直接访问很好理解，那么云函数又是什么呢？

简单点说，我们调用的函数大部分都在本地代码里，而云函数是位于远程服务端的函数。虽然云函数在远程服务端，但我们依然可以像调用本地函数一样调用云函数。

云函数其实可以看作是一段服务端代码，开发者可以从小程序中调用云函数，再通过云函数访问数据库/存储。可以将云函数视作传统Web开发中的服务端API，但在具体实现上云函数和传统Web API是不同的。

图16-1显示了小程序访问服务端的两种方式。要特别强调的是，这只是一个概念图，并不是实际的机制/架构图，真实情

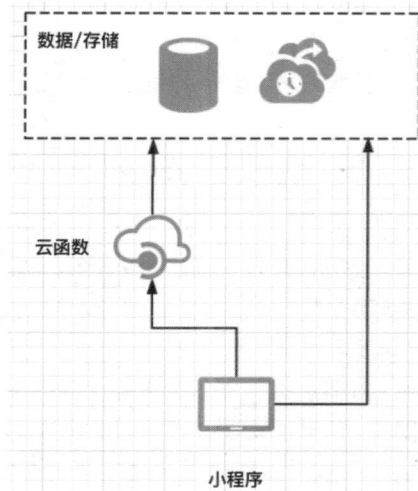

图 16-1　小程序访问服务端的两种方式

况并不会有独立的数据库/存储，对于开发者来说也无须关心底层的硬件结构。

小程序代码毫无疑问是在小程序中编写的，那么云函数在哪里编写呢？

云函数同样由我们在小程序开发工具中编写后再上传到云端。但要注意，云函数本身不属于小程序，只是在小程序开发工具中编写，最终它将被上传到云端，并在云端运行和调用。

云函数虽然名字叫"函数"，但千万不要以我们常规的函数概念来理解它。事实上，云函数更像一个小型的应用，有入口并且有完整的运行环境。关于云函数的详细意义和概念，我们放在后续的章节中再详细讲解。这里最重要的是理解怎么编写云函数，以及怎么调用云函数。

我们从下一节开始就动手将Orange-Can项目改成云开发的版本。

16.3　项目改造云开发的预备知识

目前，Orange-Can项目有两大业务功能：文章和电影。电影部分调用的是真实的线上API，只不过这个线上API是笔者编写，并提供给读者使用的。对于文章部分，仅仅是在本地模拟数据，而在真实的项目中是不会这样模拟数据的。

之所以本书前面采用模拟数据，是因为绝大多数前端开发者并不涉及服务端开发。如果要用传统的服务端语言来开发服务端API，比如电影部分所调用的API，还是需要不少知识的。

大体上来讲，一个小型服务端开发至少需要具备4方面的知识：

（1）需要学习一门服务端语言（Node.js/Python/Java/PHP）。

（2）需要学习一个相关语言的Web框架（Flask、Koa、SpringBoot、TP）。

（3）需要对数据库（关系型数据库如MySQL，文档型数据库如MongoDB）的操作有一定的了解。

（4）需要对运维知识（服务器环境安装部署）有一定的了解。

那么，用云开发则可以省去第2条和第4条，且对于第1条和第3条的要求也降低了很多。

其实，编写云函数实际上就是在用Node.js的相关知识进行开发，只不过云函数的编写更加简单，无须学习Koa、Express等常见的Node Web框架。这里建议前端开发者学习一下Node.js。当然，如果完全不懂Node.js也没有关系，因为云开发只需要用到JavaScript的相关知识即可，不过熟悉Node.js对开发复杂业务有很大帮助。

在本章的后续小节中，将把文章相关功能（文章列表、文章详情、文章评论）改造成云开发版本。

16.4　初识云开发

使用云开发不需要额外安装开发工具，因为云开发的控制台已经集成在了微信开发者工具中。这对新手非常友好，很多框架开发初期复杂的环境搭建直接劝退开发者，但小程序不会。

只需单击开发工具上的【云开发】按钮（见图16-2），即可打开云开发控制台，如图16-3所示。首次打开云开发控制台，可能会提醒开通或者申请云开发，按照提示操作即可。

图16-2　云开发入口

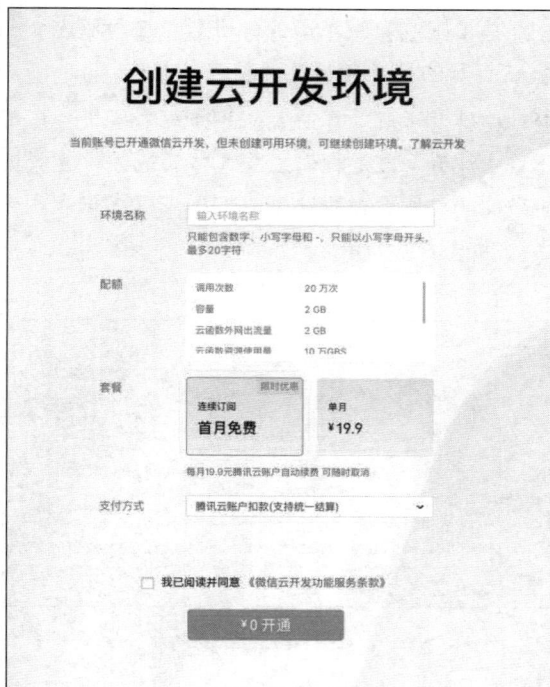

图 16-3　入口界面

云开发是收费的，但首月免费。云开发同现在的云计算收费类型相似，均是按需付费，基础套餐包含了一定的调用次数、容量、流量，超出部分再额外付费。在这个过程中，可能会提示我们输入一个云环境的名称，输入任意的小写字母、数字即可。这里我们创建一个名称为orange-can的环境。

在开通云开发后，将进入云开发仪表盘，如图16-4所示。

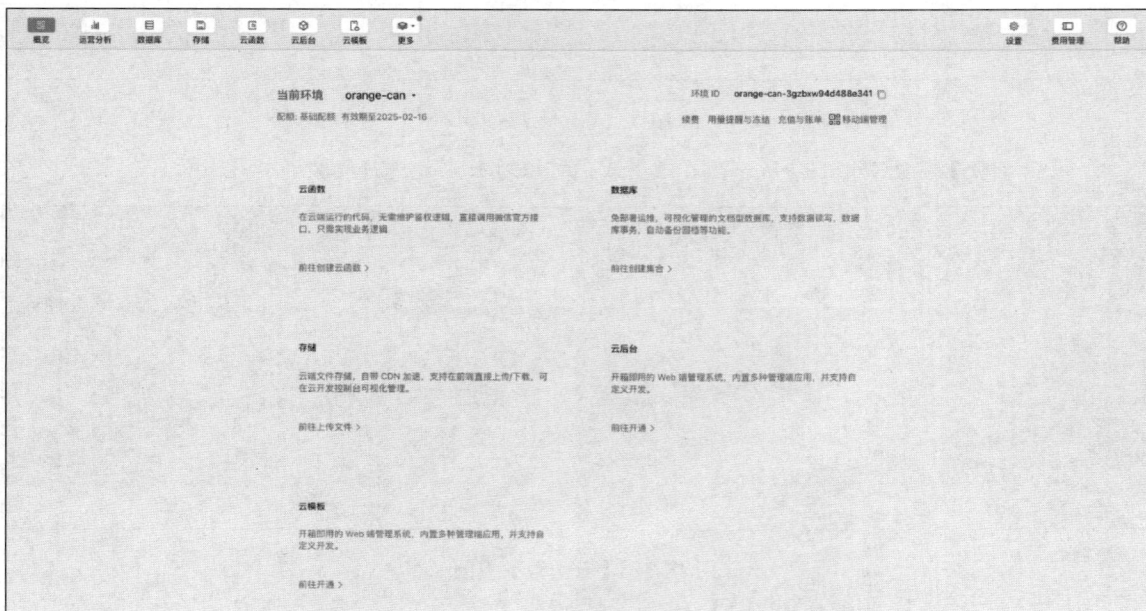

图 16-4　云开发仪表盘首页

控制台共有7个视图，分别是【概览】、【运营分析】、【数据库】、【存储】、【云函数】、【云后台】和【云模板】，默认打开的是【概览】视图。

- 【运营分析】视图主要提供当前用了多少流量，调用了多少次云函数，有多少用户访问。
- 【数据库】视图如图16-5所示，这是我们主要工作的地方。【数据库】视图提供了对于数据的增、删、改、查等功能。对于云数据库，我们既可以在仪表盘里编辑、删除、上传、查询数据，也可以从小程序代码中进行增、删、改、查。实际上，【数据库】视图相当于一个数据库管理工具。

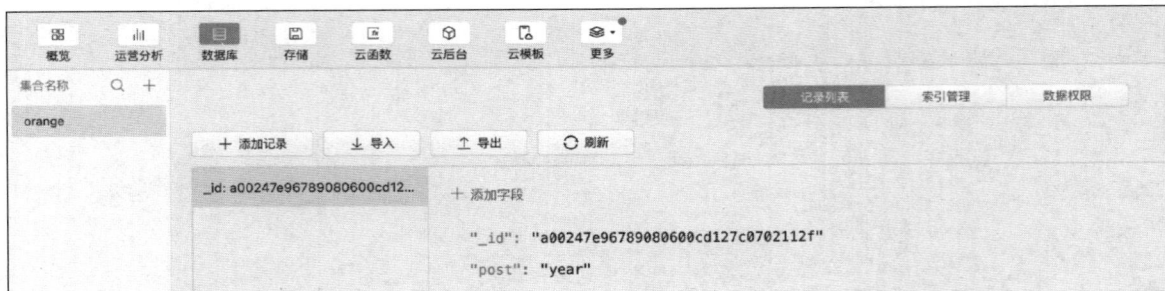

图 16-5   【数据库】视图

- 【存储】视图如图16-6所示，主要用于管理静态资源，比如图片、音频、视频等文件。开发者可以将小程序所需的静态资源都存放在这里。

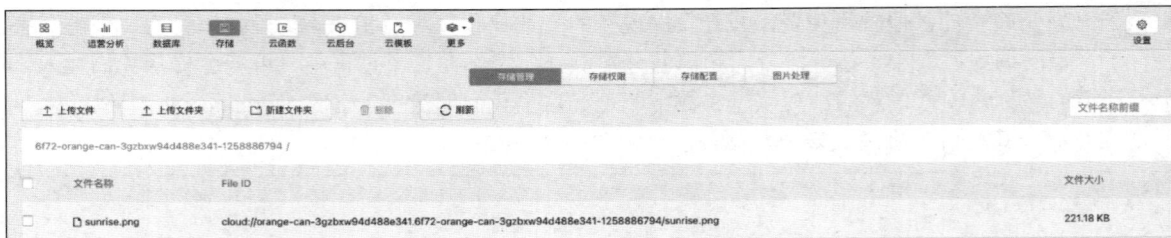

图 16-6   【存储】视图

- 【云函数】视图如图16-7所示，在这里我们可以对云函数进行相关的管理工作。

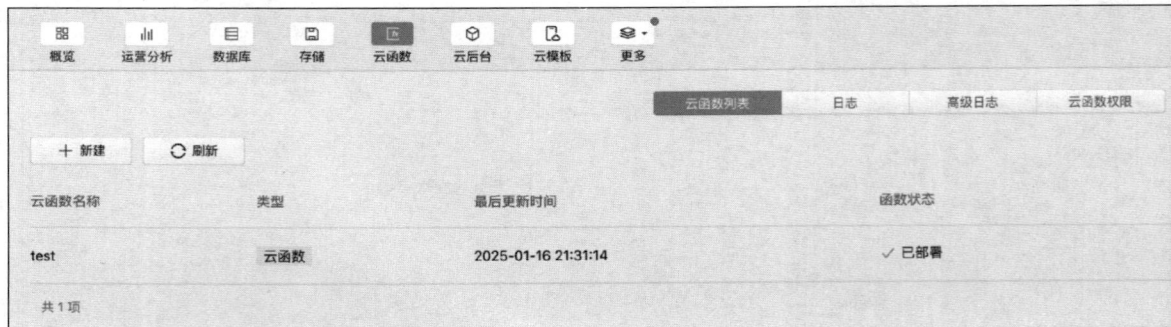

图 16-7   【云函数】视图

注意，云函数是在小程序开发工具中编写后再上传到云端的，在控制台里是无法编写云函数具体内容的。

- 【云后台】、【云模板】视图中使用的是低代码搭建应用的一些技术，低代码在本书的讨论范畴内。

16.5　云数据库设计基础原则

云数据库其实是一个简化版的MongoDB数据库，它的功能比MongoDB要弱很多，我们可以将云数据库理解成一个受限制的弱化版MongoDB。MongoDB既是非关系型数据库，又是文档型数据库。

在做任何服务端开发时，首先要设计的就是数据库。下面考虑如何围绕文章功能设计数据库。

对于传统的关系型数据库而言，数据的设计有两个要点：

（1）设计实体信息表。

（2）设计表与表之间的关系。

比如文章的标题、发表时间、作者等就属于实体信息，评论的内容、评论时间等也属于实体信息。每个实体必须拥有一个主键来同其他实体做区分，比如每篇文章都要有独一无二的id，这个id通常被称为主键。

但是，一条评论必须"属于"某个文章，它们之间就必须有一个"关联"，这就是表与表之间的关系。

本书不是一本讲解关系型数据库的书，且我们使用的数据库也并非关系数据库，而是文档型数据库，所以这里就不再过多地描述这些设计的基本原则。

虽然文档型数据库的设计比关系型数据库的设计要灵活很多，但是笔者依然建议开发者在设计文档型数据库时，按照关系型数据库的上述两个原则进行设计。因为关系型数据库的经典设计原则适用于绝大多数的复杂项目，而文档型数据库的灵活设计如果把握不好，很容易造成维护的困难与查询的复杂。

16.6　数据库、集合、记录与字段

通常很少有开发者不了解关系型数据库而直接上手文档型数据库，所以大多数讲述文档型数据库的教程都会以关系型数据库为基础对比讲解。图16-8来自官方文档。

关系型	文档型
数据库 database	数据库 database
表 table	集合 collection
行 row	记录 record / doc
列 column	字段 field

图 16-8　关系型数据库与文档型数据库相关概念对比

每个文档型数据库的概念都可以与关系型数据库进行对比，以方便理解。

通过前面的学习，读者应该比较熟悉文章的相关功能了。我们可以设计3个集合来满足文章所需的数据存储：post、user_post和comment。

1. post集合

post集合用于存储文章相关信息，比如文章标题、作者、阅读量等，如图16-9所示。

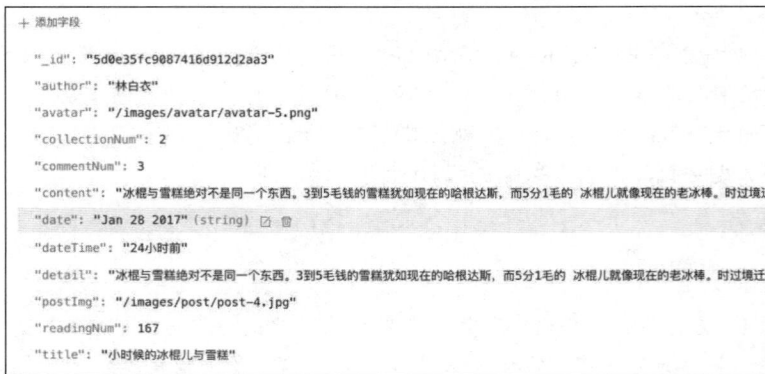

图 16-9　文章数据示例

基本上，它和之前章节里的本地模拟数据非常相似，但也有所区别，比如删除了comment评论字段，评论信息我们用一个单独的集合来表示。

特别要注意其中的_id字段，它代表了文章的id，由云数据库自动生成。这里有一个规则，如果被导入的数据中不包含_id字段，那么云数据库会自动生成这个字段，并作为一个可选的主键标识。

为什么是可选的？因为虽然云数据库生成了id，并能保证唯一性，但是我们可以不使用它，而是自己生成主键标识。

2. user_post集合

user_post集合用于存储用户对文章的相关操作，比如用户是否对某篇文章进行了收藏，如图16-10所示。

这个集合比较简单，核心字段就是collectionStatus，用来表示当前用户是否对某篇文章进行了收藏。

图 16-10　用户操作文章数据示例

注意，user_post其实用来存储某个用户对某篇文章的操作，比如是否收藏了某篇文章，如果收藏了，collectionStatus就是true，否则该字段值为false。此外，"某个用户"对"某篇文章"，必然需要知道是哪个用户操作了哪篇文章，所以在这个集合中必然存在一个能标识用户的字段和一个能标识文章的字段。

postId字段就用来标识一篇文章，那么标识用户的是哪个字段呢？答案是_openid。

每当有一条和用户相关的记录被插入集合时，就会由云数据库自动生成_openid字段。因此，对于user_post集合，里面的_id和_openid都是由云数据库自动生成。

这里提出一个问题，为什么post集合里没有_openid字段呢？这是因为post不是由用户创建的，而是由我们手动导入数据库的，post是文章的初始数据，并非用户相关的数据。只有由用户活动产生的数据才会生成用户的标识_openid。

此外，user_post和comment的数据无须从控制台中导入，也无法导入。因为用户相关的数据必然是在程序运行的过程中插入数据库中的，而不是预先导入进去的。

3. comment集合

comment集合用于存储评论数据，如图16-11所示。

图 16-11　用户评论数据示例

comment集合的数据结构和之前书中所描述的数据结构没有任何区别，只不过它同样多出了_id、_openid和postId等几个字段。

最后，再次提醒，我们只需预先在云开发的【数据库】里导入post集合的数据就可以了，其他集合的数据都是在小程序运行过程中由用户来创建的。

这里提前给出集合的数据结构，只不过是为了便于读者理解这些数据结构，在后续代码中，需要依据这些结构进行数据写入。

16.7　创建集合与导入数据

单击云控制台中的【数据库】视图，然后单击左侧【集合】旁边的【+】按钮，新建一个集合，并命名为post。

接着，单击【导入】按钮，选择源码data目录下的data.json，将其导入post集合中。

虽然comment和user_post集合不需要导入数据，但它们也必须被创建。单击【+】按钮，再依次创建comment和user_post集合即可，结果如图16-12所示。

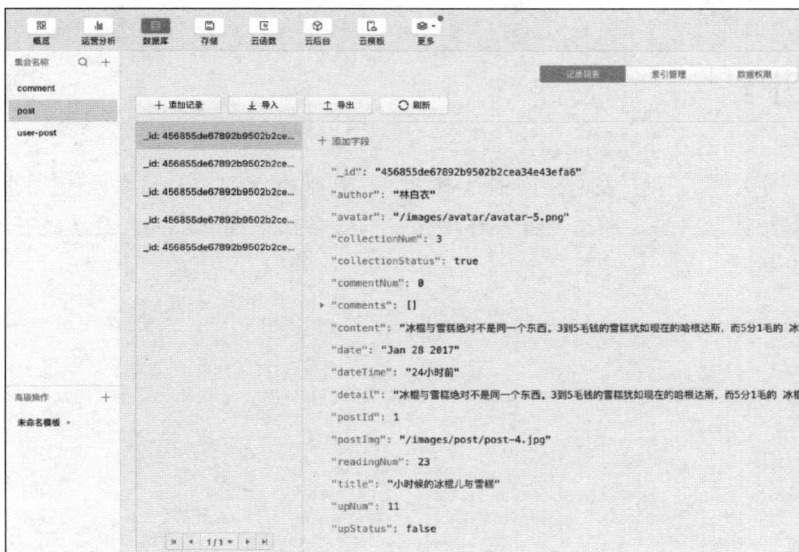

图 16-12　创建 post、comment 与 user-post 集合

16.8   更改数据库读写权限

选择【数据库】视图，单击【权限设置】按钮，如图16-13所示。

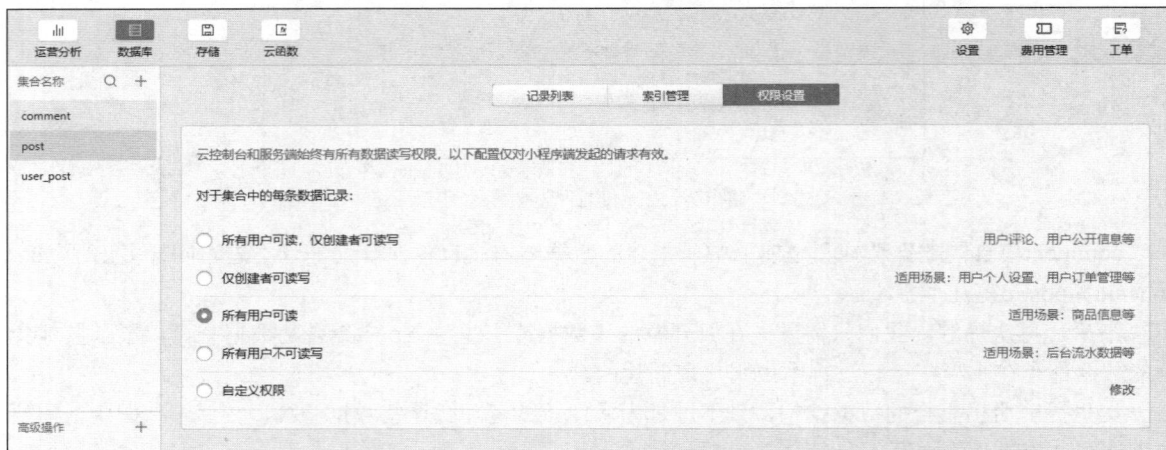

图 16-13   读写权限设置

这里我们需要设定数据的读写权限，可以参考它在右边列出的场景示例。

- post集合内的数据都是展示出来给所有用户阅读的，所以这里选择所有用户可读。
- comment集合内存放的是评论记录，权限需要更改为所有用户可读，仅创建者可写。
- user-post属于个人数据，所以设置为仅创建者可读写。

请务必按照上述的权限设置进行配置，否则后续在编写业务代码时会出现很多逻辑问题。只有正确的权限设置，才能保证逻辑的正确。

设置完毕后，我们准备正式开始云开发之旅。

16.9   本章小结

本章深入介绍了小程序云开发与Serverless模式，从基础概念到云数据库设计原则，详细演示了集合创建、权限配置及数据管理。通过云开发环境初识与预备知识铺垫，为后续实战开发提供云端一体化解决方案的理论基础。

第 17 章

小程序云开发实战

17

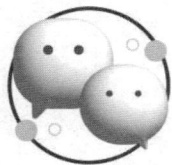

上一章主要介绍了云开发的一些基本概念，本章对上一章所介绍的知识进行练习，还会涉及一些云开发的高级核心技巧。我们以Orange-Can项目的一些功能为例，将原来的模拟数据更改为连接云开发数据库的真实数据。

17.1 初始化云开发连接

在梳理清楚数据库的数据结构后，我们可以着手来改写Orange-Can中的文章功能了。我们的目的是将一个使用模拟数据的本地项目更改为可以连接服务器，并读取、上传、修改、更新数据的真正项目。

回顾一下Orange-Can中的文章功能，主要有以下几个：

（1）显示5篇文章（post页面）。
（2）显示某篇文章的详情数据（post-detail页面）。
（3）对某篇文章发表评论，包括文字、图片+文字和语音3种评论形式（post-comment页面）。
（4）用户能够收藏和取消收藏某篇文章。
（5）计算某篇文章的阅读量。

这5个功能我们之前已实现过，但用的是前端模拟数据，而非真实的数据；计数与状态也是存储在前端缓存中的，这和真实项目的差距较大。下面将其改造成云开发版本。

首先，我们来实现显示5篇文章的功能。要显示5篇文章数据，就必须去数据库中查询这5篇文章的数据。我们之前提到过，云开发访问数据库的方式主要有两种：

● 从小程序端访问。
● 通过云函数访问。

那么这里查询5篇文章的操作应当直接从小程序端访问还是通过云函数呢？事实上，对于查询5篇文章数据这个操作，我们既可以使用小程序端访问，也可以使用云函数访问，但是通过云函数访问是比较麻烦的，建议优先使用从小程序端访问这种形式。

这里还要特别说明，不是所有的数据库操作都可以通过小程序端访问，但是所有的数据库操作都可以通过云函数来访问。这涉及数据库的权限问题，云函数拥有对数据库的最高访问权限，而从小程序端访问是有一定限制的。关于数据库的权限，我们放在后面详细讲解。本节先来体验一下云开发的数据查询。

云开发版本的Orange-Can完全基于之前的模拟数据项目，我们将在Orange-Can项目上进行部分代码的修改。建议读者将之前完成的Orange-Can项目保存并复制一份，命名为Orange-Can-Cloud，代表云开发版本。

要在小程序中使用云开发进行数据库或者存储功能的操作，首先必须进行初始化。

在Orange-Can项目的app.js中执行云端连接初始化：

```
// @app.js
// 初始化云链接
App({
  onLaunch() {
    this._initCloud()
  },

  _initCloud() {
    wx.cloud.init({
      env: '云开发控制台中获取环境ID'
    })
  },
})
```

以上代码新增了一个_initCloud()函数。在该函数里，我们调用了wx.cloud.init()这个初始化方法。这个方法接收一个env参数，其值就是我们需要连接的云开发环境id。这个id可以在云开发控制台中通过概况查看，如图17-1所示。

图 17-1　环境 id

注意，wx.cloud.init()方法全局只能调用一次，多次调用只有第一次生效，所以通常我们仅在小程序启动时调用一次。进行初始化后，小程序端就永远有了对云开发的相关操作权限。

17.2　云开发——查询数据

从本节开始，我们会完全按照ES6、ES7的标准来构建更加现代化的JS应用程序，最主要的体现就是会使用async和await，不再使用回调函数或者Promise。关于async和await，建议读者自行查询相关资料。

我们需要在小程序里查询5篇文章的数据。如同之前操作本地数据库，所有的操作都写在db.js文件中，同样地，我们将所有对云开发的操作也封装在一个新的db-cloud.js文件中。

在data目录下新建一个 db-cloud.js 文件，同样在其中定义一个类：DBPost。

```
// @db-cloud.js
class DBPost {
    constructor(id) {
        this.id = id
    }
}

export { DBPost };
```

同时，在DBPost类中定义一个新的静态方法getAllPostData()，用来查询所有文章的数据：

```
// @db-cloud.js
static async getAllPostData() {
    const db = wx.cloud.database()
    const res = await db.collection('post').get()
    return res.data
}
```

在以上新增方法中，我们使用了async和await。默认情况下小程序是无法识别async和await的，下一节我们来看看如何使用async和await。

17.3　在小程序中使用 async 和 await

async和await可以很好地将异步代码用同步的方式来表达，算是异步编程的"终极"解决方案。用async/await写出的代码非常简洁。以往小程序中是不能使用async和await的，需要使用一些第三方库才能够支持这对语法。

现在小程序提供了【增强编译】功能，在开发工具中的【项目设置】中勾选【增强编译】后，即可在小程序中原生使用async/await，无须再依赖第三方库。

async和await主要是用来处理Promise，换句话说，如果一个API能够返回Promise，那么我们就可以用await来处理，不再依赖回调函数。

小程序云开发几乎所有的API都可以返回Promise，同时也支持回调函数的形式，具体规则如下：当我们在调用云开发API时，如果不传入success、fail、complete等回调函数，那么云开发的API默认返回一个Promise。关于这一点，我们在后续的示例中可以看到。

此外，要特别说明的是，在旧版小程序中，大多数非云API都不支持Promise。但截至目前的版本，大多数本地API都已支持返回Promise，比如wx.setStorage就支持这种机制。因此，理论上，本书所有的代码都可以由回调函数的形式改为Promise和async/await的形式。

这里强调一下，以wx开头的API通常属于小程序的内置API，比如wx.setStorage()等；而以wx.cloud开头的API属于云开发的API，需要各位读者加以区分，不要混淆。

对于async和await，它们总是成对使用，如果在一个函数的内部使用了await，而又没有在函数签名前加上async，则会导致错误的发生。

17.4　云开发数据库 API 入门

每当我们要操作数据库时，必须首先获取数据库的引用，在小程序中可以使用wx.cloud.database()来获取数据库的引用。

wx.cloud.database()如果不传入任何参数，则将默认获取初始化时设置的环境，也就是在app.js中指定的env环境。当然，它也可以接收一个env参数，用以指定另外环境下的数据库，比如：

```
wx.cloud.database({
    env:'test'
})
```

这将指定访问test这个云开发环境下的数据库。当获取到数据库引用后，我们将其赋值给一个变量db，db就代表了对这个数据库的引用。使用变量db可以进行一系列对数据库的操作。再回顾一下之前新增的代码：

```
// db-cloud.js
static async getAllPostData() {
    const db = wx.cloud.database()
    const res = await db.collection('post').get()
    return res.data
}
```

在获取到数据库引用后，使用db.collection('post')将定位到post集合，最后调用get()方法将获取整个post集合下所有的记录。

这里没有使用回调函数的方式接收调用结果，而是使用了await，因为db.collection('post').get()将返回一个Promise，只要返回的是Promise，就可以使用await来接收结果。最后，请读者注意，数据库返回的所有结果都被包装在data属性中，所以我们需要用rest.data将最终的结果返回。

当然，也可以使用wx.cloud.database().collection('post').get()这个超长的链式调用来获取结果，但并不建议这样做。因为在大多数情况下，我们可能需要进行多次数据库查询，所以将数据库的引用赋值给变量db，是一个比较好的做法。

写完以上代码后，我们就可以来看看效果了。打开post.js文件，对顶部的导入代码进行替换：

```
// @post.js
import {
    DBPost
} from '../../data/db-cloud.js'
```

原来我们导入的是db.js这个操作本地数据库的类，此时将其替换成db-cloud.js。接着，修改post.js中的onLoad()生命周期函数，获取云端数据库里的posts数据：

```
// @post.js
async onLoad() {
    const posts = await DBPost.getAllPostData()
    this.setData({
        postList: posts
    })
},
```

由于getAllPostData()方法是一个静态方法，因此我们不需要实例化DBPost，直接使用DBPost类即可。同时由于getAllPostData()是一个返回Promise的方法，因此我们同样可以使用await来等待结果的返回。最后，将结果进行数据绑定。这里要特别注意，如果在一个函数中使用了await，那么在定义函数的时候，前面必须加上async，否则会报错。

由于云数据库返回给我们的文章id不再是原来的postId，而是_id（见图17-2），因此需要修改post.wxml中的代码，将原来绑定的item.postId修改成item.id。

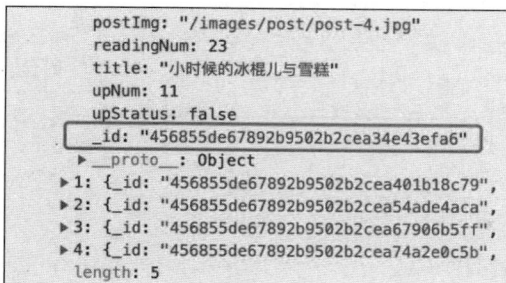

图 17-2　需要绑定的文章 id 变成了_id

```
<!-- @post.wxml -->
<!-- 修改为item._id -->
<view catchtap="onTapToDetail" data-post-id="{{item._id}}">
    <template is="postItemTpl" data="{{...item}}" />
</view>
```

运行代码后，post页面同之前一样，可以成功地显示出来。建议读者自行打印DBPost.getAllPostData()的结果，看看云端返回的数据结构。

此时打开【WXML】调试面板，可以看到如图17-3所示的结构。

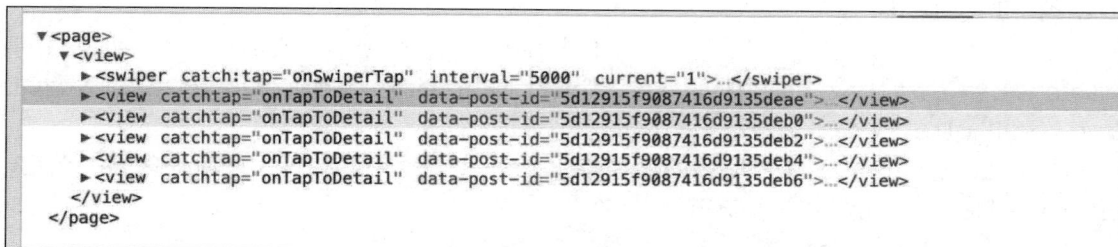

图 17-3　实际的 WXML 结构

我们会发现绑定在WXML上的标签data-post-id不再是以前的1、2、3、4等数字，而是一个随机字符串。为什么是随机字符串呢？因为现在的id不再是我们自己虚拟的postId了，而是云数据库为我们生成的文章id，也就是post集合中的_id字段。

17.5　云开发数据库的条件查询

接下来，我们来改写文章详情页面。

在db-cloud.js的DBPost类中新增一个getPostItemById()方法，该方法的作用是通过文章id获取对应的文章详情数据。

在它的构造函数中，我们也要用一个db属性来保存云数据库引用，这样所有类的方法都可以直接使用这个db属性，而不需要每个方法都单独获取一遍db。

修改完成后的DBPost如下所示：

```
// @db-cloud.js
class DBPost {
  constructor(id) {
    this.id = id;
    this.db = wx.cloud.database();
```

```
  }
  //得到全部文章信息
  static async getAllPostData() {
    const db = wx.cloud.database();
    const res = await db.collection("post").get();
    return res.data;
  }

  //获取指定id的文章数据
  async getPostItemById() {
    // 获取post实体
    const resPost = await
    this.db.collection("post").doc(this.id).get();
    const post = resPost.data;
    return post;
  }
}

export {DBPost}
```

这里重点分析一下getPostItemById()方法是怎么通过指定文章id获取云数据库里的文章详情的。

首先，this.db.collection('post')将选中post集合。现在的问题是，post集合中共有5条数据，那么怎么选中我们需要的那条？

由于我们的查询条件字段刚好就是记录的主键(_id)，那么对于指定主键的查询，就可以直接调用doc方法，并传入主键找到对应的数据。即可以使用db.collection('post').doc(_id)来定位到需要寻找的记录，然后调用get()方法获取此记录。

但如果查询条件不是主键，比如需要查询《记忆里的春节》这篇文章，那么就不能直接使用上述方法，但可以使用where()方法进行筛选。

读者可以类比MySQL里的SQL查询，基本查询思路都是一样的。

> 修改的过程中，代码细节变动幅度较大，但总体结构基本稳定，建议读者将当前未修改的post-detail.js在当前目录下复制一份，并命名为post-detail.old.js，方便与后续的实现进行比对。

下面动手修改post-detail.js，将它也改成从云数据库中获取文章详情的数据。首先修改顶部引入部分：

```
// @post-detail.js
import { DBPost } from "../../../data/db-cloud.js";
```

接着修改post-detail.js中的onLoad()生命周期函数：

```
// @post-detail.js
async onLoad(options) {
  const postId = options.id;
  this.dbPost = new DBPost(postId);
  const postData = await this.dbPost.getPostItemById();

  this.setData({
    post: postData,
  });
  wx.setNavigationBarTitle({
    title: postData.title,
  });
  this.addReadingTimes();
},
```

修改完成后，进入详情页查看效果，发现已经可以正常显示页面了。这里需要对wx.setNavigaionBarTitle()做出解释。这个函数主要目的是动态地设置详情页面的导航栏标题，它原来是写在post-detail.js的onReady()生命周期函数中的：

```
onReady() {
    wx.setNavigationBarTitle({
        title: this.postData.title
    })
},
```

但此时如果还是这么写，会报如图17-4所示的错误。

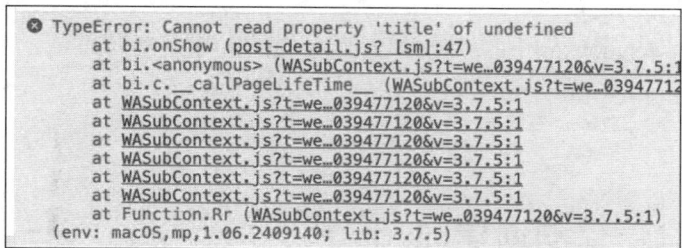

```
⊗ TypeError: Cannot read property 'title' of undefined
    at bi.onShow (post-detail.js? [sm]:47)
    at bi.<anonymous> (WASubContext.js?t=we…039477120&v=3.7.5:1
    at bi.c.__callPageLifeTime_ (WASubContext.js?t=we…03947712
    at WASubContext.js?t=we…039477120&v=3.7.5:1
    at WASubContext.js?t=we…039477120&v=3.7.5:1
    at WASubContext.js?t=we…039477120&v=3.7.5:1
    at WASubContext.js?t=we…039477120&v=3.7.5:1
    at WASubContext.js?t=we…039477120&v=3.7.5:1
    at WASubContext.js?t=we…039477120&v=3.7.5:1
    at Function.Rr (WASubContext.js?t=we…039477120&v=3.7.5:1)
(env: macOS,mp,1.06.2409140; lib: 3.7.5)
```

图 17-4　postData 是 undefined

这个错误的原因是代码尝试去读取postData下的title属性，但postData是undefined（未定义）。那么，为什么之前不会有这个错误，而在将代码更改为云代码后就出现了错误？

这是因为从云端读取数据库是异步的操作，当onReady()函数被执行的时候，有可能postData还没有从云端取回来。此时postData其实是undefined状态，只有当数据从云端取回来，postData才会有数据，才不是undefined状态。对一个undefined变量取title属性，肯定是错误的。

我们在做JavaScript编程的时候尤其要搞清楚异步带来的各种问题。异步编程本身就比同步编程复杂很多。要解决这个问题，就必须保证先取回post数据，确保postData有值，才能读取它的title属性。而我们修改后的代码就可以保证"先取到postData的值，然后读取属性"。核心代码如下：

```
// @post-detail.js
async onLoad(options) {
  // ...
  const postData = await this.dbPost.getPostItemById();
  this.setData({
    post: postData,
  });
  wx.setNavigationBarTitle({
    title: postData.title,
  });
  this.addReadingTimes();
},
```

注意，之所以能保证先取到了postData，是因为上述代码第4行的await。本身this.dbPost.getPostItemById()是一个异步方法，但由于其前面加了await，所以此时我们可以将其视为同步方法。也就是说，当执行到wx.setNavigationBarTitle()的时候，postData已经被赋值完毕了，所以这里不会出错。

　　事实上，这里加入await，并不能完全等同于把一个异步方法变为了同步方法。await只是一个语法糖，并没有改变异步的实质。这涉及JavaScript的微任务概念，这里就不展开讲解了，有兴趣的读者可以自行了解同步编程、异步编程、Promise、async/await等相关概念。

虽然不能完全等同，但在代码执行流程上，我们可以将加了await的方法视为一个同步的方法，即必须等待这段加了await的函数调用完成，才能执行后续代码。

对于post-detail页面，还有一些隐藏的问题：以前所有的文章数据使用的都是postId这样的数字id，如图17-5所示。但这样的id很难作为真实项目数据的主键id。在接入云开发后，应当使用云开发为我们生成的主键id，即post数据中的_id。因此，对于post-detail.wxml中的部分代码，需要更改为使用_id，而不是使用postId作为文章的主键系统。

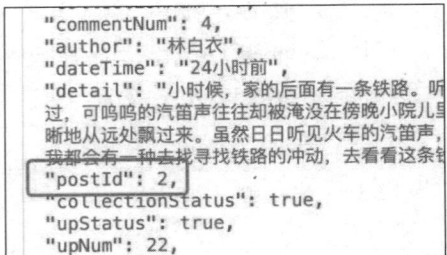

图 17-5　以前的 postId 作为文章的 id 号

请读者将所有post-detail.wxml中的postId都更改为_id，示例如下：

```
<view class="tool-item"
    catchtap="onCollectionTap"
    data-post-id="{{post._id}}">
```

17.6　那些被微信自动创建的 id

此时，详情页面的评论和收藏功能是没有效果的。本节我们要对这两个功能进行云开发改造。

我们已经在云环境数据库中建立了comment和user_post两个集合，这里先来做user_post用户收藏部分的改造。根据业务需求，user_post应包含4个字段：

- _id：当前记录的主键。
- _openid：当前用户的标识（即谁收藏了这篇文章）。
- postId：被收藏文章的id。
- collectionStatus：文章的收藏状态（是否收藏了这篇文章）。

其中_id与_openid是小程序云环境自动创建的，我们只需要编写业务相关的逻辑即可。

这里解释一下为什么_id与_openid可以被小程序自动创建。_id类似于MySQL数据库的自增id，每当一条新数据被插入表中时，MySQL可以给当前记录分配唯一的id；比较难理解的是，_openid为什么可以表示当前用户，又为什么可以被自动生成。其实，每个使用小程序的用户都有唯一标识：openid。这个openid本身就是微信为小程序用户分配的，它能保证对于每个小程序，openid是唯一的（但不能保证不同小程序间openid是唯一的）。

每当用户收藏一篇文章时，就会向user_post表中插入一条记录；而当插入这条记录时，微信是知道这条记录属于哪个用户的，所以在插入记录的时候就会自动把这个用户的openid写入user_post中。因此，我们不需要在插入记录时自己写入用户openid，微信会自动帮我们插入这个openid。

不只是user_post，理论上任何一个和用户相关的表，都不需要我们自己写入用户的id标识，完全可以由微信代为写入和记录。这也是云开发非常方便的一个特点。

17.7　云开发版本的读取收藏状态

修改db-cloud.js中的DBPost类，新增获取用户收藏状态的方法getUserLikeStatus()：

```
// @db-cloud.js
 const res = await this.db
   .collection("user_post")
   .where({
     postId: this.id,
   })
   .get();
 if (res.data.length === 0) {
 return null;
 } else {
 return res.data[0];
 }}
```

在上述代码中，我们首先选择user_post集合，接着查询这个集合下面满足条件的相关记录。条件查询可以使用where语句。那么考虑一下，需要哪些条件？

- 条件一：用户id。
- 条件二：该用户所收藏的文章的id。

因此，理论上，应该写出以下代码，才能检索到某用户对于某篇文章的收藏状态。

```
// 伪代码，仅作示意
this.db
    .collection("user_post")
    .where({
        postId: this.id,
        _openid: userId
    })
```

但事实上，我们在源码中只有一个条件，即只筛选了用户收藏的文章的id，并未考虑用户的id。这是为什么？

其实，这也是小程序云开发的一大优点，当操作用户相关表时，某用户只能读写他自己的记录，不能读写其他人的记录，所以在where条件中，只过滤postId字段就可以了，不需要担心读取到其他用户的记录。

接下来，在使用getPostItemById()获取文章详情的时候调用getUserLikeStatus()，目的是获取当前用户是否收藏了这篇文章，从而决定收藏图标的状态。

```
// db-cloud.js
async getPostItemById() {
 // 获取post实体
 const resPost = await this.db.collection("post")
   .doc(this.id).get();
 const post = resPost.data;

 // 获取用户对于当前post的收藏状态
 const status = await this.getUserLikeStatus();
 if (!status) {
  post.collectionStatus = false;
 } else {
  post.collectionStatus = status.collectionStatus;
 }
 return post;}
```

这样在post-detail页面加载后，就可以获取用户对当前文章的收藏状态了。可以用同样的方式实现从comment集合获取评论数据。

17.8　向云端数据库新增和更新记录

目前，我们已经实现了展示文章详情和显示用户是否收藏文章的功能。下面我们来实现收藏文章的功能。

要实现收藏文章功能，只会查询数据库是实现不了的；还需要会向云端数据库"写入"和"更新"数据。

具体分析收藏文章的功能，有两种情况：

（1）如果用户从来没有收藏过某篇文章，那么向user_post集合中插入一条记录即可。

（2）如果用户曾经收藏过某篇文章，那么在user_post中必然存在一条记录；只需要将这条记录里的collcetionStatus的值更改为false或者true即可，即更新记录。

因此，我们首先要使用getUserLikeStatus()方法获取收藏状态，并进行相应处理。

在db-cloud.js的DBPost中，定义collect()方法，让用户能够收藏或者取消收藏某篇文章：

```
// @db-cloud.js
// 用户收藏文章的方法
async collect() {
  const status = await this.getUserLikeStatus();
  console.log("status", status);

  //如果用户状态表未创建
  if (status === null) {
    this.db.collection("user_post").add({
      data: {
        postId: this.id,
        collectionStatus: true,
      },
    });
    this.addCollectionNum();
  } else {
    const _collectionStatus = status.collectionStatus;
    console.log(_collectionStatus);
    this.db
      .collection("user_post")
      .doc(status._id)
      .update({
        data: {
          collectionStatus: !_collectionStatus,
        },
      });
    console.log(_collectionStatus);
    if (_collectionStatus) {
      this.subtractCollectionNum();
    } else {
      this.addCollectionNum();
    }
  }}
```

上述代码分析如下：

（1）首先需要知道用户是否收藏了当前文章。

（2）如果stauts为null，表示用户从未收藏过，则使用add()向user_post集合中新增一条记录；接着把当前文章的收藏数量+1（通过addCollectionNum()实现）。

（3）如果status不为空，则说明用户曾经收藏过这篇文章，那么将status的值取反（收藏变为未收藏，未收藏改为收藏）。注意，更改记录的某个值使用的是update()方法。

（4）即使更新收藏状态，当前文章的收藏数量也需要相应地+1或者-1。这同样要用到addCollectionNum()或subtractCollectionNum()。

代码中的addCollectionNum、subtractCollectionNum等统计数量的方法尚未实现，这里我们先在DBPost中预留空的实现，之后再来补充。在db-cloud.js的DBPost中补充如下几个方法（暂不实现）：

```
// @db-cloud.js

// 评论数量+1
addCommentNum(){}
// 阅读数量+1
addReadingTimes(){}
// 收藏数量 -1
subtractCollectionNum(){}
// 收藏数量 +1
addCollectionNum(){}
```

接着，在post-detail.js中修改onCollectionTap()来调用它们：

```
onCollectionTap (event) {
 const currentPost = this.data.post;
   this.dbPost.collect();
   wx.showToast({
     title: currentPost.collectionStatus ? "取消成功" : "收藏成功",
     duration: 1000,
     icon: "success",
     mask: true,
   });
   this._changeStatus(currentPost);
 },

 _changeStatus(currentPost) {
   const newStatus = !currentPost.collectionStatus;
   let newCollectionNum = 0;
   if (currentPost.collectionStatus) {
    newCollectionNum = currentPost.collectionNum - 1;
    console.log(newCollectionNum);
   } else {
    newCollectionNum = currentPost.collectionNum + 1;
    console.log(newCollectionNum);
   }
   this.setData({
     "post.collectionStatus": newStatus,
     "post.collectionNum": newCollectionNum,
   });
 },
```

至此收藏功能初步改造完成，当用户单击【收藏】按钮时，可以成功地收藏或者取消收藏。但此时，收藏的统计数量还有一些问题，我们后面解决。

17.9　插入评论数据

对于用户评论功能，我们分3个方面实现：

（1）用户插入普通文本数据。
（2）用户插入图片类型数据。
（3）用户插入音频类型的数据。

首先来完成最基础的插入普通文本数据。在DBPost类中修改newComment方法：

```
// @db-cloud.js
// 新增一条评论
async newComment(comment) {
    comment.postId = this.id;
    await this.db.collection("comment").add({
        data: comment,
    });
// 评论总数量+1
    this.addCommentNum();
}
```

这个方法主要实现了将评论数据保存到云端数据库中。这里要注意，新版的newComment是一个异步方法。有了此方法，我们可以在post-comment.js中将原来的newComment()替换成修改后的newComment()。主要修改的地方在于，以前newComment是一个同步的方法，现在变成了异步的，所以调用newComment()的时候需要在前面加上await。即

```
// @post-comment.js
this.dbPost.newComment(newData)
```

全部替换为

```
// @post-comment.js
await this.dbPost.newComment(newData)
```

此外，凡是函数体内部有await的地方，其函数签名前本身需要加上async，所以，post-comment.js中所有内部有await的函数，其前面都要加上async。

编写完代码后，可以发送一条文字评论进行测试，发送成功后在云数据库中可以看到新插入的数据，如图17-6所示。

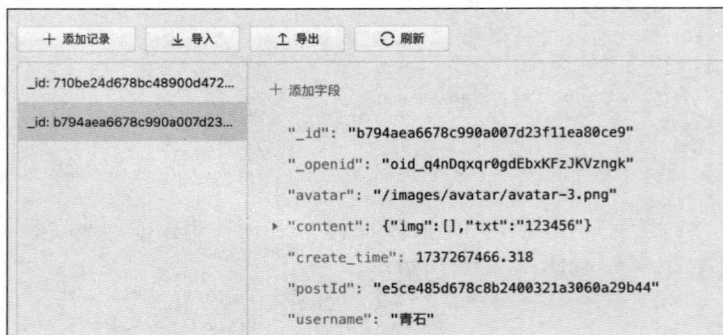

图 17-6　新插入的评论数据

17.10　将图片等静态资源上传到小程序云存储

目前，我们已经完成了发送文本型评论数据的功能，但还不能支持发送图片和语音评论。要实现发送图片和语音，就必须考虑图片和语音（统称静态资源）到底存储在哪里？可以存储在文本型数据存储的云数据库里吗，比如将图片和语音存储在post数据库里的comment集合中？

技术上可以实现，但在实际项目中并不建议这么做。这就如同在传统的MySQL数据库中，我们只会把字符串、数字、bool等类型的数据存储在数据库中，但并不会把图片和其他文件存储在数据库中。

云开发也是这样。那么这些静态资源应该存储在哪里？答案是存储在静态资源存储里。微信专门提供了用来存储静态资源的地方，在微信云开发的【存储】视图中，如图17-7所示。

图 17-7　云开发用来存储静态资源的地方

云开发拥有静态资源存储的能力，这种一站式服务为我们提供了极大的便利。在我们的小程序中，评论功能支持发送带有语音和图片的评论，刚好可以用到这个功能。

这里会用到一个生成随机字符串的函数randomStr()，在util.js中写入此函数。生成随机字符串的目的是在上传文件时得到唯一不重复的文件名（在云开发中，同一目录下的文件名是不能重复的）。

```
// @util.js
function randomStr(length) {
  const chars = '0123456789abcdefghijklmnopqrstuvwxyzABCDEFGHIJKLMNOPQRSTUVWXYZ'
  var result = ''
  for (var i = length; i > 0; --i) {
    result += chars[Math.floor(Math.random() * chars.length)]
  }
  return result;
}
```

记得在util.js的export中导出它们。然后，在db-cloud.js的头部导入：

```
//@db-cloud.js
import { getDiffTime, randomStr } from "../util/util.js";
```

再在DBPost类中定义uploadImagesToCloud()和uploadAudioToCloud()方法：

```
// @db-cloud.js
async uploadImgsToCloud(imgs, folderName) {
  let cloudIds = [];
  for (let img of imgs) {
    // 将wx.getImageInfo包装成一个Promise
    // 获取文件的信息
    const info = await promisic(wx.getImageInfo)({
```

```
      src: img,
    });
    // 生成一个随机名称，要求名称不重复
    const imgName = randomStr(36);
    const fullCloudPath = folderName + "/" + imgName + "." + info.type;

    const res = await wx.cloud.uploadFile({
      cloudPath: fullCloudPath,
      filePath: img,
    });
    cloudIds.push(res.fileID);
  }
  console.log(cloudIds);
  return cloudIds;
}

// 用于上传音频文件到云端
async uploadAudioToCloud(audio, folderName) {
  // 获取一个随机名称
  const audioName = randomStr(36);
  const format = audio.split(".").pop();
  const fullCloudPath = folderName + "/" + audioName + "." + format;
  const res = await wx.cloud.uploadFile({
    cloudPath: fullCloudPath,
    filePath: audio,
  });
  console.log(res);
  return res.fileID;
}
```

wx.cloud.uploadFile()方法用来将图片、文件等资源上传到小程序的云存储空间，传入的对象中的cloudPath属性指定了文件在云存储上的路径和名称。

那么来分析一下，在云开发版本中，如果需要上传带有图片的评论，相对于以前非云开发版本多了什么步骤？

最主要的一步是，当我们提交评论数据时，需要将用户选择的图片上传到云存储中。以前其实是将图片存储在本地，但现在需要将图片上传到云端。

上传图片到云端的函数之前已经写好了，即uploadImgsToCloud()。在发表图片评论前只需加入这个函数即可。进一步改写submitComment()函数，加入上传图片到云端的逻辑，随后在post-comment.js中改写submitVoiceComment和getAllImgs()方法：

```
// @post-comment.js
// 将提交音频数据的函数修改为云开发版本
// 提交用户评论
async submitComment(event) {
  console.log(this.data.choosedImgs)
  const imgsTempUrl = this.data.choosedImgs.map(i => i.tempFilePath)
  // 核心代码：将用户上传的图片上传到云端
  // 上传成功后，该函数将返回图片在云端的路径
  const imgCloudIds = await this.dbPost
    .uploadImgsToCloud(imgsTempUrl, 'comment-imgs')
  const newData = {
    username: "青石",
    avatar: "/images/avatar/avatar-3.png",
```

```
      // 评论时间
      create_time: new Date().getTime() / 1000,
      // 评论内容
      content: {
        txt: this.data.keyboardInputValue,
        img: imgCloudIds
      },
    };
    //省略若干代码
  };

async getAllImgs(event) {
  const imgIds = await this.dbPost
    .uploadImgsToCloud(event.detail.all, 'comment')
  this.data.choosedImgs = imgIds},
```

上述代码中有一段核心代码，如下：

```
const imgCloudIds = await this.dbPost
    .uploadImgsToCloud(imgsTempUrl,'comment-imgs')
```

这段代码直接可以将图片上传到云端，但要注意，uploadImgsToCloud()函数中需要传入两个参数：

（1）上传图片的本地临时路径。

（2）上传到云端的目录名称。

这里解释一下为什么要给出一个上传到云端的目录参数。先来看一下图17-8。

图 17-8　云端存储的目录结构

事实上，云端存储类似于普通的操作系统目录，可以在里面新建任意的目录来对资源进行分类。当然，也可以不创建任何目录，将所有的资源文件都存放于根目录下。

这里我们在云端存储里新建了一个目录，名为"comment-imgs"。因此在上传图片的时候，应该传入这个目录参数。

现在，评论功能可以支持发送图片了。读者可自行测试一下，重点看看云端数据库是否成功插入了数据。图17-9所示是成功插入的comment记录。

同样要注意，云开发自动帮我们生成了一个_openid，它表示的是这条评论是哪个用户提交的。

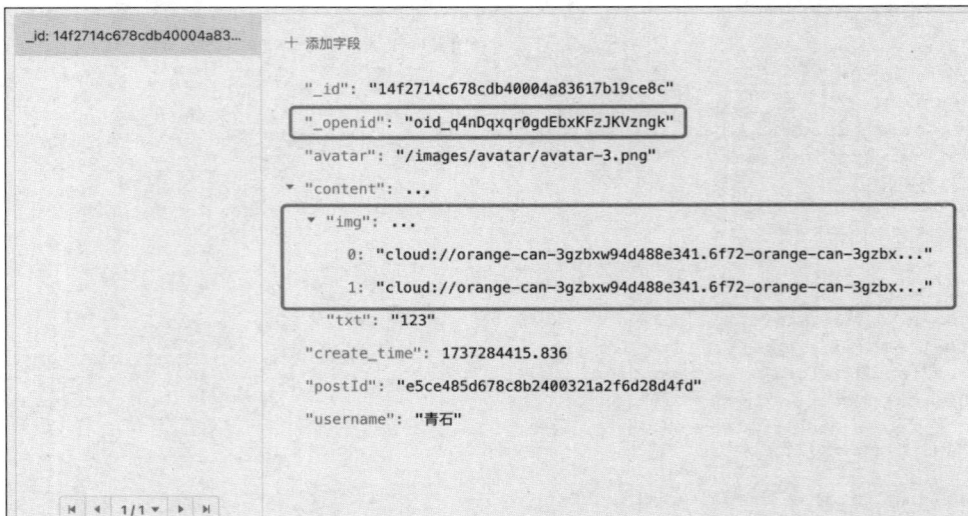

图 17-9 新增的 comment 记录

17.11 上传用户音频消息

下面来完成上传音频文件的功能。这个功能与上传图片文件类似。代码如下：

```
//提交录音
// @post-comment.js
async submitVoiceComment(audio) {
  // 将用户的音频数据上传到云端
  // 返回音频文件在云端的路径
  const cloudId = await this.dbPost
    .uploadAudioToCloud(audio.url, 'comment-audios')
  audio.url = cloudId
  var newData = {
    username: "青石",
    avatar: "/images/avatar/avatar-3.png",
    create_time: new Date().getTime() / 1000,
    content: {
      txt: '',
      img: [],
      audio: audio
    },
  };
  // 省略部分代码
},
```

只需要在提交评论数据前，将音频文件上传到云存储中。这里需要提前在云存储中新建目录：comment-audios。

修改完成后，试着提交一条音频，可以看到云存储中生成了一条音频文件记录，如图17-10所示。音频文件的扩展名为“.aac”。

小程序云存储可以通过云开发控制台的【存储】视图进行管理。与数据库的集合权限管理一样，云存储空间也可以对读写权限进行控制，这里的默认权限是所有用户可读写。

图 17-10　音频文件存储结构

17.12　使用云函数

接下来，我们要处理计数的问题了。

回顾一下，文章的收藏数collectionNum、阅读数readingNum和评论数commentNum都存放在post集合中，这个集合的权限设定为所有用户只读。但是，所有用户的操作都会修改文章的统计计数，这个问题应该如何解决呢？

事实上，针对集合设定的权限只对小程序生效，云函数不受影响，所以可以考虑使用云函数来实现计数功能。

首先，在项目根目录下新建目录cloud-functions，用来存放云函数。在项目根目录下找到project.config.json文件，新增cloudfunctionRoot字段，指定刚刚新建的目录为云函数的本地根目录

```
"cloudfunctionRoot":"./cloud-functions/"
```

完成指定之后，云函数的根目录图标会变成云目录图标。在cloud-functions目录上右击，在弹出的快捷菜单中选中【当前环境: lin】，如图17-11所示。

图 17-11　云函数菜单

然后在cloud-functions目录下新建Node.js云函数，并命名为
updatePostData，如图17-12所示。开发工具将在updatePostData目录
下自动新建config.json、index.js、package.json文件。从这里可以看
出，云函数事实上是一个独立的程序，与小程序并不是一体的项目。

微信官方建议我们：

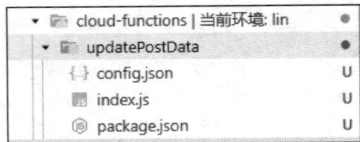

图 17-12　新建云函数

> 在正式的开发中，建议先在本地调试云函数，通过后再上传部署云函数进行正式测试，以保证
> 线上发布的稳定性。

由于我们要使用云函数操作云环境的数据库，因此在本地调试云函数时，还需要安装微信提供的
SDK。在updatePostData目录下安装wx-server-sdk：

```
npm install --save wx-server-sdk@latest
```

编辑它的index.js文件：

```
// 云函数入口文件
const cloud = require('wx-server-sdk')
cloud.init({
    env: '云开发控制台中获取环境ID'
})
// 获取数据库对象
const db = cloud.database();
const _ = db.command;
// 云函数入口函数
exports.main = async (event, context) => {}
```

wx-server-sdk与小程序端的云API以同样的风格提供了数据库、存储和云函数的API。在它的入口
函数exports.main中，我们将阅读、收藏、取消收藏和评论等计数逻辑编写好：

```
exports.main = async (event, context) => {
switch (event.category) {
    // 阅读
    case "reading":
     return db
      .collection("post")
      .doc(event.id)
      .update({
       data: {
        readingNum: _.inc(1),
        },
      });
     break;
     //收藏
    case "collect":
     return db
      .collection("post")
      .doc(event.id)
      .update({
       data: {
        collectionNum: _.inc(1),
        },
      });
     break;
     //取消收藏
    case "disCollect":
```

```
        return db
          .collection("post")
          .doc(event.id)
          .update({
            data: {
              collectionNum: _.inc(-1),
            },
          });
        break;
        //评论
      case "comment":
        return db
          .collection("post")
          .doc(event.id)
          .update({
            data: {
              commentNum: _.inc(1),
            },
          });
        break;
    }
}
```

接着在db-cloud.js的DBPost中编写小程序调用云函数部分：

```
// 累加评论数
addCommentNum() {
  wx.cloud
    .callFunction({
      name: "updatePostData",
      data: {
        id: this.id,
        category: "comment",
      },
    })
}
// 累加阅读数
addReadingTimes() {
  wx.cloud.callFunction({
    name: "updatePostData",
    data: {
      id: this.id,
      category: "reading",
    },
  });
}
// 取消收藏，减少收藏数
subtractCollectionNum() {
  wx.cloud.callFunction({
    name: "updatePostData",
    data: {
      category: "disCollect",
      id: this.id,
    },
  });
}
// 累加收藏数
addCollectionNum() {
  wx.cloud.callFunction({
    name: "updatePostData",
```

```
    data: {
      category: "collect",
      id: this.id,
    },
  });
}
```

在updatePostData目录上右击，在弹出的快捷菜单中选择【开启本地调试】，如果【开启本地调试】
没有被选中，则需要手动勾选，如图17-13所示。

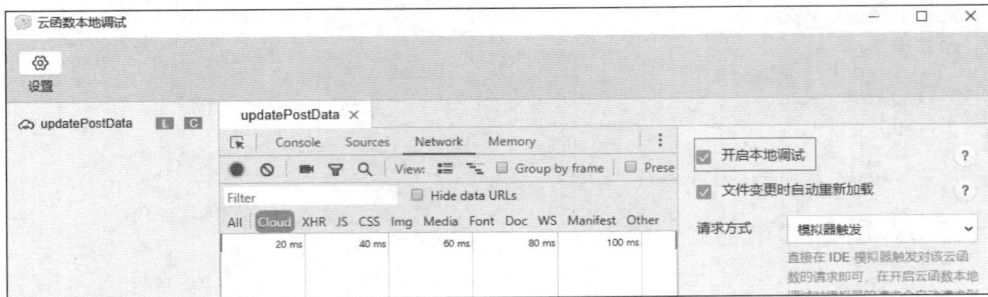

图 17-13　勾选【开启本地调试】

在模拟器中单击收藏等功能，查看云函数是否生效。确认无误后，关闭本地调试，将云函数部署
到云端。

选择云函数目录updatePostData并右击，在弹出的快捷菜单中选择【上传并部署：云端安装依赖】，
如图17-14所示。

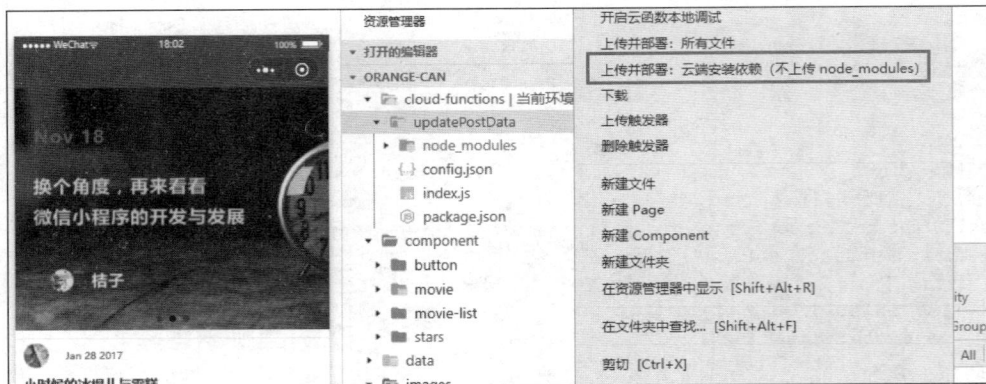

图 17-14　上传云函数菜单

最后在模拟器中重新测试一下，确认云端的云函数部署生效。

17.13　本章小结

本章以实战为导向，完整演示了云开发核心操作：从初始化连接、异步API调用到数据库增删改
查，再到文件上传与云函数部署。通过评论功能、收藏状态等典型场景，强化云端一体化开发能力，
凸显云开发在简化后端中的高效价值。

第 18 章

云开发高级技巧

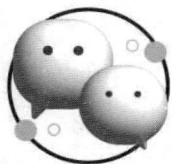

在之前的章节中，介绍了如何从小程序的客户端直接查询云数据库。这种查询往往适合较为简单的业务。当业务非常复杂时，使用云函数更为合适。本章有两个目标：

（1）学习编写云函数。
（2）将项目中的【文章】部分的代码更改为使用云开发。

18.1 显示评论数据

现在我们已经完成了文章的绝大多数相关功能，但还有一些细节没有处理，比如无法显示某篇文章的全部评论，如图18-1所示。

现在来完成此功能。当进入评论界面时，需要立刻显示所有评论，因此修改 post-comment.js 中的 onLoad() 函数：

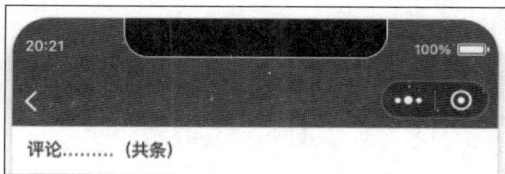

图 18-1 无法显示评论

```
// @post-comment.js
asynconLoad(options) {
 constpostId = options.id
  this.dbPost = newDBPost(postId)
  // 核心方法：获取评论数据
 constcomments = awaitthis.dbPost.getCommentData()
  // 绑定评论数据
  this.setData({
   comments: comments
  });
  this.initRecordMgr()
  this.initAudioMgr()
},
```

上述代码的核心在于调用DBPost下面的getCommentData()函数。这个函数位于db-cloud.js中，下面来完成这个函数：

```
// @db-cloud.js
asyncgetCommentData() {
  // 查询云端comment集合
  constres = awaitthis.db.collection("comment")
    .where({
```

```
    postId: this.id
  }).get();
console.log(res.data)
constcomments = res.data
//按时间降序排列评论
comments.sort(this.compareWithTime);
varlen = comments.length,
  comment;
for (vari = 0; i < len; i++) {
  // 将comment中的时间戳转换成可阅读格式
  comment = comments[i];
  comment.create_time = getDiffTime(comment.create_time, true);
}
returncomments;
}
```

在上述代码中，我们查询了comment集合中的记录，条件是当前文章的id（postId = this.id）。

查询出来的评论需要按时间排序，这和之前模拟数据版本的Orange-Can的思路一样，唯一的区别就是，之前是从本地获取数据，这里是从云端数据库获取数据。

虽然评论页面初始化显示数据没有问题了，但此时如果我们再提交一条评论数据，会发现这条新数据并不会被刷新出来。这主要是因为在之前版本的代码里，getCommentData()是一个同步函数，但新版本的getCommentData()是一个异步函数，所以需要修改所有此函数调用处的相关代码，比如在bindCommentData()函数中就调用了此函数，需要在其前面加上await关键字：

```
// @post-comment.js
async bindCommentData() {
const comments = await this.dbPost.getCommentData();
// 绑定评论数据
this.setData({
    comments: comments
});
},
```

请读者检查所有异步函数前面是否加上了await关键字。

18.2　文章收藏计数功能

目前，文章详情页面的收藏数量依然显示的是模拟数据里的数值，但我们需要让它能够实时显示当前文章的总收藏数量。

要查询某篇文章的总收藏数量，只需以文章id为条件，查询user_post集合。同时，在查询出来的所有记录中，筛选出collectionStatus值为true的记录，其总数量就是文章的收藏数量。

为了便于分析，我们给出集合user_post中的两条记录作为数据，如图18-2和图18-3所示。首先这两条记录并非随便给出的，而是有一定的特点：

（1）这两条记录的postId相同，所以它们针对的是同一篇文章。

（2）这两条记录的_openid不同，所以是两个不同用户同时收藏了同一篇文章。

理论上，只需要查出这两条记录，然后统计一下记录的数量，就可以得到某篇文章的收藏总数量。按照这个思路，我们来编写代码，在DBPost类中新增一个函数asyncgetLikeStatus()：

图18-2 user_post中的数据1

图18-3 user_post中的数据2

```
// @db-cloud.js
asyncgetLikeStatus() {
  constres = awaitthis.db
    .collection("user_post")
    .where({
      postId: this.id,
    })
    .get();
  console.log(res.data)
  if (res.data.length === 0) {
    returnnull;
  } else {
    returnres.data[0];
  }
}
```

这个函数的主要作用就是查询某篇文章下的所有收藏记录。理论上由于只给了一个postId作为查询条件，因此查询出来的记录应该是两条。但通过测试发现，最终查询的结果只会返回一条记录，如图18-4所示。

这是为什么？其实原因之前谈到过：user_post集合的权限被设置为了"只有创建者可读写"。

"只有创建者可读写"意味着自己只能读写自己的数据，由于两条示例数据里的_openid不相同，也就是说它们是由两个不同用户创建的记录，这样在查询的时候自然只能查询到当前用户所创建的记录，即只能查询到一条。

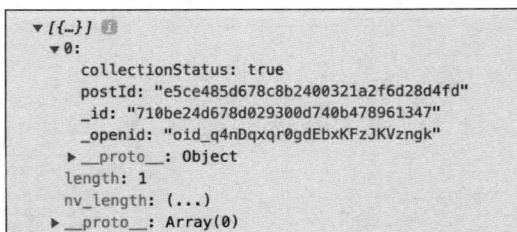

图 18-4 查询结果只有一条记录

这相当于在查询的时候隐藏了一个条件：_openid = 当前用户的id。这个条件不需要我们显示传入，它会由微信自动携带在查询语句里——只要当前查询的数据库是"只有创建者可读写"的权限。

那么这个问题怎么解决？怎么能忽略_openid这个条件，查询到所有的收藏数据？

答案是使用云函数。

18.3 编写第一个云函数

云函数并不复杂，它只是一段运行在服务器中的JavaScript函数。它有以下几个特点：

（1）云函数通常在微信开发工具内编写。

（2）可以将写好的云函数一键上传到云端。

（3）小程序内提供了专门用于云函数调用的API，可以很方便地调用云函数。

（4）云函数的运行环境是Node.js。

我们先写一段非常简单的云函数代码，这样便于我们进一步了解什么是云函数。

要编写云函数，需要在项目中做一些准备工作。在开始编写之前，请确保系统中已安装了Node.js和npm。

首先，在项目根目录下新建目录cloud-functions，用来存放云函数。那么，小程序怎么知道这个目录是用于存放云函数的呢？这需要通过配置来实现。

在项目根目录下找到project.config.json文件，新增 cloudfunctionRoot 字段，指定刚刚新建的目录作为云函数的本地根目录。

```
{
    "cloudfunctionRoot":"./cloud-functions/"
}
```

完成指定配置之后，云函数的根目录的图标会变成云目录图标，如图18-5所示。

在cloud-functions目录上右击，然后在弹出的快捷菜单中单击【新建Node.js云函数】，如图18-6所示。

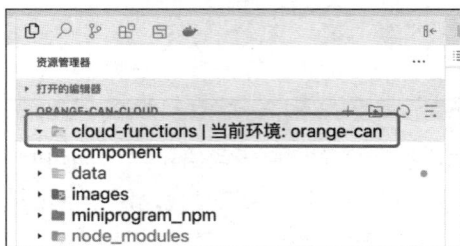

图18-5 云函数根目录

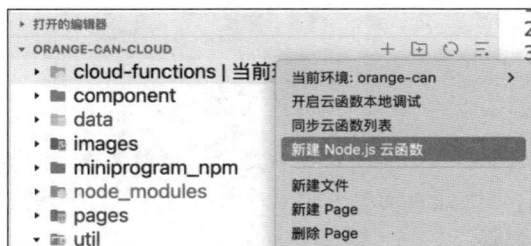

图18-6 新建云函数

将新建的云函数命名为add，这将生成一个add目录以及若干文件，如图18-7所示。

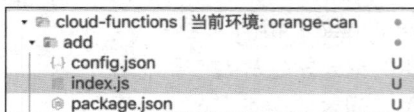

图 18-7 add 目录

我们打开index.js，它是云函数的主文件，其中默认生成了以下代码：

```
// 云函数入口文件
constcloud = require('wx-server-sdk')

cloud.init({
  env: cloud.DYNAMIC_CURRENT_ENV
}) // 使用当前云环境

// 云函数入口函数
exports.main = async (event, context) => {
  constwxContext = cloud.getWXContext()

  return {
    event,
    openid: wxContext.OPENID,
    appid: wxContext.APPID,
    unionid: wxContext.UNIONID,
  }
}
```

　　以上代码我们重点关注async()函数，它就是我们要编写的云函数。它默认输入了两个参数：event和context。

　　event指的是触发云函数的事件对象。当从小程序端调用此云函数时，event对象将包含小程序端调用云函数时传入的参数。比如，我们在调用云函数时传入了一个参数：

```
{
    key:value
}
```

　　那么，event对象的值就是这个参数。

　　context是上下文对象，包含了云函数的调用信息和运行状态，可以用它来了解服务运行的情况。相对于event事件对象，context用得并不多，它只在特定场景下有一定的作用。我们应该更加关注event事件对象。

　　此外，还有一个非常重要的变量cloud。这是一个帮助我们在云函数中获取环境变量、操作数据库、存储数据以及调用其他云函数的库。它非常重要。在示例代码中，我们使用cloud变量获取到了当前调用云函数的用户的openid、当前小程序的appid以及用户的跨小程序身份标识unionid。

18.4　为什么需要在本地调试云函数

　　我们修改一下上一节的示例代码，让云函数变得更有意义：

```
constcloud =require('wx-server-sdk')
cloud.init({env: cloud.DYNAMIC_CURRENT_ENV })// 使用当前云环境

// 云函数入口函数
exports.main =async(event, context) => {
        return{
        sum: event.a + event.b
    }
}
```

　　这段代码很简单，将输入的参数a和参数b相加后返回。下面的问题是：怎么去调用云函数？

　　首先，我们必须明确，相对于小程序里的普通函数，云函数实际上是需要运行在云端的。因此，在本地小程序里写好了云函数后，必须将它上传到云端。这是云函数运行的第一步。

　　但这里还有一个问题：我们写好了一个函数，怎么知道这个函数是否正确？将一个没有经过调试，不知道是否正确的函数上传到云端，显然是有问题的。上传云函数本身需要耗费很多本地和云端的资源，所以应当尽量保证云函数是正确的，再上传。

　　为保证云函数的正确，在上传函数前在本地做大量的测试是非常必要的。本地测试函数的优势就在于它调试方便，遇到问题立马就可以修改代码，修改完成后立刻又可以开始调试，直到函数没有问题。

　　微信已经考虑到了这个问题。微信在本地完全模拟了一套云端的环境，让开发者可以不上传云函数，直接就在本地运行和调试云函数。在云函数目录上右击，在弹出的快捷菜单中选择【开启云函数本地调试】，如图18-8所示。

　　这里要注意，有时开启本地调试面板会失败，多数原因是在本地没有安装云函数所需的依赖包。之前我们讲过，云函数有可能会依赖一些第三方的库，这些库需要通过npm来安装。

　　例如，在我们编写的示例代码中，有一个依赖：

```
constcloud =require('wx-server-sdk')
```

它引入了一个第三方库：wx-server-sdk。本地调试云函数，本身就是在本地模拟一个云端的环境来执行函数，既然函数执行需要wx-server-sdk，那就必须在本地安装它。通常，我们会先使用npm install来安装wx-server-sdk。

不只是wx-server-sdk，在启动本地调试前，所有云函数要使用的包都应预先使用npm指令来安装。安装依赖包有两种方式：

（1）直接使用npm安装指定的包，如：

```
npm install wx-servre-sdk
```

（2）如果要安装的包太多，可以将包名写在云函数目录下的package.json文件中，如图18-9所示。

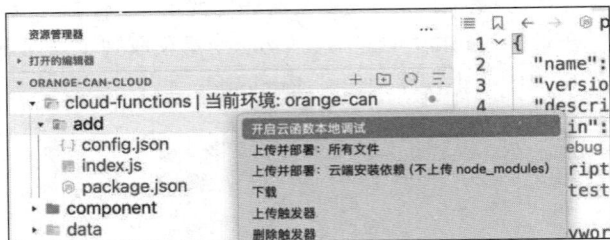

图18-8　开启云函数本地调试

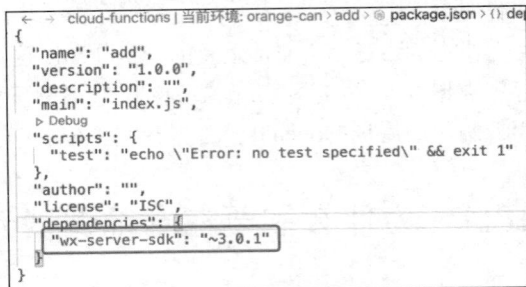

图18-9　云函数目录下的package.json示意

然后在命令行中运行npm install指令（不要指定具体的包名称）。npm会自动安装package.json中所有的依赖包。具体操作步骤如下：

01 在小程序开发工具中，打开【终端】面板，然后定位到云函数目录下，输入 npm install，如图 18-10 所示。

02 完成安装后目录中就会出现 node_modules 目录，表示所有依赖已安装成功，如图 18-11 所示。

图18-10　【终端】面板

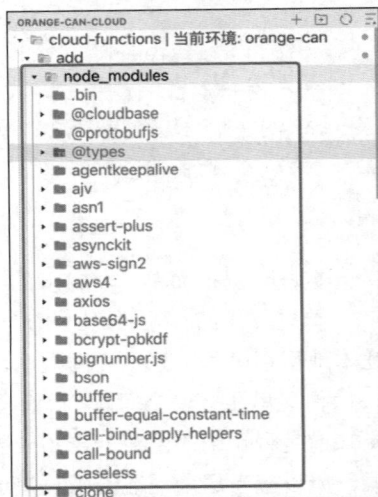

图18-11　部分npm包

现在就可以开启云函数本地调试了。

18.5　如何本地调试云函数

在云函数目录上右击，在弹出的快捷菜单上选择【开启云函数本地调试】，随后将打开云函数本地调试面板，如图18-12所示。

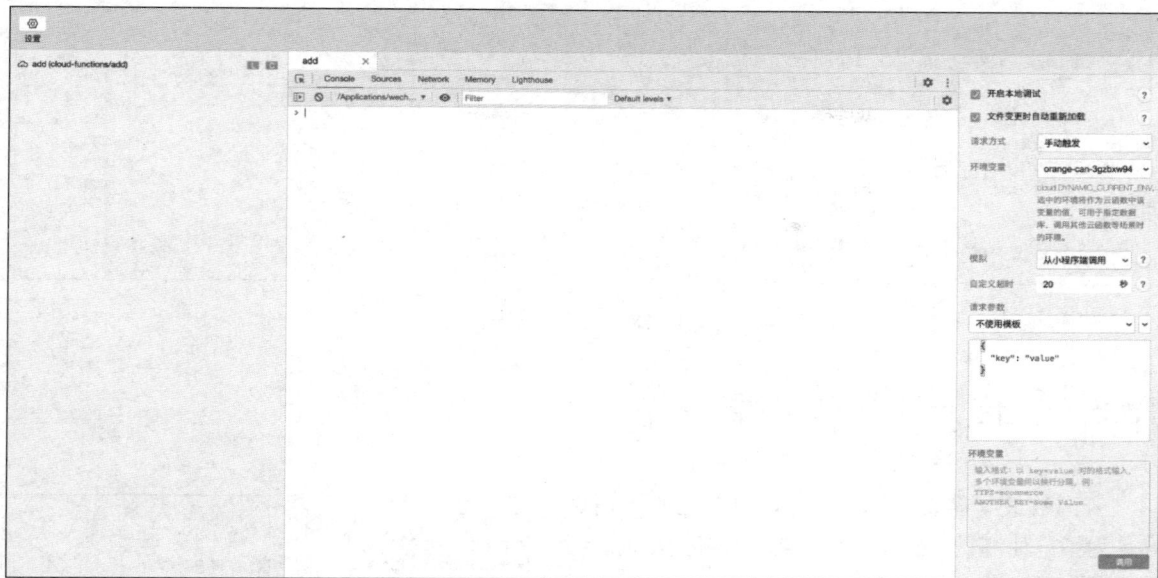

图 18-12 云函数本地调试面板

依次对面板功能做简要介绍：

- 面板左侧是云函数列表，我们目前只有1个云函数，所以左侧只显示一个add()函数。
- 中间部分是调试信息面板，主要用来显示函数的运行信息以及结果。
- 右侧是参数设置面板。

按照图18-13所示设置右侧的参数面板。

- 【请求方式】选择"手动触发"。
- 【模拟】选择从"小程序端调用"。
- 【请求参数】输入以下参数（注意它是一个JSON）：

```
{
"a":1,
"b":2
}
```

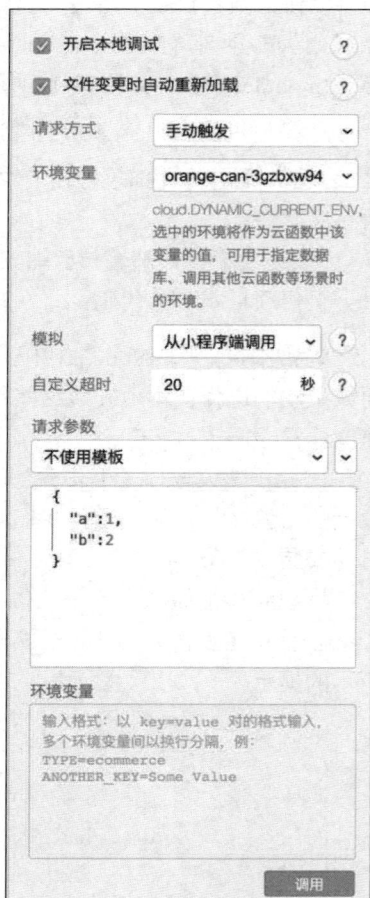

其实读者应该可以看出，由于我们函数体是实现a+b，所以这里传入的参数其实就是a和b的值。

设置完成后，单击右下角的【调用】按钮，开始调用云函数。随后，中间的调试信息面板将显示如图18-14所示的结果。

可以看到，结果为sum:3，这正是我们输入的参数a：1，b：2的调用结果。

图 18-13 云函数参数设置面板

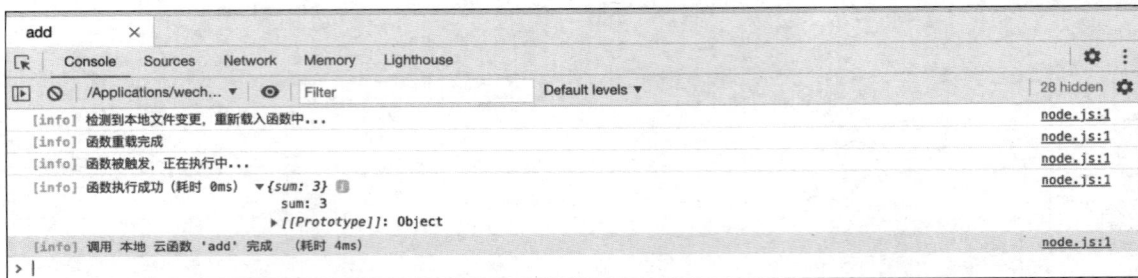

图 18-14　调用结果

18.6　上传云函数到云端

云函数最终需要运行在云端，目前的本地调试只是为了方便测试。在最终发布项目准备上线时，还是需要将云函数上传到云端。

微信开发者工具已经集成好了上传的工具。我们可以在云函数目录上右击，在弹出的快捷菜单中选择【上传并部署：云端安装依赖（不上传node_modules）】，如图18-15所示。

注意，可选的上传方式有两种：

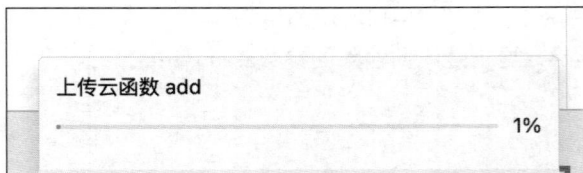

图 18-15　上传云函数

（1）【上传并部署：所有文件】：会把云函数目录下的所有文件上传，包括node_modules下的所有库文件。

（2）【上传并部署：云端安装依赖（不上传node_modules）】：会将Node.js的安装包文件排除，只会上传项目本身的代码。

通常来说，一段Node.js代码几乎不可能不引用第三方的包，所以node_modules下的文件会非常多。而如果我们选择在本地安装这些包后，再上传到云端，那么由于要上传的文件数量巨多，会导致上传速度非常慢。

因此，建议选择【上传并部署：云端安装依赖（不上传node_modules）】，好处在于不需要上传大量的依赖文件，而只上传我们所编写的代码。至于运行代码所需的依赖文件，可以在云端上由云来自动安装。

所以正确的做法是，只上传我们编写的代码，至于这些依赖，可以让微信在云端来安装。

当使用【上传并部署：云端安装依赖（不上传node_modules）】上传云函数时，会出现如图18-16所示的提示。

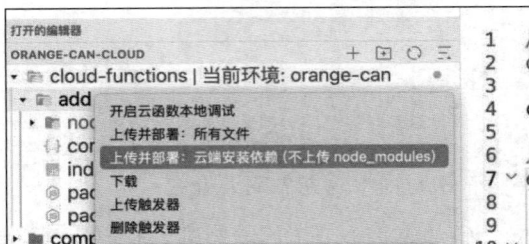

图 18-16　上传云函数

上传完毕后，可以在云开发控制台中查看云函数。通过单击小程序开发工具中的【云开发】，打开控制台，随后单击【云函数】，如图18-17所示。

图 18-17　云函数入口

这将打开【云函数】视图，如图18-18所示。

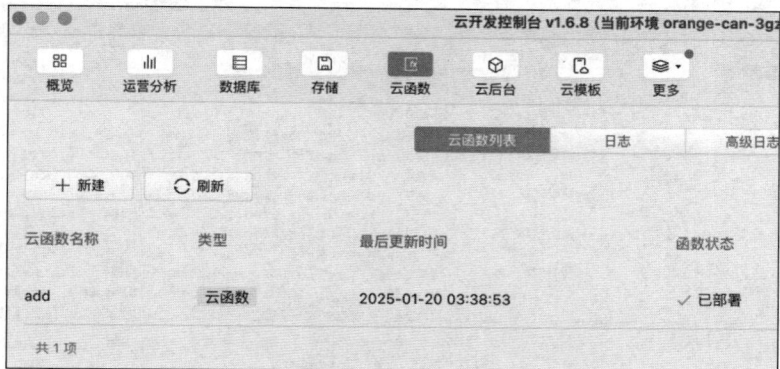

图 18-18　【云函数】视图

其实在云端，我们也可以运行和测试云函数。单击【云函数列表】右侧的【云端测试】，如图18-19所示。可以打开一个新的面板，如图18-20所示，在其中输入参数后一样可以得到{sum:3}这个结果。

图 18-19　云端测试

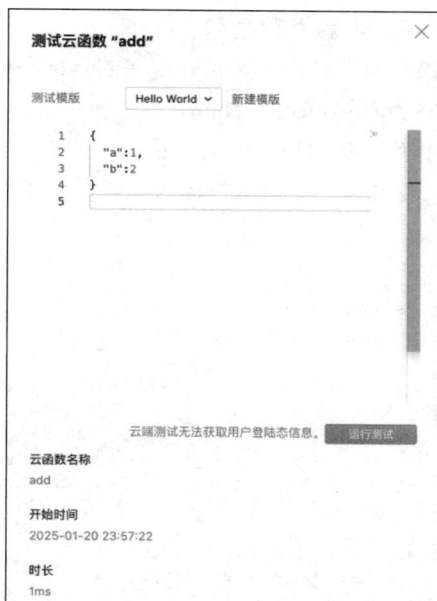

图 18-20　输入云函数参数

这里提醒读者，云端固然可以执行云函数，但它的调试工具、显示结果、打印信息均不如本地调试云函数。如果读者一定要看到比较详细的结果，可以单击云函数的【日志】，里面有一些结果和错误信息（见图18-21），但这依然不如本地调试云函数。

图 18-21　云端日志

这就是一个完整的云函数调用。下一节我们将用云函数的方式来改写Orange-Can项目。

18.7　云函数查询特性

在18.2节中，我们提出了问题：因为云数据库有用户权限的问题，所以很难从小程序端查询到user_post集合中所有用户对某篇文章的收藏总数量。

我们也谈到，要解决这个问题，可以使用云函数。现在的目标是修正没有正确显示的文章收藏数量，所以新建一个云函数，并命名为getCollectionNum。

我们的主要操作是查询云数据库，那么现在的问题是，怎么在云函数中查询云数据库？微信提供了一个非常重要的SDK：wx-server-sdk。这个SDK里面有众多的实用功能，其中就包括对云数据库的增、删、改、查等操作。在index.js中编写如下代码：

```
// 云函数入口文件
const cloud = require('wx-server-sdk')
const cloud = require('wx-server-sdk')
cloud.init({
  // 注意这里替换成自己的云环境ID
  env: '云开发控制台中获取环境ID'
})
// 获取数据库对象
const db = cloud.database();
// 云函数入口函数
exports.main = async (event, context) => {
  return db.collection('user_post').where({
    postId: event.postId
  }).get()
}
```

编写完成后，读者可以选择在本地调试云函数或者将其上传到云端。如果在本地调试云函数，请记得在本地使用npm安装wx-server-sdk；而如果选择上传到云端后执行，可以不用安装wx-server-sdk。

在18.2节中，我们假设use_post中有两条数据，分别是数据1和数据2，此时还是对这两条数据做查询。在调用云函数时，输入如图18-22所示的参数。

这里要注意，postId的取值需要读者根据自己实际的postId来赋值，每个读者的每篇postId都是不一样的。但无论它是什么，我们的目的就是要查询user_post下所有取值等于postId的记录。如果最终结果有2条，就说明18.2节提出的问题已经解决了。

运行结果如图18-23所示。

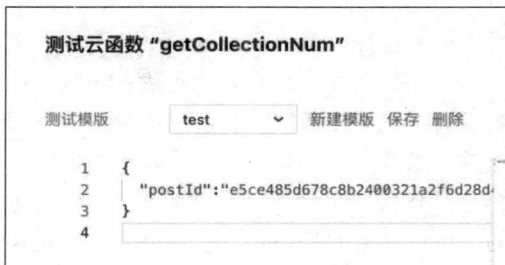

图 18-22　输入参数

图 18-23　结果明确显示查到了两条记录

这个结果充分说明，在云函数中执行同样的查询代码，可以查询到所有用户的收藏记录，而非当前用户的收藏记录。

18.8　从小程序中调用云函数

当然，上一节的代码并不完善，对于user_post，我们忽略了一个查询条件：只有当collcetionStatus = true时，才应该算作收藏了当前文章。修改代码如下：

```
// 云函数入口文件
const cloud = require('wx-server-sdk')
cloud.init({
  env: 'your cloud env id'
})
// 获取数据库对象
const db = cloud.database();
// 云函数入口函数
exports.main = async (event, context) => {
  return db.collection('user_post').where({
    postId: event.postId,
    collectionStatus: true
```

```
    }).get()
  }
```

这里增加了一个查询条件，collectionStuatus：true。因为需要查询的是所有值为true的收藏记录，而不需要已经取消收藏的记录。

编写完以上代码后，就可以在小程序中调用这个云函数了。之前调用云函数都是作为测试，在开发工具中或者在云端控制台里用模拟数据调用。项目真正运行时，云函数应该是在小程序项目代码里。这就要求我们要了解如何从小程序的JS代码里调用云函数。

从JS代码里调用云函数的方式是使用小程序提供的函数：wx.cloud.callFunction()。该函数是异步的，可以支持回调函数，也可以支持Promise的形式，比如：

```
wx.cloud.callFunction({
    name: 'add',
    data: {
    a: 12,
    b: 19
    }
}).then(console.log)
```

上述代码调用了名为add的云函数，同时提供了两个参数a和b，最后使用then接收函数的返回结果。

18.9   改写文章收藏数量

在具备以上知识后，我们就可以改写Orange-Can项目。首先将18.7节中编写的云函数getCollectionNum()上传到云端。

为了正确显示收藏数量，我们需要在post-detail.js页面中调用上述云函数，然后将统计结果显示在页面上。

修改post-detail.js中的代码：

```
// @post-detail.js
// 新增collectionNum记录收藏数量
data: {
    post:{},
    collectionNum: 0
},
```

在上述代码中新增了collectionNum变量，用来记录文章收藏的数量。

接着修改onLoad()：

```
// @post-detail.js
async onLoad(options) {
  const postId = options.id;
  this.dbPost = new DBPost(postId);
  const postData = await this.dbPost.getPostItemById();
  // 获取文章收藏记录
  const collection = await this.dbPost.getCollectionNum();
  this.setData({
    post: postData,
    collectionNum: collection.length
  });
  wx.setNavigationBarTitle({
    title: postData.title,
```

```
    });
  this.addReadingTimes();
},
```

上述代码的核心改动在于第7行新增了获取文章收藏记录的代码。它调用了DBPost下的getCollectionNum()方法。这个方法我们还未编写，现在在db-cloud.js中新增这个方法：

```
// @db-cloud.js
async getCollectionNum(){
    const userPosts = await wx.cloud.callFunction({
    name:'getCollectionNum',
    data:{
        postId:this.id,
    }
    })
    return userPosts.result.data
}
```

此方法的核心就是在内部调用了云函数getCollectionNum()，它返回了统计结果。

最后，我们需要在post-detail.wxml中更改一下绑定的变量：

```
<image wx:else src="/images/icon/wx_app_collect.png" />
<text>{{collectionNum}}</text>
```

它将绑定变量替换成了收藏数量。

完成后运行代码，收藏数量可以正常展示了。

18.10　修正文章评论数量

第二个需要修正的是文章详情页面的评论数量。此处的修改需要获取当前文章的评论总数，那么思考一下，这里需要使用云函数吗？

此处是不需要调用云函数来查询文章评论总数的。之前需要通过云函数查询用户收藏状态是因为user_post表的权限问题，我们无法查询到所有用户对某篇文章的收藏状态。但评论集和comment不同，它的权限是所有用户可读写，所以可以直接在小程序里查询云数据库。

当然，如果一定要用云函数去查询，也是可以的，只是没有必要，反而还需要多编写一个云函数。

首先，在post-detail.js的data中加入一个变量commentNum，用来记录评论数量：

```
data: {
    post:{},
    collectionNum: 0,
    commentNum:0,
},
```

接着，在onLoad()中获取评论数量，并做数据绑定：

```
async onLoad(options) {
// 省略若干代码
    const comments = await this.dbPost.getCommentData()
    this.setData({
        post: postData,
        collectionNum:collection.length,
        commentNum: comments.length
    });
```

```
    // 省略若干代码
  },
```

上述代码所调用的getCommentData()，之前已在DBPost中编写过，这里直接调用即可。

最后，在post-detail.wxml中将评论数量修改为commentNum：

```
<image src="/images/icon/wx_app_message.png"></image>
<text>{{commentNum}}</text>
```

运行代码后就完成了文章评论数量的修正。

18.11 本章小结

本章聚焦云开发高阶技术，包括评论数据展示、本地云函数调试与云端部署、权限校验逻辑优化等。通过改写文章计数功能，深化对云函数调用、数据库查询特性的理解，提升复杂业务场景下的云开发问题解决能力。

第 19 章

媲美原生App的新机制——Skyline

19

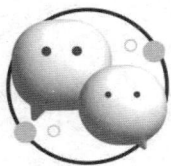

小程序的产生有一个很重要的原因，就是希望它能够改变HTML5网页在移动端的性能和体验。小程序的体验也确实比HTML5应用要好很多，但距离原生的App还有很大的差距。小程序一直在优化其体验，Skyline这种新机制就是小程序在提升体验上的又一次尝试。本章介绍Skyline到底是什么，以及它对小程序运行体验的提升到底有多少。

19.1　Skyline 能解决什么问题

一直以来，Web技术无论怎么发展，都有一个致命的瓶颈——性能和体验上均和原生App有较大的差距。但Web技术确实有巨大的优势：较低的开发成本，跨平台的特性，通用的开放技术。因此，虽然Web技术已发展了30年，但现在开发者对Web技术的优化和发展依然在继续。

小程序的诞生，本身就是对Web技术性能和体验的一次优化和改进。但即使这样，小程序在体验上也只是接近原生App，和真正的原生App还是有较大差距，而Skyline就是在小程序基础上对Web技术的又一次优化。

那么Skyline到底是什么？有什么用？

对于任何新技术，笔者都建议先了解它有什么用，再探讨到底是什么。因为"是什么"往往涉及大量的技术名词，在这个快节奏的时代，知道"有什么用"远比"是什么"要重要很多。

一言以蔽之：Skyline可以让目前的小程序的运行体验变得更好。

19.2　传统 Web 开发与小程序的运行机制

在了解Skyline到底是什么前，有必要先了解传统Web开发与小程序的运行机制。

1. 传统Web开发

传统Web开发主要依赖浏览器中的单线程模型。如果不理解什么是单线程，可以想象去餐馆点菜，单线程就是只有一个厨师为你做菜。在浏览器的单线程模型中，JavaScript、DOM操作、样式计算和页面渲染都在浏览器的主线程中完成。

虽然HTML5规范中引入了Web Workers来实现多线程，但Web Workers无法直接操作DOM，因此主线程仍然是主要的执行环境。

2. 小程序

小程序采用双线程架构，可以理解为有两个厨师为你做菜。它们分为逻辑线程（JS线程）和渲染线程（UI线程）。

逻辑线程负责业务逻辑、数据处理和API调用，运行在JSCore环境中，主要是运行JavaScript代码；而渲染线程则负责页面的渲染和用户交互，使用WebView进行界面展示，主要是为了解析和呈现用户所编写的WXML和WXSS文件。

众所周知，多线程是"多个厨师"做菜，理论上肯定比单线程"一个厨师"做菜要快，那为什么现在Web浏览器编程依然以单线程为主？

这里有不少原因，但主要原因笔者认为有两个：

（1）JavaScript的历史原因。JavaScript设计之初就是围绕着单线程设计的，不会因为多个线程之间争抢资源而出现不能控制的Bug。

（2）单线程编程比多线程编程要简单很多。多线程虽然能够提高运行效率，但开发者需要处理线程同步、数据竞争、死锁等问题，这不仅增加了开发难度，还可能导致更多的潜在错误。

小程序的出现在一定程度上解决了单线程效率不高的问题，又同时避免了较为复杂的多线程开发的问题。事实上，小程序通过一定的封装，将多线程开发的复杂性对开发者隐藏了起来，只提供了简单的API，以加速开发。而小程序之所以能够用这种双线程架构，主要还是因为小程序是基于微信的，它巧妙利用了微信这个原生App做中间层，很好地实现了两个线程之间的交互。

19.3 什么是 Skyline

之前我们讲到Skyline可以让小程序的运行体验变得更好。那么究竟有多好？笔者认为几乎和原生App的体验没有太大区别，不仅没有卡顿的情况，甚至在交互动画上都变得非常顺滑。

目前的小程序（我们称为基于WebView的传统小程序模型）通过拆分两个线程，在一定程度上优化了小程序的体验，但这还不够，它在执行一些复杂操作，尤其是动画效果时，依然显得非常吃力。

微信小程序的Skyline渲染引擎是微信团队为了进一步优化小程序性能和提升用户体验而推出的新一代渲染引擎。与传统基于WebView的小程序渲染方式相比，Skyline在架构、性能、交互动画等方面有显著的改进。

Skyline采用独立的渲染线程，负责布局、合成和绘制等任务，而JS逻辑、DOM树创建等任务则在AppService中独立运行（见图19-1）。这种分离使得渲染任务不再依赖JS线程，从而减少了卡顿。通过精简的渲染管线和优化的渲染流程，Skyline在性能上有了显著提升。

可以看到，这里最重要的一点是，单独提供了一个渲染线程来负责样式的渲染和绘制。

我们总结一下：

- Skyline可以提高目前小程序的运行体验，尤其是在动画执行上。
- 目前，我们可以选择两种渲染机制：传统的WebView机制和新的Skyline机制。两种机制可以混合使用，并不是非此即彼，比如A页面可以用WebView，B页面可以用Skyline。
- 如果项目原来是基于WebView的，基本无须改动就可以升级到Skyline机制。

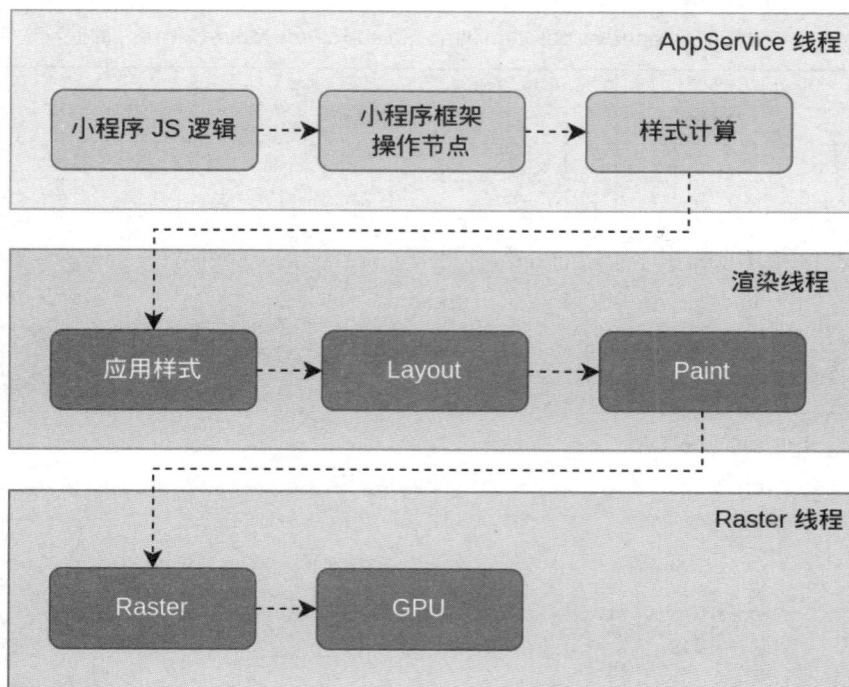

图 19-1 微信官方关于 Skyline 架构的示意图

19.4 Skyline 与 WebView 在开发上的主要差异

现在，我们大体上对Skyline与WebView在技术机制上的差异有了一些了解。本节将介绍Skyline与WebView在开发上的差异，以及用Skyline写的小程序代码和我们之前写的小程序代码有什么不同。

这里特别说明，其实关于Skyline，微信文档中已写得很详细了，但可能文档过于松散，不太容易让人看明白。这里主要对文档做一个总结和解读，具体到每一个细节，还需要读者去查阅文档。

19.4.1 组件支持方面的差异

总体来说，常用的基础组件Skyline与WebView都支持，比如button、text等。但已标记为废弃的组件，Skyline不会支持。针对各个组件，微信列出了Skyline的多种支持情况：

（1）完全支持：所有WebView下的组件特性Skyline都支持。

（2）基本支持：大部分WebView下的组件特性Skyline都支持，但是会和WebView下的实现有一些差异。

（3）不考虑：Skyline完全不会支持（通常是被废弃的属性）。

（4）暂不考虑：可以被新的Skyline模式下的其他属性或者新的机制代替的属性，Skyline暂时不支持。

（5）支持中：正在开发或者正在灰度测试。

比如，文档中给出了button、swiper/swiper-item和movable-area/movable-view组件的差异说明，如表19-1所示。

表19-1　button、swiper/swiper-item和movable-area/movable-view组件的差异说明

组　件	支持情况	说　明
button	完全支持	
swiper / swiper-tem	基本支持	部分低频属性暂未对齐；增强大量特性
movable-area/movable-view	暂不考虑	可用手势 + worklet 动画方案替代

通过这个表我们可以知道，对于button组件，Skyline对它的支持和WebView完全一样，使用方式也相同。因此，在Skyline模式下和原来一样使用button组件即可。

对于swiper组件，Skyline只是基本支持，部分使用率不高的属性目前暂时没有支持。此外，Skyline模式下的swiper组件增加了不少WebView模式下没有的新特性，如图19-2所示。

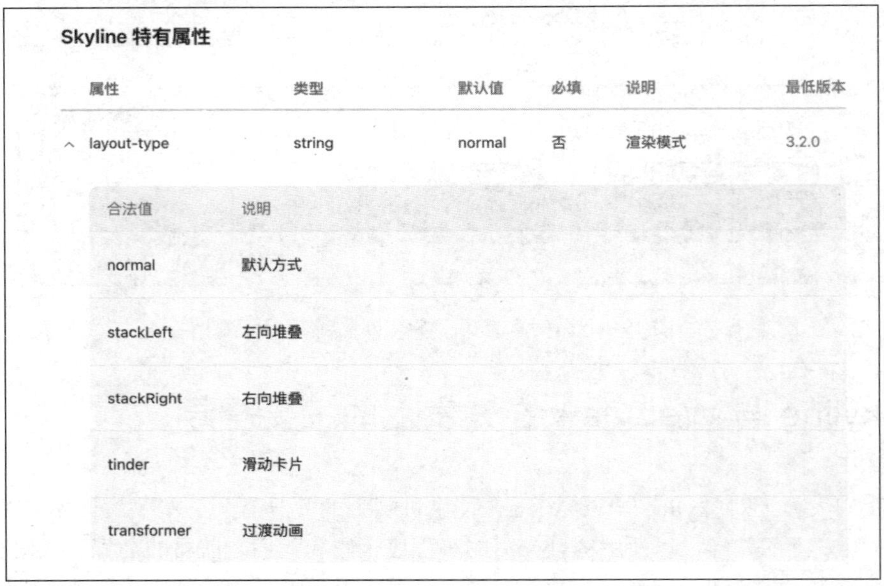
Skyline 特有属性

属性	类型	默认值	必填	说明	最低版本
layout-type	string	normal	否	渲染模式	3.2.0

合法值	说明
normal	默认方式
stackLeft	左向堆叠
stackRight	右向堆叠
tinder	滑动卡片
transformer	过渡动画

图 19-2　swiper 组件在 Skyline 模式下的全新特性

这些属性是Skyline模式独有的，WebView模式下没有这些属性。

对于swiper上原有的movable-area等属性，暂时不考虑支持，因为新的Skyline模式下有更好的替代方案：使用worklet动画方案替代。

19.4.2　CSS 支持的差异

类似于组件的支持，Skyline模式下的CSS支持同样与WebView模式下的有所差异。好消息是，这些差异基本不会影响我们的正常开发，大部分我们熟悉的CSS模型（比如Flex布局）、CSS属性、CSS选择器都是支持的。少量不支持的特性几乎不会用到，即使要用到这些特性也都有替换方案。比如，文档中给出了Inline布局和Inline-Block布局支持说明，如表19-2所示。

表19-2　Inline布局和Inline-Block布局的支持说明

特　性	是否支持	说　明
Inline布局	×	开发中
Inline-Block布局	×	仅支持在text组件里的嵌套结构使用，完整版本开发中

此外，由于小程序中大量使用Flex布局，因此在Skyline模式中，微信干脆将所有节点的默认布局都更改为了Flex布局。当然，如果想换回以前的block布局也是可以的，只需要在app.json中进行以下配置：

```
rendererOptions: {
    "skyline": {
    "defaultDisplayBlock": true,
    }
}
```

再比如，在Skyline模型下，节点默认为border-box盒模型，可通过在app.json或page.json中进行配置，切换为content-box盒模型：

```
rendererOptions: {
    "skyline": {
    "defaultContentBox": true,
    }
}
```

还有部分差异，建议读者在需要的时候去翻阅文档。

这里提醒读者注意，Skyline模式下的CSS是WebView模式下的子集。什么是子集？简单来说，Skyline模式并不会支持所有WebView模式下的特性。这不是短时间的决策，微信强调，以后也会保持这种策略，即Skyline的CSS特性是对WebView的精简，必定少于WebView的CSS特性。

19.5　Skyline 增强特性——worklet

如果只是对已有WebView组件的修修补补，那Skyline自然是不值得夸赞的。Skyline真正的优点在于其增强特性，这些新的特性只能在Skyline模式下运行，WebView是不支持这些特性的。

经常使用小程序的读者可能会有这样一种体验，很多时候小程序的交互显得非常生硬，这一点和原生App流畅的交互动画差距较大。这也是为什么我们认为小程序体验不如原生App好的原因。

那么，为什么小程序中的动画不够流畅呢？

小程序由于独特的双线程架构，渲染（UI）线程和逻辑（JS）线程分离。逻辑线程不会影响渲染线程的动画表现。但问题是，渲染线程的事件发生后，需跨线程传递到逻辑线程，即通过回调的形式通知逻辑线程。在做交互动画（如拖动元素）时，这种异步性会带来较大的延迟。

Skyline的worklet动画正是为解决这类问题而诞生的，它使得小程序可以实现类原生动画般的体验。读者可以访问下面的页面，页面中有微信提供的Skyline版本的示例，感受一下Skyline极度流畅的体验：https://developers.weixin.qq.com/miniprogram/dev/framework/runtime/skyline/experience.html。

worklet动画是Skyline增强特性的基础。之前我们谈到过，微信小程序一直都是两个线程执行任务，一个是AppService负责执行JS逻辑，另一个是WebView负责渲染UI，那么这两个不同的线程间就存在互相通信的问题。

为什么两个线程需要通信。很简单，如果一个页面上的元素是固定不变的，那么JS线程和UI线程不需要通信。UI线程只需要按照WXML页面的组件，将页面"画出来"即可。从此以后这个页面就不会变动了。但现在几乎没有页面固定不变的小程序或者App，比如，当用户单击按钮后，需要弹出一个对话框，给用户一个提示。这样的需求，就需要监听到用户的单击操作，再由JS线程通知UI线程，将弹出的对话框绘制出来。

　　这必然涉及JS线程需要和UI线程通信的问题，比如，将提示用户的文本信息显示在弹出框上。甚至在某些场景下，JS需要"疯狂地"和UI线程通信，比如用户在页面拖动元素，随着用户手指的移动，元素块要随之不断移动。

　　旧有的小程序通信机制只能满足简单的操作，如果遇到大量且频繁的交互，比如上述的"元素拖动"，这样的通信机制就显得力不从心了。而worklet动画使得小程序可以解决这样的问题，让小程序获得类似原生动画般的体验。

　　以上是技术层面对worklet的理解，显然，我们更关心worklet是什么，怎么用。

　　虽然微信文档中将worklet称为"worklet动画"，但worklet更类似于一种对高频交互的支持机制。基于这种机制，我们可以做出各种各样复杂的、体验更好的动画或者交互动画来。

　　基于worklet技术，下面介绍两个目前非常实用的小程序增强特性。

1. 手势系统

　　在手机上，我们经常会使用各种手势动作，比如长按、滑动等。这样的手势动作，想在基于WebView的小程序上实现非常困难，而有了Skyline和worklet，小程序可以实现非常流畅的手势动作。

2. 页面路由

　　传统小程序的页面跳转非常僵硬，没有惯性，没有衔接。但在Skyline中，微信提供了更好的路由系统。

　　还有更多的特性，读者有需要可到文档中获取。

19.6　worklet 函数

　　worklet函数是一种特殊的函数，特殊之处在于它既可运行在JS线程中，也可运行在UI线程。而我们在小程序中编写的普通JavaScript函数，只能运行在JS线程中。

　　那么怎么定义一个worklet函数呢？很简单，可以在函数体顶部加上worklet指令：

```
// 定义一个worklet函数
function someWorklet(greeting) {
'worklet';
console.log(greeting);
}

// 可以运行在JS线程中（和普通JS函数没区别）
someWorklet('hello') // print: hello

// 如果想让它运行在UI线程中，可以这么调用
wx.worklet.runOnUI(someWorklet)('hello') // print: [ui] hello
```

　　注意，上述代码必须运行在开启了Skyline渲染模式的页面中。

　　worklet函数还有其他特性，比如两个worklet函数可以共享同一个变量，还可以相互调用。这些细节读者可以参考微信文档。本书仅辅助读者理解Skyline和worklet的基本概念，帮助读者快速入门。

19.7　Skyline 开发指南

　　那么我们到底怎样开发一个基于Skyline的小程序呢？具体步骤如下：

01 在 app.json 或 page.json 中配置 renderer: skyline。这是启动 Skyline 模式的基础，如果想在整个项目中都用 Skyline，那就在 app.json 中配置；如果只想在部分页面里使用 Skyline 模式，那就在 page.json 中配置。注意，当我们直接写上 renderer: skyline 后，小程序大概率会报错，因为只配置这一项是无法启动 Skyline 模式的。读者可以依据小程序的错误提示，逐步添加各个配置项。

02 确保右上角→详情→本地设置里的【开启 Skyline 渲染调试】选项被勾选上，如图 19-3（左）所示。

03 使用 worklet 动画特性时，确保右上角→详情→本地设置里的【编译 worklet 代码】选项被勾选上（代码包体积会少量增加），如图 19-3（右）所示。

图 19-3　需要开启这两项

04 调试基础库需要切换到 3.0.0 或以上版本。

除了以上 4 项必须配置的选项之外，下面若干配置项需要根据不同的环境和需求有选择地配置。

（1）Skyline 依赖按需注入特性，需在 app.json 中配置 "lazyCodeLoading": "requiredComponents"。

（2）在全局或页面配置中声明使用新版 glass-easel 组件框架，即 { "componentFramework": "glass-easel" }。

（3）Skyline 不支持页面全局滚动，需在页面配置加上 "disableScroll": true（使之与 WebView 保持兼容），在需要滚动的区域使用 scroll-view 实现。

（4）Skyline 不支持原生导航栏，需在页面配置加上 "navigationStyle": "custom"（使之与 WebView 保持兼容），并自行实现自定义导航栏。

（5）在全局配置中声明默认为 block 布局，即在 app.json 中配置 "rendererOptions": { "skyline": { "defaultDisplayBlock": true } }。

（6）在全局配置中声明默认为 content-box 布局，即在 app.json 中配置 "rendererOptions": { "skyline": { "defaultContentBox": true } }。

当然，读者无须记住这些要求，最好的办法就是在配置必备的 4 个配置后，按小程序的错误提示逐步进行配置，例如图 19-4 所示的错误提示。

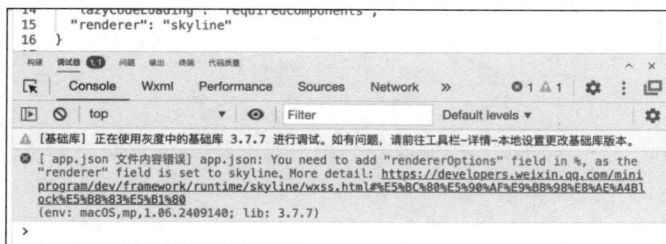

图 19-4　提示需要配置 rendererOptions 选项

既然提示我们要在 app.json 中配置 renderOptions 选项，那就按要求配置即可。

下面给出一个可能的配置项，它可以让我们正常地开始 Skyline 的开发：

```
{
    "pages": [
        "pages/index/index",
```

```
        "pages/logs/logs"
    ],
    "style": "v2",
    "componentFramework": "glass-easel",
    "lazyCodeLoading":"requiredComponents",
    "sitemapLocation": "sitemap.json",
    "renderer": "skyline",
    "rendererOptions": {
        "skyline": {
            "defaultDisplayBlock": true
        }
    }
}
```

19.8   将旧项目向 Skyline 迁移

当然，如果有一个基于WebView的旧项目，想迁移到Skyline引擎下，那么遵循上一节的指引也是可行的。除了必须遵循Skyline的配置外，微信还有一些最佳实践分享给开发者，以帮助开发者减少适配Skyline的时间。

1. 按需注入

Skyline的加载方式是"按需注入"。按需注入特性开启后，有可能带来兼容问题，因此建议在开始适配Skyline前，将旧项目的按需注入开启，并妥善测试，以提前排除该特性带来的影响。

2. 渐进式迁移

对于已有的项目，建议渐进式迁移，即逐个打开页面，推荐迁移小程序关键路径上的页面，以便让大多数用户获得更好的体验；对于新增页面，建议默认开启Skyline；而对于全新项目，建议直接全局打开，这样除了有更好的体验外，也能使小程序的内存占用更低。

3. 使用局部滚动

在WebView模式下，页面全局默认是可以滚动的，因此我们基本不需要为滚动而发愁，也不需要特别考虑如果页面内容过多，怎么滚动显示。但这会带来一些问题，会使得无须滚动的元素如果要固定不动，就必须使用position: fixed固定位置。同时，这种设置也使得部分特性无法实现。

因此，Skyline不再提供全局滚动，在需要滚动的区域可以使用组件scroll-view实现。

4. 查看文档

当遇到问题时，及时查看文档，尤其重视每个组件特有的Skyline特性。大多数问题都是因为没有注意Skyline组件的特点而导致的。

19.9   本章小结

本章着重解析了Skyline渲染机制的核心优势，对比传统WebView在组件支持、CSS兼容性及Worklet特性上的差异。通过迁移指南与开发规范，指导开发者利用Skyline提升小程序性能，实现接近原生App的流畅体验。

第 20 章

多端开发——将小程序编译成iOS、Android应用

在互联网发展的早期阶段，网页是我们获取信息的主要方式。随着移动技术的不断进步，越来越多的移动端技术逐渐进入人们的网络生活中，其中以iOS和Android为代表的平台成为主流。然而，随着移动端应用的多样化，开发者需要兼顾的平台也越来越多——不仅要开发iOS和Android应用，还需兼顾各类小程序。理论上，一个产品往往需要同时开发3个甚至更多的平台，才能实现全面覆盖用户的需求。那么有没有好的解决方案？比如，一次开发、多端应用。本章要探讨的小程序的多端开发就可以在一定程度上解决这个问题。

20.1 什么是多端框架

由于小程序的简易开发性和超强的推广分享能力，越来越多的App都选择再开发一个小程序版本。因此，现在主流的平台除了iOS、Android和浏览器（HTML5应用）外，又多了一个小程序。理论上，不借助任何第三方工具，开发者需要写4份不同的代码，才能运行在这4个平台上，因为这4者彼此是不能够完全兼容的。

其实，通过前面章节的学习，我们知道，小程序虽然是基于Web的技术，和HTML5应用同宗同源，但它们还是有很大的差异，不能够通用，即我们写的HTML程序不能直接变成小程序，同时小程序也不能直接运行在浏览器里。

如何让自己的应用只开发一份，就能运行在这4个主流平台上，是很多开发者努力解决的问题。

其中一种方案就是运用Web技术的通用性，开发一份基于Web技术的应用，然后分别编译成小程序、iOS、Android和HTML5。

我们把具备这样功能的框架称为多端框架。顾名思义，在一个框架中编写一份代码，然后让框架自动编译成4份不同的代码，分别运行在4个平台。

我们知道，有不少基于Vue的多端框架，比如uniapp、mpvue等；也有基于React的多端框架，比如Taro。无论是uniapp还是Taro，想用它们来开发多端应用，都有一定的学习成本：

（1）需要学会Vue或者React，而这两个框架本身就挺难的。

（2）需要学习uniapp、Taro框架本身，因为需要使用这些框架提供的组件库。

在实际的开发中，我们还会遇到各种各样的问题，实际需要掌握的技术和知识远不止上述两条。

笔者有过一个想法，为什么不能开发一个小程序，通过编译这个小程序，让它运行在微信、iOS、Android和浏览器中。从技术上讲这是可行的，同时开发一个小程序的成本，远比用Vue去实现同样的功能要轻松得多。

沿着这个思路，笔者动手做过一个框架，以支持这种多端编译，但要适配多端个人开发者，很难做得很好。经过多年的发展，现在的小程序也具备了这种多端开发的能力，并且是微信本身自带的能力，而不是基于第三方的框架实现的多端能力。

20.2　多端开发的高效率与低成本

假设现在要开发一个产品，同时要有小程序、iOS和Android 3个版本，如果用纯原生开发，还是非常有难度的。

需要掌握的技术也很多，例如：

（1）需要学会Javascript、CSS和HTML，它们是开发小程序的基础语言。

（2）需要学会小程序开发。

（3）需要学会Swift语言，它是编写iOS App的基础。

（4）需要学会iOS应用的开发，它有自己的组件、事件、环境等。

（5）需要学会Java语言，它是编写Android App的基础。

（6）需要学会Android开发，它同样有自己的组件、事件和机制。

（7）可能还需要学一门语言来编写服务端应用，比如Java或者Python。

（8）如果想使用微信身份登录应用或者使用微信支付，还要学习微信提供给iOS和Android的登录和支付的SDK。

这只是大概的技术栈，可能还要学习更多，比如MySQL数据库、静态存储等。但如果使用小程序的多端开发，就非常简单了。来看看多端开发的思路：

（1）首先以小程序开发技术栈为基础，开发一个多端应用（其实就是开发一个小程序，只不过需要我们多考虑一些兼容性方面的问题，毕竟需要让多端应用运行在3个端），这大概只需要会HTML、CSS和Javascript即可。

（2）服务端可以使用云开发，在之前章节里已经用到过。

（3）调试、编译、打包分别发布到3个平台即可。

在整个过程中，唯一需要掌握的语言只有HTML、CSS和Javascript。

20.3　多端应用账号体系指南

在小程序开发中，我们只需要一个小程序账号即可。但由于多端应用涉及多个平台（包括需要用到微信的特定功能，如微信支付、微信登录等），因此需要创建多个账号和实体，且多个账号、实体需要关联在一起。

这里有必要对账号和实体进行说明。账号我们都能理解，那实体是什么？所谓实体就是用账号创建出来的应用。比如我们申请一个小程序账号，就可以创建一个小程序应用实体。有的账号，只能创建一个实体，比如小程序账号；有的账号可以创建多个实体。

（1）小程序账号，此账号就是我们之前开发小程序时申请的账号

（2）多端应用，如果我们要开发多端应用，就需创建一个多端应用实体。但要注意，多端应用不需要像小程序账号那样一步一步地申请，它可以在小程序中一键创建。在20.4节中会讲到。

（3）移动开放账号，此账号不是开发多端应用必备的选项，但如果需要在多端应用中用到如微信支付、微信登录、云开发等微信独有的功能，就必须创建一个移动开放账号。

（4）移动应用，通过移动开放账号创建的移动应用。

那么这些账号和应用都在什么情况下使用？又有怎样的关联关系？以下我们分情况说明。

20.3.1　不需要微信特有功能的多端应用

如果多端应用不需要使用微信特有的功能，如微信支付等，那么只需要一个小程序账号，然后创建一个小程序应用。

除此之外，还必须创建一个多端应用，并将微信小程序账号同这个多端应用关联在一起。这很简单，因为多端应用可以在开发工具中一键创建和绑定。

其实，这种不需要微信特有功能的多端应用很少见，除非产品非常简单。现在大多数的应用，即使没有微信支付，不使用微信云开发，也基本需要用到微信登录。

20.3.2　需要使用微信特有功能的多端应用

要使用微信特有功能，除了必备20.3.1节的流程外，还需要申请一个移动开放账号。注册地址如下：

```
https://open.weixin.qq.com/
```

然后登录账号，创建一个微信移动应用，如图20-1所示。

图 20-1　在微信开放平台中创建一个移动应用

由于我们的项目中会用到云开发，因此必须创建一个移动应用。

20.3.3 微信开发者平台

现在微信的账号体系越来越复杂，为了统一管理公众号、小程序、多端应用、企业号、服务号、小游戏等账号和应用，微信提供了一个全新的统一管理平台——微信开发者平台。这个平台不需要注册，同一微信身份下的所有应用都统一在这里管理。访问地址：

        https://developers.weixin.qq.com/

访问后，通过微信扫描即可进入，控制台将展现同当前用户关联的所有微信应用，如图20-2所示。

这里除了显示各个微信应用之外，还能够绑定多个应用的关系。我们需要在这里将微信小程序、多端应用和移动应用三者绑定在一起。

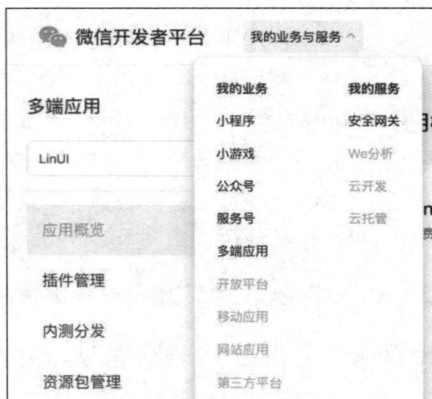

图 20-2   微信开发者平台

绑定流程非常简单，这里就不赘述了。请读者务必确保将三者关联在一起。注意，多端应用同小程序的绑定可以不在这里进行，后续我们将在微信开发工具中一键绑定；但移动应用的绑定必须在这里进行。当然，绑定移动应用也非常简单，如果已经申请好了移动应用，微信将自动同步移动应用信息，我们只需单击【确定】按钮即可，不需要填写各种信息。绑定移动应用可参考图20-3～图20-5。

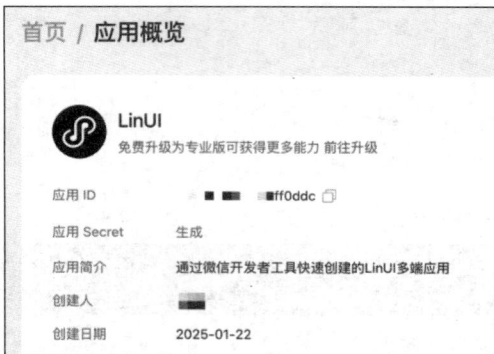

图20-3   多端应用

图20-4   绑定小程序实体

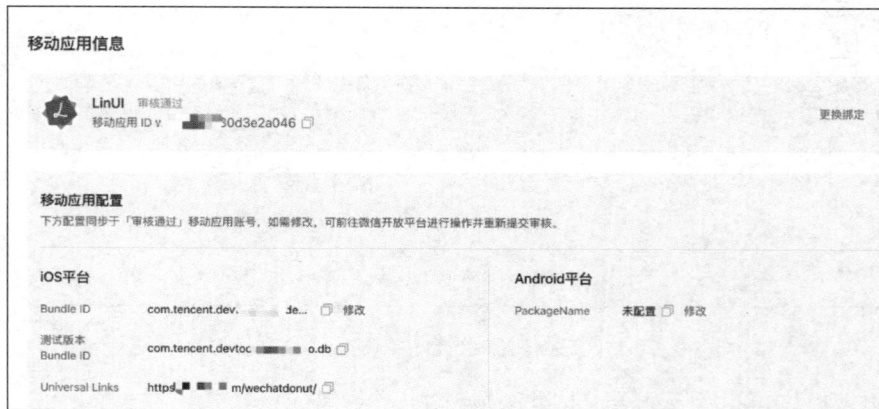

图 20-5   绑定移动应用

在开发中还需要若干id，请提前准备好。整理如下：

（1）多端应用id。

（2）小程序id。

（3）移动应用id。

（4）云开发环境id。

前三者均可以在微信开发者平台获取，云开发环境id可以在云开发控制台获取（之前章节已使用过）。

20.4　多端应用新手指南

在一切准备就绪后，就可以开始开发多端应用了。这里提醒读者注意：多端应用开发的核心是开发小程序，实际上就是在开发一个特殊版本的小程序，所用到的知识和技术也全是与小程序相关的。

要开发多端应用，首先需要一个高版本的小程序开发工具，如果开发工具版本过低，是不支持多端编译的。对应的版本要求如下：

版本号 ≥ 1.06.2306272

如果读者使用的是旧版本的开发工具，请更新开发工具。

对于开发多端应用，大多数开发者会有两个选择：

（1）将已经存在的旧项目更改为多端编译程序。

（2）从头开始编写支持多端编译的新项目。

无论哪种，微信都是支持的。由于我们已经有了Orange-Can项目，因此这里选择升级Orange-Can到多端应用。为了区别，我们将这个多端应用称为Orange-Can-Multi。

多端应用开发的第一件事情，就是将微信开发工具的开发模式由【小程序模式】切换为【多端应用模式】，如图20-6所示。

当然，想成功切换到【多端应用模式】，需要当前登录微信开发工具的账号已经做好了准备工作。这里主要是完成我们之前提到的创建多端应用，以及将多端应用同小程序绑定在一起。这些准备工作，微信已经做了自动化，我们只需按照开发工具的弹窗指引完成注册即可。

注意，当切换到【多端应用模式】时，会出现一个二维码。开发者只需扫描这个二维码，就可直接创建并绑定多端应用，如图20-7所示。如果已经绑定，则不会出现提示。

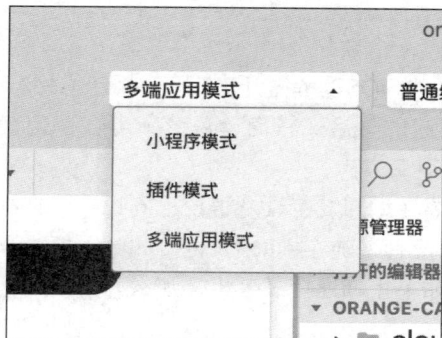

图20-6　切换到【多端应用模式】

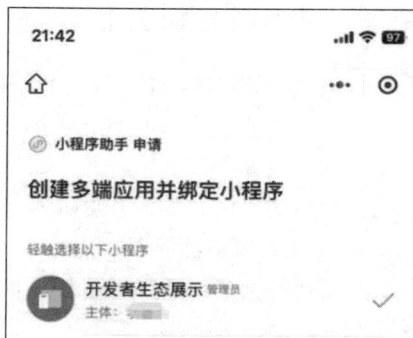

图20-7　创建并绑定多端应用

微信共提供了3种绑定多端应用的方式：

（1）在微信开发者工具中，切换开发模式，从下拉列表中选择【多端应用模式】，若未绑定，则扫码创建多端应用，并绑定小程序。

（2）在微信开发者工具中，在菜单栏中依次单击【工具】→【升级为多端项目】，若未绑定，则扫码创建多端应用并绑定小程序。

（3）在微信开发者平台中单击【创建多端应用】，选择要绑定的小程序账号，即可创建成功，详情请查看多端应用管理。

读者可根据自己的实际情况选择，第1种最方便。

绑定成功后，项目就可以成功升级为多端应用。多端应用相比于普通小程序有一些差异，具体如下：

（1）在根目录中生成了project.miniapp.json配置文件，该文件主要用于进行App相关的配置。这个配置文件很重要，因为相比于小程序，App的配置项非常多。

（2）在project.config.json文件中，添加了"projectArchitecture": "multiPlatform" 语句。如果想退回到原生小程序项目，只需删除project.miniapp.json文件以及project.config.json文件中的 "projectArchitecture": "multiPlatform" 语句即可。

至此，我们已完成了多端应用开发的基本配置。

20.5   在开发工具中预览 iOS 和 Android 应用

在开发前端项目的过程中，如果不能及时方便地预览到代码运行的效果，这肯定是不行的。在开发小程序时，微信自带了一个模拟器以方便我们调试。但在开发多端应用时，实际上除了需要看到小程序的运行效果之外，还需要看到代码在iOS和Android上的运行效果。因此，还需要一个iOS和Android的模拟器，以方便看到项目在不同平台的运行效果。

在多端开发中，有两种方式可以预览多端应用在iOS和Android平台的运行情况：

- 用真机预览：就是开发者需要将自己对应平台的手机连接在计算机上。
- 用模拟器预览：用模拟器则不需要真机，它是通过软件来模拟iOS和Android平台的运行情况，类似于微信开发工具自带的模拟器。

20.5.1   在真机中预览多端应用

要使用真机预览，首先必须使用数据线连接计算机和手机。iOS设备需开启【开发者模式】；Android设备需开启【USB调试模式】，如图20-8所示。这两个模式的开启比较简单，读者可自行搜索相关资料。

随后，选择对应的平台，如图20-8所示。在选择时，要注意开发工具是否已正确识别了真机。在图20-8中，选择的iOS真机后面显示"无可用设备"，表明没有正确连接iOS真机，此时需要检查是否正确连接了手机或者手机是否开启了【开发者模式】等。如果正确连接了手机，那么开发工具会检测到对应的手机连接。

在确认连接成功后，单击运行按钮就可以启动对应平台的预览了。

对于运行Android真机时出现的"Android签名管理"弹窗，若非正式上架到应用商城，可以直接不填写，使用临时证书即可。

对于运行iOS真机时出现的"iOS签名管理"弹窗，若非正式上架到AppStore，可以直接选择临时证书，输入连接设备的Apple ID和密码即可。

本书不是一本专门讲解App开发的书籍，所以如果读者要正式发布App，可另行查阅对应发布平台的要求，本书不在此赘述。

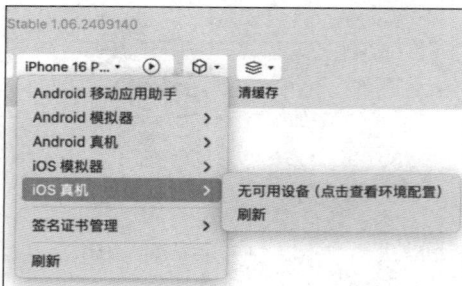

图 20-8　对应的预览平台

当构建日志出现绿色字提示构建成功（见图20-9）后，即可在连接的真机设备上查看到Orange-Can-Multi的运行效果。

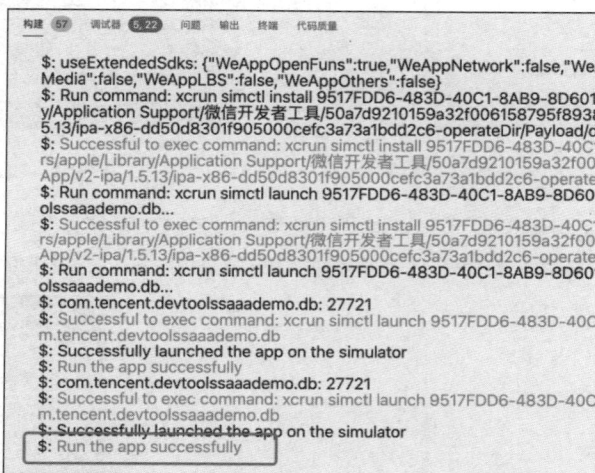

图 20-9　构建日志显示成功运行

20.5.2　在模拟器中运行 App

除了使用真机预览，还可以选择在模拟器中预览多端应用。要使用此方式，首先需要在计算机上安装iOS或Android模拟器，小程序开发工具本身并不自带这两种模拟器。

1. iOS模拟器

在macOS平台中，iOS模拟器是通过Xcode来实现的。注意，Windows系统不能安装Xcode，所以就不能安装iOS模拟器。如果读者使用的是Windows系统，可以选择用Android模拟器或者iPhone真机来预览。

首先，在AppStore中下载Xcode，在安装Xcode成功后，会有如图20-10所示的提示。

这里可以根据App需要运行的实际设备来进行选择，通常会选择手机端的iOS系统。

当Xcode安装成功后，可以输入下列命令来检查是否安装好了模拟器：

```
xcrun xctrace list devices
```

上述命令会显示当前系统已经安装好的模拟器，结果如图20-11所示，当前计算机已虚拟了iPad和iPhone的相关环境。

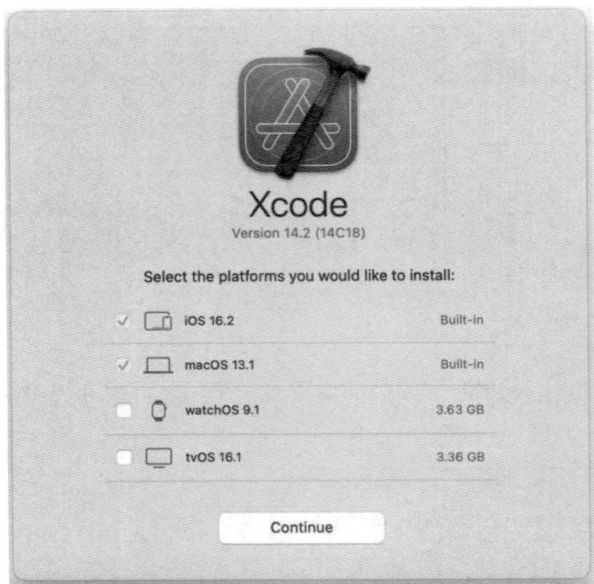

图20-10　指定Xcode需要安装的模拟平台

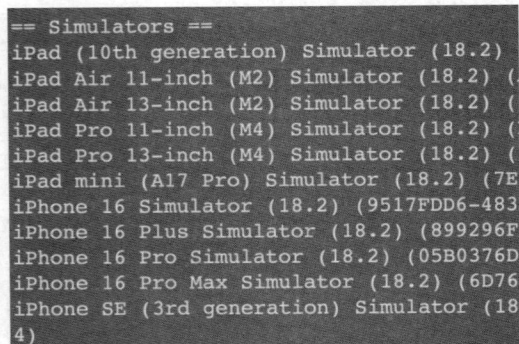

图20-11　模拟器安装成功

此时单击运行按钮，iOS模拟器下会出现几乎所有主流的iOS设备，如图20-12所示。
我们只需要选择自己想模拟的设备，再单击运行按钮即可。效果如图20-13所示。

图20-12　安装模拟器后（iOS系统）
列出了所有主流iOS设备

图20-13　在iOS设备上运行多端应用
小程序的效果

　　注意，这个模拟器并非开发工具左侧的那个模拟器，而是独立于小程序出现的模拟器，通常它直接运行在操作系统中。

2. Android模拟器

大多数情况下，iOS和Android平台并不是非此即彼的选择，而是两个模拟器都要安装，因为我们一般会同时在两个平台上发布应用，必然需要观察和调试程序在多个平台上的效果。因此，我们还需要Android模拟器。

macOS系统可以同时安装iOS模拟器和Android模拟器，但Windows平台只能安装Android模拟器。由于Android模拟器的安装方式非常多，限于篇幅，这里不再赘述。它同样是流程化的环境安装，比较简单。

读者可以在官方文档中的【平台多端能力】→【多端应用调试】→【安装Android模拟器】中查看具体的步骤。

当然，最简单的方法就是在官方文档中直接搜索"Android模拟器"。微信文档现在对搜索的支持非常好，基本搜索结果中的第一条就是我们需要的资料。

20.6　多端应用的注意事项

当准备工作就绪后，我们来探讨一下改造多端应用的一些注意事项。

总体来说，以一个小程序为基础来改造多端应用，基本不需要太大的调整，但由于不同平台的差异性，还是会有一些改动。这些改动并非不可捉摸，这里提供一些指南，只要把握这些方向性的指南，改造就会变得轻松和愉快。

当然，如果在切换到多端应用后，程序能正常构建和运行，那么可以不关注本节内容（这种可能性不大，除非项目非常简单）；否则需要进行部分适配改造。请参照以下注意事项进行检查和代码适配。

1. 多端应用有部分接口需要兼容

这里以wx.login登录为例。wx.login()函数是微信小程序提供的用于微信用户登录的函数。在原本的小程序中，它只需要考虑如何用微信身份登录。但在多端应用中，我们不能只考虑微信登录，还要考虑其他诸如手机号、AppID等登录方式。因此，原本的wx.login()就不能使用了。微信提供了更丰富的API以支持多端应用的不同登录方式。由于登录方式众多，这里只举例说明为什么wx.login()需要适配其他登录方式，具体要适配哪些，还是需要参考微信文档。

2. 多端应用有部分组件需要兼容

绝大多数的现有微信小程序组件均支持多端应用，有非常少部分的组件由于环境变为了App（脱离了微信环境）而不能够兼容支持。好在这部分不兼容的组件目前仅有4个组件：

- button。
- image。
- web-view。
- video。

我们还是以button组件为例。要明确的是，button组件并非不能使用，而是button组件上的部分属性在多端应用里不再支持。主要的属性集中在open-type上。如果不使用open-type开放能力，那么可以无须理会。

以open-type开放能力的getPhoneNumber（获取手机号码）为例。在原有小程序中，可以通过这个属性获取当前微信用户的手机号。但在手机中，用户可能根本就没有在微信中填写手机号，所以此属性无效。但微信提供了新的组件属性：phoneOneClickLogin。此属性可以在App中实现本机号码一键登录。

其余组件的差异性，请读者在需要时参考文档。

3. 关于多端应用使用云开发

如果在多端应用中使用了云开发，那么需要做一些改动。改动的原因主要是多端应用的App形态已经脱离了微信环境，不能够像小程序那样静默获取到用户的标识（小程序是运行在微信中的，它能够很轻易地获取到微信身份），需要用户主动提供微信身份。关于这一点，我们后续会详细说明。

4. 小程序订阅消息可使用App的消息推送代替

这点很重要，消息通知是任何App必备的功能。在微信中，小程序的一大优势就是可以把通知当作微信消息发送给用户；但如果是App，是不能直接发送微信消息的，大多数情况App发送的是系统消息。参考一下手机App的各种弹窗消息。

5. 微信移动账号

多端应用若要正式上架以及使用微信开放能力（微信登录、微信分享、微信支付等），则需创建移动应用账号，并且与多端应用进行绑定。这点很重要，使用微信能力是现在App非常重要的功能。比如，我们经常可以在App中使用微信登录，这其实就是使用了微信的开放能力。

6. 可选定的SDK

所谓SDK，可以理解为基础库，里面包含了众多运行程序的必要API。多端应用同样需要SDK的支持，才能运行在iOS和Android里。为了保证SDK的安全稳定性以及控制SDK体积，使得构建出的App安装包体积不过于臃肿，微信将SDK拆分为基础SDK与扩展SDK，开发者可按需勾选并配置所需的扩展SDK。例如，在Android设备中使用微信登录功能，则需要在project.miniapp.json中勾选Android的Open SDK。

7. 条件编译

为实现一套代码同时适配小程序和App，平台提供【条件编译】来针对不同的设备和运行环境，预期完成不同的逻辑和页面显示。条件编译语句可以写在WXML、WXSS、JS/TS、JSON、LESS/SASS等文件中。条件编译非常重要，有时不同类型的平台所支持的功能不同，比如苹果系统支持一些特殊的手势操作，Android就不支持；而Android支持的一些特性，iOS却不支持。所以有选择的编译一些代码，很重要。下列代码给出了条件编译的基本形式：

```
// This is a demo.
// #if MP
console.log('只在微信小程序执行')
// #elif IOS
console.log('只在iOS 执行')
// #elif ANDROID
console.log('只在Android 执行')
// #endif
```

注意，条件编译语法用注释的形式来表达；结尾的endif不能省略，否则条件编译无效。

上述代码如果在小程序中运行，将输出'MP'分支；如果在iOS中运行，则输出'iOS'分支；如果在Android中运行，则输出'ANDROID'分支。

在微信开发者工具的【详情】→【本地设置】中勾选【启用条件编译】后，条件编译方可生效。

20.7　选择多端开发 SDK

我们在开发Orange-Can项目时并未提到需要SDK，但在做多端应用时需要了解SDK。

首先，SDK是一个基础库，里面包含众多的API，用来提供给小程序运行，比如我们之前用到的wx.openSetting()等，均来自SDK。因此，要成功地在手机上运行小程序，手机上就必须包含这些SDK。但事实上，我们并没有在打包小程序时打包这些SDK。

之所以不需要我们打包SDK，是因为小程序本身是运行在微信里的，而所有的微信客户端已经内置了SDK（其实就是我们之前谈到的"基础库"），所以实际上小程序本身是不需要关心SDK的。

但是，当小程序升级为多端应用后，运行在iOS和Android上的App就需要脱离微信环境直接运行在用户系统中，那么原来用于支持多端应用的API自然就需要跟着多端项目代码一起打包进安装包中。

简单来说，开发小程序不需要打包SDK，但开发App需要将SDK一起打包。

需要注意，多端项目打包的SDK和微信客户端内置的SDK是完全不同的。多端框架根据Android和iOS分别提供了对应操作系统的专属SDK，两个SDK的版本独立更新。开发者可以在多端应用的项目中看到打包的SDK版本，也可以指定SDK的版本，如图20-14所示。

图 20-14　可以调整和指定 SDK 的版本

由于API涉及的功能太多，将全部的API打包到一个SDK中会增大安装包的体积，因此微信将SDK做了拆分，由一个基础SDK和若干个扩展SDK组成。

在打包构建时，多端框架会强制打包基础SDK，用来保障最基础的应用正常运行。

另外针对登录、支付、高级网络、LBS、媒体、蓝牙、苹果登录、消息推送、扫码、画布、广告等场景，延伸出多个扩展 SDK，开发者需要根据自身需要勾选对应的模块，如图20-15所示。

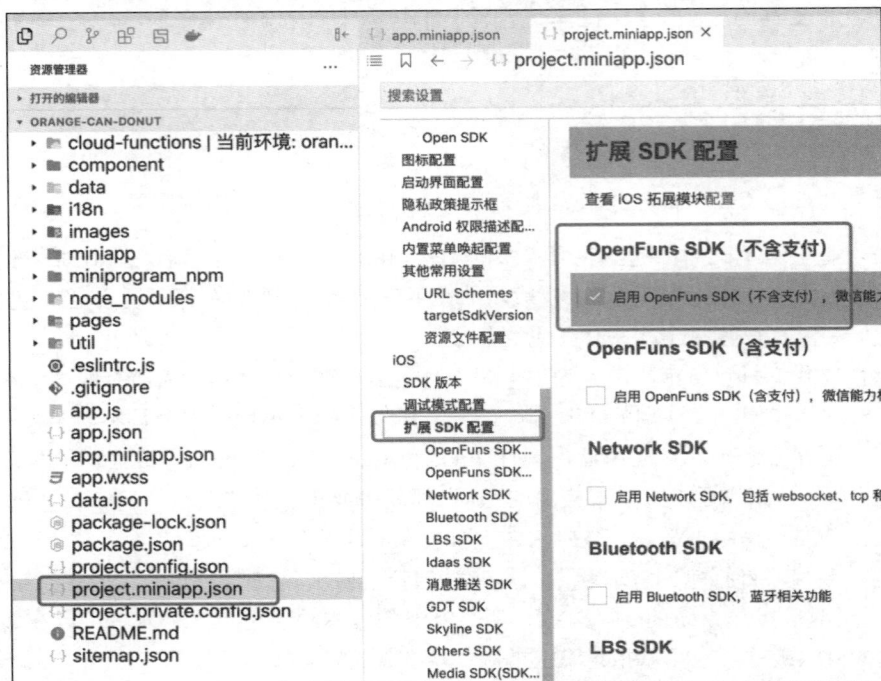

图 20-15   可选择多个需要的扩展 SDK

20.8   微信身份登录

现在可以来改造项目了。先按之前的步骤将原有的Orange-Can调整到多端模式下。

初次切换到多端模式后，会发现文章数据无法显示出来。打开控制台会发现出现了如图20-16所示的错误码。

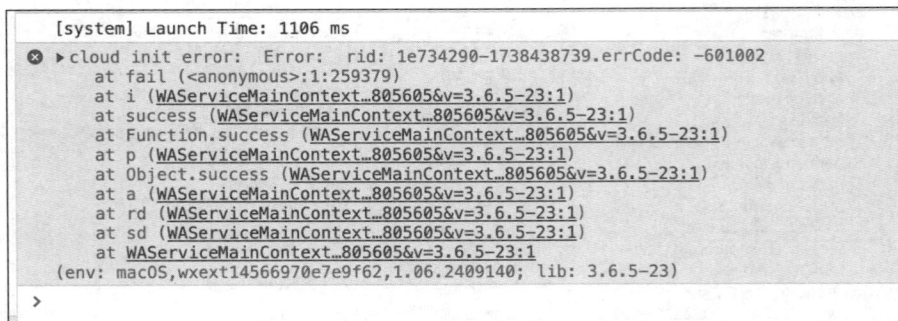

图 20-16   错误码

在小程序开发文档中直接搜索"-601002"，文档会告诉我们，这个错误码的意思是云函数调用失败。我们需要分析一下，为什么在小程序模式下没有问题，但是切换到多端应用模式下就出现了错误。

　　这个问题其实之前已经讲过，当访问云函数时，云函数必须知道是哪个用户访问的。在微信小程序开发模式下，小程序可以轻而易举地知道当前用户的身份，所以在调用云函数时就可以告诉云函数当前是哪个微信用户调用的。

　　但一旦进入多端应用模式，问题就来了。多端应用未必运行在微信环境里，比如，iOS 和 Android 应用不会运行在微信里。这相当于，我们在 iOS 应用里需要直接调用云开发。

　　问题是，在 iOS 应用里无法静默获取到用户的微信身份。解决办法是，让用户自己登录，只有用户登录了，我们才知道用户的微信身份，才能使用云开发。那么，应该如何在 App 中让用户使用微信来登录？

　　可以提供一个页面来让用户输入微信的账号和密码。但问题又来了，即使用户输入了账号和密码，应用也根本无法验证账号和密码是否正确，因为用户的账号和密码属于微信，不存在我们的服务器中。

　　其实，现在的 App 使用微信登录已经非常普遍了。读者可以随便找一个 App，几乎都有【使用微信登录】这样的功能。大致流程是：用户单击【使用微信登录】按钮，然后跳转到微信提供的服务页面，接着用户同意授权身份给当前 App，这样 App 就可以认为当前用户是合法的微信用户，从而建立身份系统。类似于图20-17所示的授权登录页面，相信读者一定不陌生。

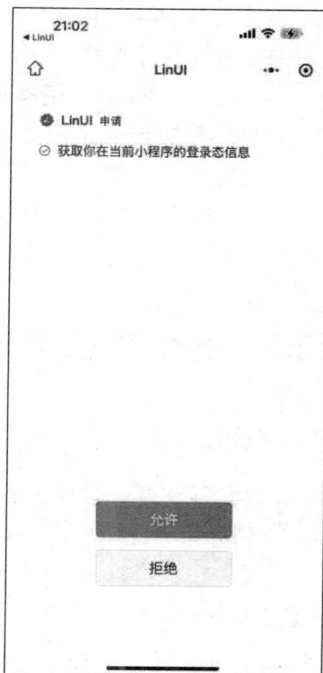

图 20-17　授权登录页面

　　微信提供了多种授权方式让 App 可以使用微信身份登录，官方文档中有一张图（见图20-18）很好地展现了多端应用可以使用的登录方式。

支持的登录方式介绍

多端身份管理提供多种面向多端场景的应用登录方式，开发者可根据业务需求进行接入。

登录方式		JSAPI	button 组件	应用场景
微信登录	移动应用微信登录	wx.weixinAppLogin		多端应用唤起用户的微信进行登录
	唤起微信小程序登录	wx.weixinMinProgramLogin wx.getMiniProgramCode		多端应用唤起用户的微信小程序进行登录
手机号登录	手机验证码登录	wx.phoneSmsLogin	发送手机验证码按钮	多端应用发送手机短信验证码进行登录
	本机号码一键登录	wx.getPhoneMask	一键登录按钮	多端应用直接获取用户当前的手机号码，用户确认后进行登录
Apple 登录	Apple 登录	wx.appleLogin		多端应用唤起 iOS 设备下的苹果账号进行登录

图 20-18　多端应用中可以使用的登录方式

这里给没有做过移动应用的读者做一些简单的说明。其实现在开发一款移动应用，在用户身份管理和登录方式这块非常复杂，远不是传统网页那种只需要一个邮箱作为账号，再设置一个密码这么简单。

实际上，图20-18中的多种登录方式，也不是"只要支持其中一种"就可以。往往一个App几乎需要支持图中所有的登录方式，这是一个相当复杂的工作。好在微信提供了各种API，让我们可以很方便地对接这些登录服务。

下一节以【微信登录】→【唤起微信小程序登录】为例，来说明登录的流程。其他登录方式大体上是一致的。

20.9　身份授权前的准备工作

要进行小程序登录授权，还有一些简单的准备工作。

（1）开通身份管理。登录微信开发者平台多端应用控制台，打开【身份管理】，同意服务协议即可开通。

（2）在身份管理页面，确保【唤起微信小程序登录】的状态是"可使用"（如果该多端应用已经绑定小程序账号和移动应用账号，则该状态就是可使用状态）。

这两条配置非常简单，如图20-19所示。

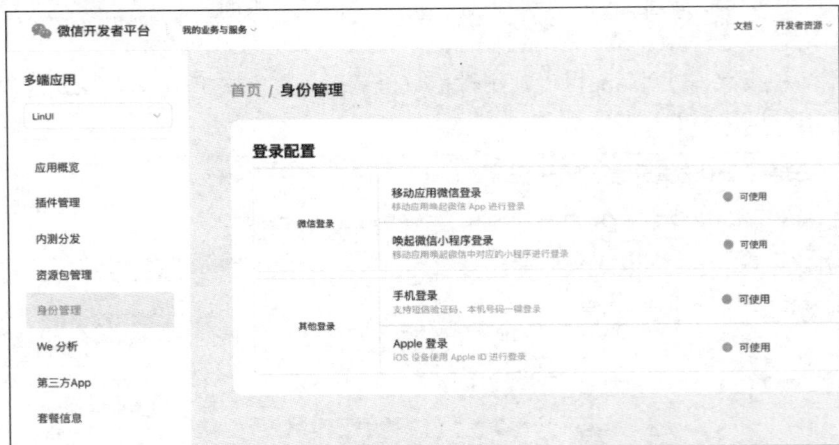

图 20-19　设置【唤起微信小程序登录】

（3）打开当前项目的project.miniapp.json文件，将【openSDK】勾选上（如果读者的开发者工具中没有openSDK这个扩展SDK，那就是工具版本太低了，请升级到最新版的）。注意，【Android】和【iOS】也都需要勾选上。

（4）小程序登录服务配置。小程序登录服务有一些必要的配置项需要添加在配置文件里。这本身是一件比较烦琐的事情，好在微信已经考虑到了这一点，并提供了一键登录配置。在开发工具中，依次单击菜单栏中的【工具】→【配置小程序登录服务】，如图20-20所示。

出现如图20-21所示的说明，勾选【配置小程序登录服务】，然后单击【确定】按钮即可。

其实，所谓配置小程序登录服务，主要是在配置文件中增加一些配置。至于具体添加了哪些配置，每个配置都起到什么作用，有兴趣的读者可查阅官方文档。

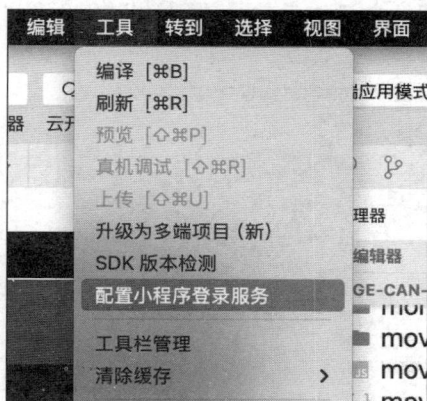

图20-20　配置小程序登录服务

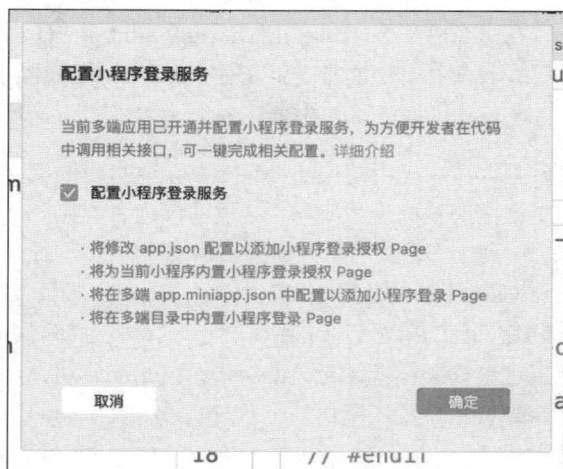

图20-21　配置登录服务说明

20.10　拉起微信小程序授权登录

现在运行多端应用Orange-Can-Multi，会发现它在程序逻辑上没有问题，但数据出不来。这是因为此时多端应用无法访问云服务。要访问云服务，解决方法是让用户在小程序中登录。

在项目的app.js中加入以下代码：

```
// @app.js
App({
baseUrl:'http://t.talelin.com/v2/',
 onLaunch() {
   this._initCloud()
   wx.weixinMiniProgramLogin({
     success(res) {
       if (res.code) {
         console.log(res.code)
       } else {
         console.log('登录失败！' + res.errMsg)
       }
     }
   })
 },

 _initCloud() {
   wx.cloud.init({
     // 请修改为你的小程序appid
     appid: 'wxdc7f9064',
     // 请修改成你自己的云开发环境id
     env: 'orange-can-3gzbxw9e341',
   })},
})
```

注意，wx.cloud.init()函数中的初始化环境参数名称经笔者测试应为"env"，但微信文档中给出的参数名为"envid"。经过测试，使用envid会报错，但修改为env，可以顺利执行，具体原因未知。

事实上，以上代码仅新增了wx.weixinMiniProgramLogin()函数。此函数可以进行微信小程序授权。在增加以上代码后，在开发工具中已经可以显示文章数据了。

为什么增加了wx.weixinMiniProgramLogin()后就可以显示数据了？

这个我们之前解释过，云开发访问必须知道用户的微信身份，而wx.weixinMiniProgramLogin()调用成功后，微信事实上就已经知道当前用户的身份了。

注意，多端应用的Android和iOS获取身份的流程和小程序的获取流程不同。这里建议读者连接一台真机到计算机上，然后在真机上运行Orange-Can-Multi，如图20-22所示。

随后，我们单击运行按钮，这会在真机上部署应用。这里提醒读者，无论iOS还是Android真机，均需要开启【开发者模式】，不同的系统有不同的开启方式。

在确保开启成功后，可以在真机上运行多端应用。在真机上，多端应用其实就是一个App，和我们在AppStore或者Android应用市场下载安装的App无异。

图 20-22   选择真机（iOS 或 Android）

此外，请确保真机上已安装微信，否则无法拉起微信授权。

当我们启动App后，小程序会拉起微信，并弹出一个授权页面。

当我们单击【允许】按钮，再次进入App，就可以显示数据了。授权页面的出现是因为，当我们调用wx.weixinMiniProgramLogin()时，意思是让用户使用微信身份登录，此时App就会拉起微信并打开Orange-Can-Multi项目关联的小程序，并授权给Orange-Can-Multi。

要成功拉起微信小程序，需要有几个前置条件：

（1）必须在真机上运行Orange-Can-Multi，模拟器不行，因为模拟器里没有微信环境。

（2）真机上必须安装微信。

（3）Orange-Can-Multi项目的小程序版本已经发布，否则无法拉起（这个很好理解，小程序没有发布就意味着不存在；既然不存在又怎么拉起呢）。

当然，如果不想发布小程序，还有一个方案就是不选择小程序授权，而是使用微信授权，参考wx.weixinAppLogin()函数。总之，只要能够获取用户的微信身份，怎么做都可以。

为什么在微信开发工具里直接运行多端应用不会弹出这个授权页面呢？原因很简单，我们在开发工具里直接运行多端应用其实运行的是多端应用的小程序版本，而小程序必然是运行在微信里的，所以根本不需要拉起微信进行授权。但多端应用的原生App版本不行，它们脱离了微信环境，单独运行在iOS和Andriod系统里，这样就必须拉起微信进行授权了。

整个Orange-Can-Multi只需在启动时进行微信登录即可访问云开发，无须更改任何其他代码。

20.11   本章小结

本章全面解析了小程序多端开发技术，涵盖框架选型、账号体系设计（含微信功能整合）、真机预览与SDK配置。重点阐述微信开发者平台使用、多端应用注意事项及微信登录集成，助力开发者低成本实现跨平台应用构建。